“十三五”江苏省高等学校重点教材
（编号：2017-1-114）

MCGS工控组态技术及应用

（第2版）

主　编　朱益江　杜　岗
副主编　王余竹　朱文胜

華中科技大學出版社
http://www.hustp.com
中国·武汉

内 容 简 介

本书为自动化专业和机电一体化专业的理实一体化教材，主要介绍了工控组态软件 MCGS 在各种控制系统中的应用，以实用、易用为目的，利用项目化的编写方式对 MCGS 软件的各种功能进行了详细的讲解，从简单到复杂，力求使读者能轻松掌握 MCGS。全书围绕精选的 10 个项目，系统介绍了 MCGS 组态软件的特点、用户界面设计、各种特殊动画的实现、实时数据库管理、外部硬件设备连接及管理、控件与数据对象的动画连接、用户脚本程序设计、报警窗口、报表系统、趋势曲线及工程安全管理的应用，以及触摸屏和 PLC 连接的知识与方法等；通过 6 个综合训练项目来帮助学生完成触摸屏＋PLC＋变频器典型控制系统的综合；本书内容实用性较强，采用基于工作过程系统化的课程开发方法，将课程内容与典型应用融为一体，注重对学生职业能力和创新能力的培养。

本书可作为自动化、机电一体化、电子、计算机控制技术等专业的基础教材，也可作为化工、电工、能源、冶金等专业的自动控制类课程的教材，还可作为相关专业工程技术人员的自学用书。

图书在版编目(CIP)数据

MCGS 工控组态技术及应用/朱益江，杜岗主编. —2 版. —武汉：华中科技大学出版社，2021.5(2025.1 重印)
ISBN 978-7-5680-7132-1

Ⅰ.①M… Ⅱ.①朱… ②杜… Ⅲ.①工业－自动控制系统－应用软件－教材 Ⅳ.①TP273

中国版本图书馆 CIP 数据核字(2021)第 105233 号

MCGS 工控组态技术及应用(第 2 版)　　朱益江　杜岗　主编
MCGS Gongkong Zutai Jishu ji Yingyong(Di-er Ban)

策划编辑：康　序
责任编辑：狄宝珠
责任监印：朱　玢
出版发行：华中科技大学出版社(中国·武汉)　　电话：(027)81321913
武汉市东湖新技术开发区华工科技园　　邮编：430223
录　　排：武汉三月禾文化传播有限公司
印　　刷：武汉市籍缘印刷厂
开　　本：787mm×1092mm　1/16
印　　张：12.5
字　　数：312 千字
版　　次：2025 年 1 月第 2 版第 7 次印刷
定　　价：38.00 元

前言 QIANYAN

随着现代控制技术的发展，组态控制技术作为自动化技术中一个极其重要的组成部分，正突飞猛进地发展着。组态控制技术以其先进性和实用性在工业控制现场得到了广大工程技术人员的认可。近几年，组态新技术、新产品层出不穷。组态、触摸屏与PLC在工业生产应用中已占据了非常重要的地位。尤其是在流程工业控制中，智能仪表、组态控制软件、PLC控制器以及现场总线等更是构成其核心技术。因此，在组态控制技术飞速发展的今天，作为从事自动化相关技术行业的技术人员，掌握组态控制技术是必要的。

目前，组态软件市场上产品多样，北京昆仑通态自动化软件科技有限公司的MCGS组态软件作为国内主流工控产品之一，是企业实现管控一体化的理想选择。本书是以MCGS通用版组态软件和MCGS嵌入版组态软件为例，介绍组态软件在工业监控中的应用及组态监控工程的设计与制作方法。

本书打破了传统的学科式教材模式，采用基于工作过程系统化的课程开发方法，以项目为导向、任务驱动，以能力培养为重点构建任务内容，任务内容的选取具有较强的代表性，能够满足课程知识点的要求；知识内容学习遵循高职学生的认知规律，由浅入深、由易到难；内容编排体现"教、学、做"一体化特色，具有明显的高职教育特点。

本书从组态软件技术应用角度出发，设计了10个项目，系统介绍了MCGS组态软件的特点、用户界面设计、各种特殊动画的实现、实时数据库管理、外部硬件设备连接及管理、控件与数据对象的动画连接、用户脚本程序设计、报警窗口、报表系统、趋势曲线及工程安全管理的应用，以及触摸屏和PLC连接的知识与方法等，另外考虑到自动化专业的设置，设计了6个综合训练项目来帮助学生完成触摸屏＋PLC＋变频器典型控制系统的综合，通过工程任务培养学生组态软件使用和组态技术应用能力，突出实用性和适用性。

本书由连云港职业技术学院朱益江和杜岗担任主编，王余竹、朱文胜担任副主编。在本书的编写过程中，得到了编者所在学院的领导、教师及合作企业技术人员的大力支持，在此一并表示感谢。

由于编者水平有限，书中难免存在疏漏之处，敬请广大读者批评指正。

编　者

2019年2月

目录 MULU

绪论

0

1. 什么是组态

组态就是英语中的 configuration。其有配置、设置的含义,在工控领域就是模块的组合。组态软件就是操作人员根据控制对象和控制任务的要求配置计算机硬件及软件,从而让计算机按照预先设定自动执行特定的任务。

为了理解组态的概念,以组装一台电脑为例来作类比。如果我们要组装一台电脑,只要事先选购好(非自己制作生产)主板、机箱、电源、CPU、显示器、硬盘、光驱等部件,然后用这些部件加上一些设置软件就可以拼凑成自己需要的电脑。组态与组装电脑类似,也是用各种软部件(非编程方式)组成一个监控系统。

"组态"一词既可以用作名词也可以用作动词。计算机控制系统在完成组态之前只是一些硬件和软件的集合体,只有通过组态,才能使其成为一个具体的满足生产过程需要的应用系统。

2. 为什么需要组态软件

组态技术是随着计算机控制技术发展而出现的。由于工业生产规模的日益变大、工艺流程复杂程度和工艺精度的提高,同时生产中还希望保障生产安全、降低运行成本、提高运行管理水平、取得最佳效益的要求,这就要求计算机控制系统不仅能对生产过程中的工艺参数的变化进行控制,还必须要对这些参数进行操作、监视、记录、报表、超过上下限能进行报警等。

在组态概念出现之前,要实现上述任务,开发工业控制软件时都是通过编写程序(如使用 BASIC、C、FORTRAN 等)来实现的。编写程序不但工作量大而且容易犯错误。当工业被控对象一旦有变动,就必须修改其控制系统的源程序,导致其开发周期长;已开发成功的工控软件又由于每个控制项目的不同而使其重复使用率很低,导致它的价格非常昂贵;在修改工控软件的源程序时,倘若原来的编程人员因工作变动而离去时,则必须同其他人员或新手进行源程序的修改,因而更加困难。

由于用户对计算机系统的要求千差万别(包括流程画面、系统结构、报表格式、报警要求等),而开发商又不可能专门为每个用户进行开发,所以比较好的方案是事先开发好一套具有一定通用性的软件开发平台与各大硬件厂商的硬件模块(PLC、I/O 模块、通信模块等)配套,然后再根据用户的要求在软件开发平台上进行二次开发,以及进行硬件模块的连接。这种软件二次开发工作就称为组态。相应的软件开发平台就称为控制组态软件,简称组态软件。

组态软件更确切的称呼应该是数据采集与监视控制(SCADA,supervisory control and data acquisition)或者人机界面(HMI,human machine interface)软件。

3. 组态软件的功能

1) 实现工况动态可视化

组态软件具有强大的画面显示功能,充分利用 Windows 的图形功能完善、界面美观的特点,绘制出各种工业画面,并可任意编辑,丰富的动画连接方式使画面生动直观,支持操作图元对象的多个图层,可灵活控制各图层的显示与隐藏,实现简单灵活的人机操作界面。

2) 数据采集与管理

组态软件提供多种数据采集功能,用户可以进行配置。与采集控制设备进行数据交换,广泛支持各种类型的 I/O 设备、控制器和各种现场总线技术及网络技术。

3) 过程监控报警

强大的分布式报警,实现多层次的报警组态和报警事件处理、管理,支持模拟量、数字量及系统报警灯,对报警内容进行设置,如限值报警、变化率报警、偏差报警等。

4) 丰富的功能模块

利用各种功能模块,完成实时监控、产生功能报表、显示历史曲线和实时曲线、提供报警等功能,使系统具有良好的人机界面,易于操作。系统既可适用单机集中式控制和 DCS 分布式控制,也可以是带远程通信能力的远程测控系统。

5)强大的数据库

配有实时数据库,可存储各种数据,如模拟量、离散量、字符型等,实现与外部设备的数据交换。

6) 控制功能

提供丰富的控制功能库,满足用户的测控要求和现场要求。如软 PLC、先进控制策略等。

7)脚本的功能

采用可编程的命令语言,使用户可根据需要编写程序,增强系统功能。

8) 仿真功能

提供强大的仿真功能使系统并行设计,从而缩短开发周期。

9) 对 Internet/Intranet 的支持

组态软件提供基于 Web 的应用,以浏览器的方式通过 Internet/Intranet 实现对工业现场的监控。

4. 常用的组态软件

世界上第一个把组态软件作为商品进行开发、销售的专业软件公司是英国的 Wonderware 公司,它于 20 世纪 80 年代末率先推出第一个商品化监控组态软件 Intouch。此后组态软件得到了迅猛的发展。目前世界上的组态软件有几十种之多。按照使用对象来分类,可将组态软件分为两类:一类是专用的组态软件;另一类是通用的组态软件。

专用的组态软件主要是一些集散控制系统厂商和 PLC 厂商专门为自己的系统开发的,如罗克韦尔(Rockwell)公司的 RSView、西门子(Siemens)公司的 WinCC、霍尼韦尔(Honeywell)公司的 PlantScapet 等。

通用的组态软件并不特别针对某一类特定的系统,开发者可以根据需要选择合适的软件和硬件来构成自己的计算机控制系统。如果开发者在选择了通用组态软件后,发现其无法驱动自己选择的硬件,则可以提供该硬件的通信协议,请组态软件的开发商来开发相应的驱动程序。

通用组态软件目前发展很快,也是市场潜力很大的产业。国外开发的组态软件 Fix/iFix、InTouch、Citech、Lookout、TraceMode 及 Wizcon 等。国产的组态软件有组态王(Kingview)、MCGS、Synall2000、ControX 2000、Force Control 和 FameView 等。

下面简要介绍几种常用的组态软件。

1) InTouch

英国 Wonderware 公司的 InTouch 堪称组态软件的"鼻祖"。该公司率先推出 16 位 Windows 环境下的组态软件在国际上获得较高的市场占有率。InTouch 软件的图形功能较丰富,使用较方便,其I/O硬件驱动丰富、工作稳定,在中国市场普遍受到好评。

2) iFix

美国Intellution公司的Fix产品系列较全,包括DOS版、16位的Windows版、32位的Windows版、OS/2版和其他版本,功能较强,是全新模式的组态软件,思想体系结构都比现有的其他组态软件要先进,但实时性仍欠缺,最新推出的iFix是全新模式的组态软件,思想和体系结构都比较新,提供的功能也较完整。但由于过于"庞大"和"臃肿"对系统资源耗费巨大,且经常受微软的操作系统影响。

3) Citech

澳大利亚CIT公司的Citech是组态软件中的后起之秀,在世界范围内发展很快。Citech产品控制算法比较好,具有简捷的操作方式,但其操作方式更多的是面向程序员,而不是工控用户。I/O硬件驱动相对比较少,但大部分驱动程序可随软件包提供给用户。

4) WinCC

德国西门子公司的WinCC也属于比较先进的产品,功能强大,使用复杂。新版软件有了很大进步,但在网络结构和数据管理方面要比InTouch和iFix差。WinCC主要针对西门子硬件设备。因此,对使用西门子硬件设备的用户,WinCC是不错的选择,用户选择其他公司的硬件,则需开发相应的I/O驱动程序。

5)Force Control

大庆三维公司的Force Control(力控)是国内较早出现的组态软件之一。该产品在体系结构上具备了较为明显的先进性,最大的特征之一就是其基于真正意义上的分布式实时数据库的三层结构,而且实时数据库结构为可组态的活结构,是个面向方案的HMISCADA平台软件。在很多环节的设计上,能从国内用户的角度出发,既注重实用性,又不失大软件的规范。

6) MCGS

深圳昆仑通态公司的MCGS的设计思想比较独特,有很多特殊的概念和使用方式,为用户提供了解决实际工程问题的完整方案和开发平台。使用MCGS的用户无须具备计算机编程知识就可以在短时间内轻而易举地完成一个运行稳定、功能成熟、维护量小,并且具备专业水准的计算机监控系统的开发工作。

7) 组态王(Kingview)

组态王是北京亚控科技发展有限公司开发的一个较有影响力的组态软件。组态王提供了资源管理器式的操作主界面,并且提供了以汉字作为关键字的脚本语言支持。界面操作灵活、方便,易学易用,有较强的通信功能,支持的硬件也非常丰富。

8) WebAccess

WebAccess是研华(中国)公司近几年开发的一种面向网络监控的组态软件,代表了未来组态软件的发展趋势。

5. MCGS组态软件概述

MCGS(monitor and control generated system)是深圳昆仑通态自动化软件科技有限公司研发的一套基于32位Windows平台的工控组态软件。MCGS集动画显示、流程控制、数据采集、设备控制与输出、网络数据传输、双机热备、工程报表、数据与曲线等诸多强大功能于一身,并支持国内外众多数据采集与输出设备,广泛应用于石油、电力、化工、钢铁、矿山、冶金、机械、纺织、航天、建筑、材料、制冷、交通、通信、食品、制造与加工业、水处理、环保、智能楼宇、实验室等多种工程领域。它具有如下性能。

(1) 延续性和可扩充性好。使用MCGS工控组态软件开发的应用程序,当现场(包括硬件设备或系统结构)或用户需求发生改变时,不需做很多修改而方便地完成软件的更新和升级。

(2) 封装性好(易学易用)。MCGS工控组态软件所能完成的功能都用一种方便用户使用的方法包装起来,对于用户,不需掌握太多的编程语言技术(甚至不需要编程技术),就能很好地完成一个复杂工程所要求的所有功能。

(3) 通用性和可扩充性好。每个用户根据工程实际情况,利用MCGS工控组态软件提供的底层设备(PLC、智能仪表、智能模块、板卡、变频器等)的设备驱动、开放式的数据库和画面制作工具,就能完成一个具有动画效果、实时数据处理、历史数据和曲线并具有网络功能的工程,不受行业限制。

该软件分为通用版、网络版和嵌入版。这三个版本的基本功能是一样的:相同的操作理念、相同的人机界面、相同的组态平台、相同的硬件操作方式。网络版支持WEB发布功能,便于远程监控;嵌入版是专门针对实时控制而设计的,应用于实时性要求高的控制系统中及触摸屏等嵌入式设备上;而通用版组态软件主要应用于实时性要求不高的监测系统中,它的主要作用是用来做监测和数据后台处理,比如动画显示、报表等。

与国内外同类产品相比,MCGS组态软件具有以下特点。

(1) 全中文、可视化、面向窗口的组态开发界面,符合中国人的使用习惯和要求,真正的32位程序,可运行于Microsoft Windows95/98/Me/NT/2000等多种操作系统。

(2) 庞大的标准图形库、完备的绘图工具以及丰富的多媒体支持,使用户能够快速地开发出集图像、声音、动画等于一体的漂亮、生动的工程画面。

(3) 全新的ActiveX动画构件,包括存盘数据处理、条件曲线、计划曲线、相对曲线、通用棒图等,使用户能够更方便、更灵活地处理、显示生产数据。

(4) 支持目前绝大多数硬件设备,同时可以方便地定制各种设备驱动;此外,独特的组态环境调试功能与灵活的设备操作命令相结合,使硬件设备与软件系统间的配合天衣无缝。

(5)简单易学的类Basic脚本语言与丰富的MCGS策略构件,使用户能够轻而易举地开发出复杂的流程控制系统。

(6) 强大的数据处理功能,能够对工业现场产生的数据以各种方式进行统计处理,使用户能够在第一时间获得有关现场情况的第一手数据。

(7) 方便的报警设置、丰富的报警类型、报警存贮与应答、实时打印报警报表以及灵活的报警处理函数,使用户能够方便、及时、准确地捕捉到任何报警信息。

(8) 完善的安全机制,允许用户自由设定菜单、按钮及退出系统的操作权限。此外,MCGS还提供了工程密码、锁定软件狗、工程运行期限等功能,以保护组态开发者的成果。

(9) 强大的网络功能,支持TCP/IP、Modem、485/422/232,以及各种无线网络和无线电台等多种网络体系结构。

(10) 良好的可扩充性,可通过OPC、DDE、ODBC、ActiveX等机制,方便地扩展MCGS组态软件的功能,并与其他组态软件、MIS系统或自行开发的软件进行连接。提供了www浏览功能,能够方便地实现生产现场控制与企业管理的集成。在整个企业范围内,只使用IE浏览器就可以在任意一台计算机上方便地浏览与生产现场一致的动画画面、实时和历史的生产信息,包括历史趋势,生产报表等,并提供完善的用户权限控制。

6. MCGS 嵌入版组态软件简介

MCGS 嵌入版是在 MCGS 通用版的基础上开发的,专门应用于 MCGSTPC 触摸屏的组态软件。MCGS 嵌入版组态软件 MCGSE(monitor and control generated system for embedded)是国内嵌入组态软件的首开先河者。MCGSE 适用于对功能、可靠性、成本、体积、功耗等综合性能有严格要求的专用计算机系统。通过对现场数据的采集处理,以动画显示、报警处理、流程控制和报表输出等多种方式向用户提供解决实际工程问题的方案,在自动化领域有着广泛的应用。

项目 1
指示灯的开关控制

学习目标

1. 知识目标

(1) MCGS 组态软件的构成、功能和特点。

(2) MCGS 组态软件安装。

(3) 如何新建工程。

2. 能力目标

(1) 理解组态软件的工作原理。

(2) 掌握 MCGS 组态软件的使用方法。

(3) 独立完成指示灯的开关控制组态工程。

项目描述

建立一个如图 1-1 所示的组态画面，并完成以下控制要求：

按“开灯”按钮，灯亮。按“关灯”按钮，灯灭。

图 1-1　指示灯的开关控制组态画面

任务 1　熟练安装 MCGS 组态软件

【任务导入】

要完成一个监控系统的开发,需要借助工具软件来实现。组态软件是目前使用最广泛的开发监控系统的软件,在国内外几十家主流组态软件厂商中我们选用的是深圳昆仑通态自动化软件科技有限公司研发的最新产品 MCGS 7.7 进行开发。使用软件当然要知道此软件是如何安装的。

【任务分析】

在完成 MCGS 组态软件的安装之前要确认软件支持的安装环境,并获取软件安装文件。安装文件可以从深圳昆仑通态自动化软件科技有限公司官网上免费下载。MCGS7.7 嵌入版完全兼容 Win7 的 64 位系统,仅占 16M 系统内存。

软件下载地址为:http://www.mcgs.cn/sc/down_list.aspx? cid=16。

【任务实施】

下面以 MCGS7.7 嵌入版为例,详细说明 MCGSE 的安装方法和步骤。

(1) 从官网上下载安装文件后,将其解压,然后双击“Setup.exe”,即弹出安装画面,如图1-2 所示。

(2) 在图 1-2 中单击“下一步”按钮,在弹出窗口中继续单击“下一步”按钮,然后弹出一个窗口,如图 1-3 所示。

图 1-2　MCGS 嵌入版安装画面之一

图 1-3　MCGS 嵌入版安装画面之二

(3) 在弹出窗口中继续单击“下一步”按钮,弹出如图 1-4 所示的选择安装目录窗口,系统默认的安装目录为 D:\MCGSE,建议用户不要更改,保留默认的安装目录。

(4) 在图 1-4 中继续单击“下一步”按钮,在接下来弹出的窗口中继续单击“下一步”按钮开始安装软件,如图 1-5 所示,等待几分钟即可完成安装。

(5) 待进度指示条走到末尾时,弹出如图 1-6 所示的“驱动安装询问对话框”。

(6) 在图 1-6 中单击“是”按钮,在弹出窗口中继续单击“下一步”按钮,如图 1-7(a)所示,然后又弹出一个窗口,如图 1-7(b)所示。

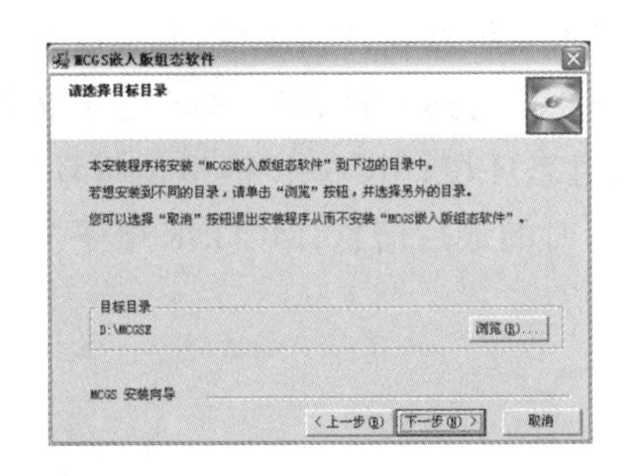

图 1-4　MCGS 嵌入版安装路径选择

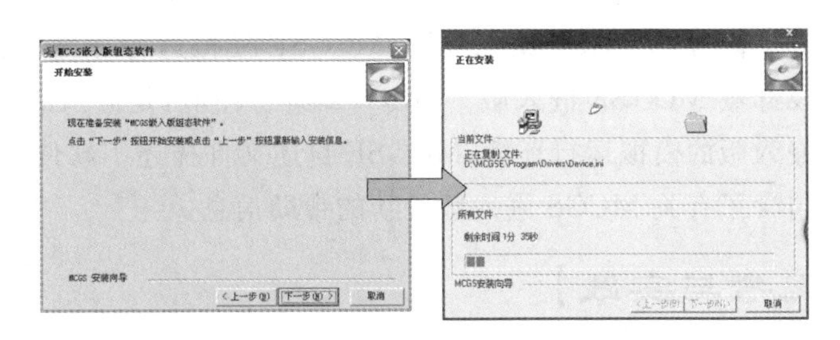

图 1-5　MCGS 嵌入版安装过程

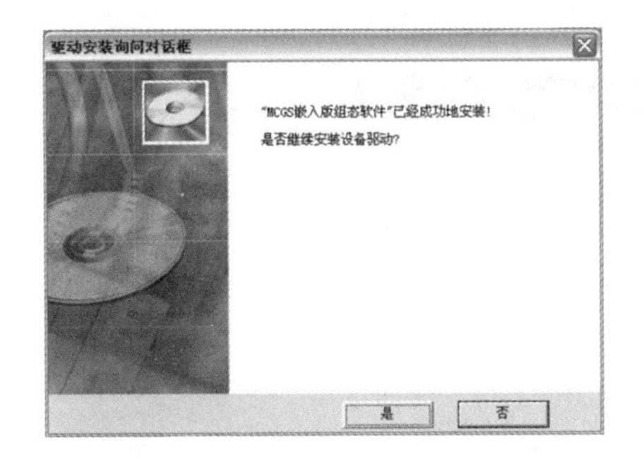

图 1-6　驱动安装询问对话框

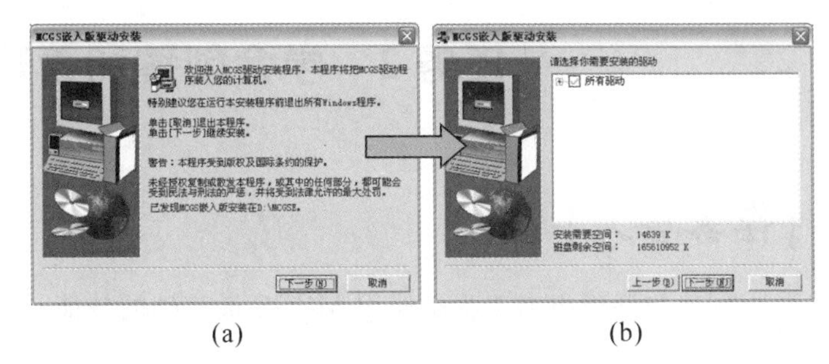

(a)　　(b)

图 1-7　MCGS 嵌入版安装过程

（7）在图 1-7(b)中将“所有驱动”前面的选项选中，即让灰色的对钩变成黑色的，否则仪表驱动程序安装不上；之后点击“下一步”按钮，弹出如图 1-8 所示的安装进度指示框；待进度指示条走到末尾时，弹出如图 1-9 所示的安装成功提示界面。

（8）在图 1-9 中点击“完成”按钮；弹出如图 1-10 所示的重启计算机提示对话框，单击“确定”按钮重新启动计算机即可完成安装。安装完成后，电脑桌面上自动添加了如图 1-11 所示的两个快捷方式图标，分别用于启动 MCGS 组态环境和模拟运行环境。

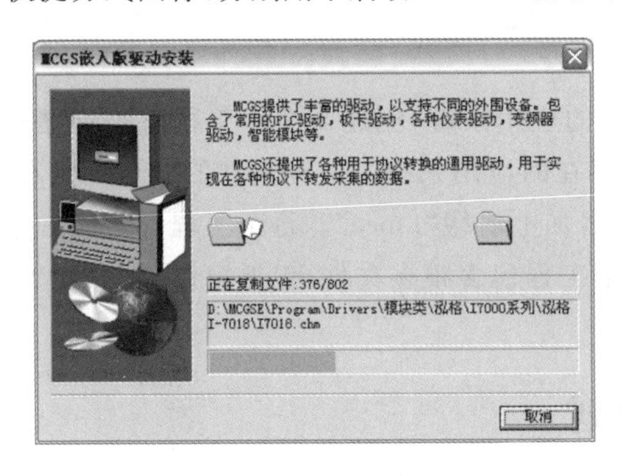

图 1-8　MCGS 嵌入版安装进度指示框

图 1-9　MCGS 嵌入版安装成功提示界面

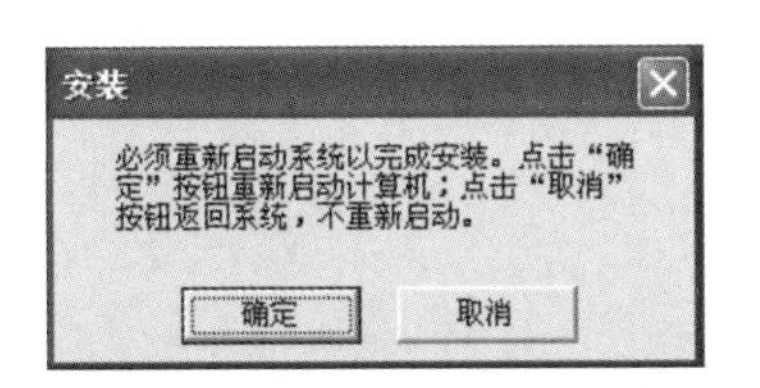

图 1-10　重启计算机提示对话框

图 1-11　两个快捷方式图标

同时,Windows 在开始菜单中也添加了相应的 MCGS 嵌入版组态软件程序组,此程序组包括五项内容:MCGSE 组态环境、MCGSE 模拟运行环境、MCGSE 自述文件、MCGSE 电子文档以及卸载 MCGSE 嵌入版。MCGSE 组态环境,是嵌入版的组态环境;MCGSE 模拟运行环境,是嵌入版的模拟运行环境;MCGSE 自述文件描述了软件发行时的最后信息;MCGSE 电子文档则包含了有关 MCGS 嵌入版最新的帮助信息。

【思考与实践】

在网络上寻找组态王 Kingview 和 WinCC 的最新版下载资源,练习安装这些软件。

任务 2　学会创建和管理组态工程

【任务导入】

创建和管理组态工程是使用 MCGS 最基础的技能。

【任务分析】

在完成 MCGS 组态软件的安装后,通过新建工程的方法,建立一个名为“指示灯的开关控制”的工程,并针对这一工程进行简单的配置,理解并掌握一个自动化组态监控软件是如何一步步创建起来的。在新建工程的过程中,需要了解 MCGS 软件的安装环境、软件组成和功能等知识。

【相关知识】

一、“工程”和文件的区别

MCGS 嵌入版中用“工程”来表示组态生成的应用系统,创建一个新工程就是创建一个新的用户应用系统,打开工程就是打开一个已经存在的应用系统。工程文件的命名规则和 Windows 系统相同,MCGS 嵌入版自动给工程文件名加上后缀“. mce”。每个工程都对应一个组态结果数据库文件。工程是许多文件的集合,一个工程包含很多文件,包括窗体文件、配置文件、数据文件等;而文件是单个存在形式。

二、工程开始之前要进行整体规划

在实际工程项目中,使用 MCGS 嵌入版构造应用系统之前,应进行工程的整体规划,保证项目的顺利实施。

【任务实施】

1. 创建工程

本项目的主要任务是建立一个指示灯的开关量控制的工程,在此,我们便以“指示灯的开关量控制”为名,建立一个新的工程。

MCGS 系统安装完成后，在用户指定的目录(或系统缺省目录 D:\MCGSE)下创建有三个子目录：Program、Samples 和 Work。Program 子文件夹中，可以看到以下两个应用程序 MCGSSetE. exe 和 CEEMU. exe；MCGS 系统分为组态环境和模拟运行环境两个部分。MCGSSetE. exe 是运行嵌入版组态环境的应用程序；CEEMU. exe 是运行模拟运行环境的应用程序；Samples 目录下存放用于演示系统的基本功能的样例工程文件，Work 子目录则是用户的缺省工作目录，我们新建的工程也将存放在此目录下。

下面，我们便从进入组态环境开始，一步步演示如何完成一个新工程的建立。

(1) 双击 MCGS 组态环境快捷方式图标，进入 MCGS 组态环境。单击工具条上的“新建”按钮，或执行“文件”菜单中的“新建工程”命令，打开“新建工程设置”对话框，如图 1-12 所示，选择触摸屏 TPC 的类型和背景色，按“确定”按钮。

系统自动创建一个名为“新建工程 *X*. MCE”的新工程(*X* 为数字，表示建立新工程的顺序，如 1、2、3 等)。由于尚未进行组态操作，新工程只是一个“空壳”，如图 1-13 所示。

(2) 选择“文件”菜单中的“工程另存为”菜单项，弹出文件保存窗口如图 1-14 所示。在文件名一栏内输入“指示灯的开关量控制”，点击“保存”按钮，工程创建完毕。

2. 关闭工程

单击“文件”菜单中的“新建工程”命令或直接单击“工作台”窗口的关闭按钮。

3. 打开已经建好的工程

单击“文件”菜单中的“打开工程”命令或直接单击“工具条”上的“打开工程”按钮，弹出窗口如图 1-15 所示。在“查找范围”中选择工程所在文件夹，选择要打开的工程名，然后单击“打开”按钮即可。

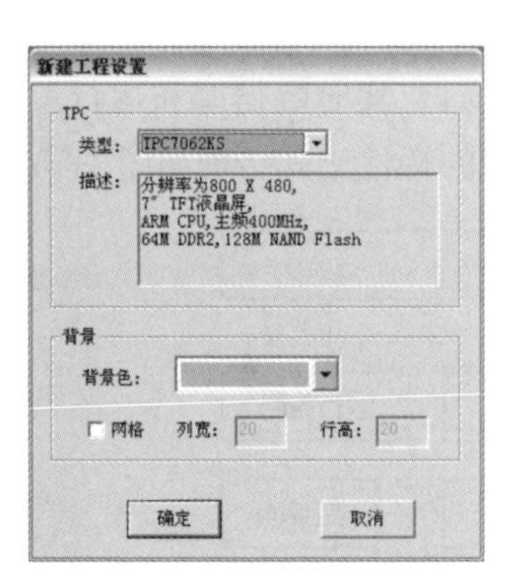

图 1-12 “新建工程设置”对话框

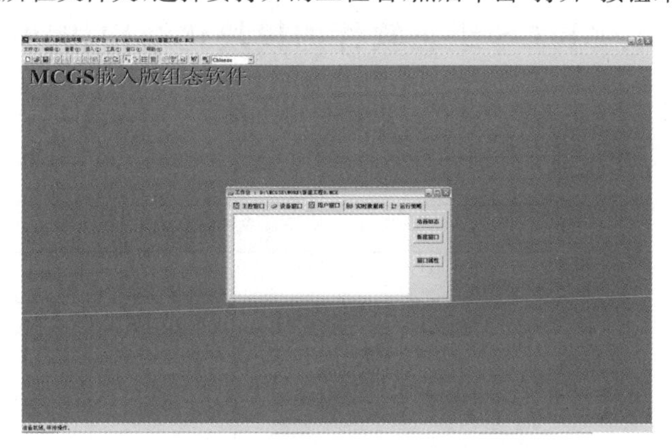

图 1-13 “新建工程 *X*. MCE”窗口

图 1-14 工程保存对话框

图 1-15 “打开”对话框

任务 3　创建指示灯的开关控制工程组态

【任务导入】

本任务先了解 MCGS 组态软件的系统结构、功能和组建组态工程的一般步骤。通过一个“指示灯的开关控制”来理解如何使用 MCGS 进行简单工程的创建和组态。

在任务 2 中，我们使用 MCGS 组态软件并建立了一个新的工程，将新建工程重命名为“指示灯的开关控制”，工程虽然建立了，但除了命名以外，其他都是一个空壳。在本任务中，我们将学习如何从零开始，完成工程所有部分的组态，实现开关控制指示灯的点亮与熄灭的功能。

【任务分析】

“指示灯的开关控制”工程，其主要功能是实现利用一个开关按钮完成对一个指示灯的点亮与熄灭的控制。通过这一简单工程的组态过程能够带领我们逐步进入 MCGS 组态软件的世界中，为以后创建更复杂的工程打好基础。要想完成好本任务，需要充分了解软件工程的模块化结构、理解实时数据库及各种数据对象及其属性、掌握用户窗口及动画构件的建立和使用方法。

【相关知识】

一、MCGS 组态软件的模块化结构和功能

MCGS 组态软件所建立的工程由主控窗口、设备窗口、用户窗口、实时数据库和运行策略五部分构成，每一部分分别进行组态操作，完成不同的工作，具有不同的特性。其结构如图 1-16 所示。

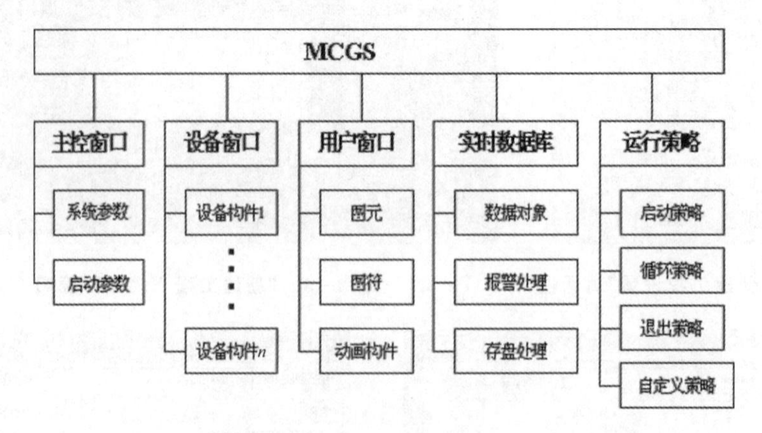

图 1-16　MCGS 软件结构

MCGSE 用户应用系统是用“工作台”窗口来管理这五个部分，如图 1-17 所示。用鼠标单击不同的标签可选取不同的窗口页面，每个页面负责管理一个部分。

1. 主控窗口

主控窗口是应用系统的主窗口，是所有设备窗口和用户窗口的父窗口。它相当于一个大的容

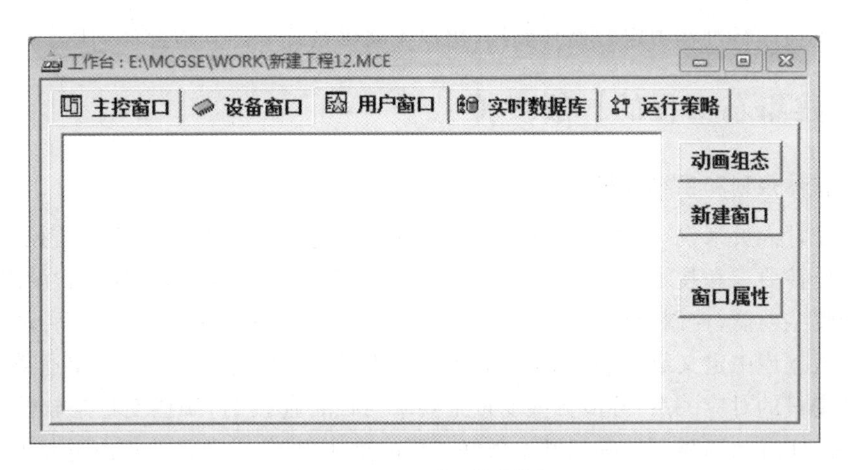

图 1-17 MCGS“工作台”窗口

器，可以放置一个设备窗口和多个用户窗口，负责这些窗口的管理和调度，并调度用户策略的运行。在 MCGS 嵌入版中，一个应用系统只允许有一个主控窗口，此窗口确定了系统的主框架，展现工程的总外观。主要的组态操作包括：菜单的设计、是否要设计封面图形、进入和退出工程是否要登录、确定自动启动的窗口、设定动画刷新周期、指定数据库存盘文件名称及存盘时间等。

2. 设备窗口

设备窗口是 MCGS 系统与外部设备联系的媒介，是连接和驱动外部设备的工作环境。在设备窗口内配置数据采集与控制输出设备，注册设备驱动程序，定义连接与驱动设备用的数据变量。设备窗口专门用来放置不同类型和功能的设备构件，实现对外部设备的操作和控制。通过设备构件把外部设备的数据采集进来，送入实时数据库，或把实时数据库中的数据输出到外部设备。

一个应用系统只有一个设备窗口，运行时，系统自动打开设备窗口，管理和调度所有设备构件正常工作，并在后台独立运行。注意，对用户来说，设备窗口在运行时是不可见的。

3. 用户窗口

用户窗口实现了数据和流程的“可视化”，主要用于设置工程中的人机交互界面，诸如生成各种动画显示画面、报警输出、数据与曲线图表等。

4. 实时数据库

实时数据库是工程各个部分的数据交换与处理中心，它将 MCGS 工程的各个部分连接成有机的整体。在实时数据库内定义不同类型和名称的变量，作为数据采集、处理、输出控制、动画连接及设备驱动的对象。

5. 运行策略

运行策略是对系统运行流程实现有效控制的手段。运行策略主要完成工程运行流程的控制，包括编写控制程序（if…then 脚本程序），选用各种功能构件，如数据提取、定时器、配方操作、多媒体输出等。

一个应用系统有三个固定的运行策略：启动策略、循环策略和退出策略。用户也可根据具体需要创建新的用户策略、循环策略、报警策略、事件策略、热键策略，并且用户最多可创建 512 个用户策略。启动策略在应用系统开始运行时调用，退出策略在应用系统退出运行时调用，循环策略由系统在运行过程中定时循环调用，用户策略供系统中的其他部件调用。

二、组建组态工程的一般步骤

1. 工程整体规划和系统分析

对工程设计人员来说，首先要了解整个工程的系统构成和工艺流程，清楚监控对象的特征，明确主要的监控要求和技术要求等。在此基础上，拟定组建工程的总体规划和设想，主要包括系统应实现哪些功能，控制流程如何实现，需要什么样的用户窗口界面，实现何种动画效果以及如何在实时数据库中定义数据变量等，同时还要分析工程中设备的采集及输出通道与实时数据库中定义的变量的对应关系，分清哪些变量是要求与设备连接的，哪些变量是软件内部用来传递数据及用于实现动画显示的等问题。做好工程的整体规划，在项目的组态过程中能够尽量避免一些无谓的劳动，快速有效地完成工程项目。

2. 构造实时数据库

实时数据库是 MCGS 系统的核心，相当于一个数据处理中心，系统各个部分均以实时数据库为公用区交换数据，实现各个部分协调动作。从外部设备采集来的实时数据送入实时数据库，系统其他部分操作的数据也来自实时数据库。实时数据库自动完成对实时数据的报警处理和存盘处理，同时它还根据需要把有关信息以事件的方式发送给系统的其他部分，以便触发相关事件，进行实时处理。因此，实时数据库所存储的单元，不单单是变量的数值，还包括变量的特征参数(属性)及对该变量的操作方法(报警属性、报警处理和存盘处理等)。这种将数值、属性、方法封装在一起的数据称之为数据对象，它是构成实时数据库的基本单元。构造实时数据库就是建立数据对象。

3. 组态用户窗口的设计与编辑

组态用户窗口的设计分为画面建立、画面编辑和动画编辑与连接几个步骤。画面由用户根据实际需要编辑制作，然后将画面与已定义的变量关联起来，以便运行时使画面上的内容随变量变化。用户可以利用组态软件提供的绘图工具进行画面的编辑、制作，也可以通过程序命令即脚本程序来实现。用户可以构造各种复杂的图形界面，用不同的方式实现数据和流程的“可视化”。

4. 组态主控窗口的设计

主控窗口主要的组态操作包括：菜单的设计、是否要设计封面图形、是否要设置安全机制、确定自动启动的窗口、设定动画刷新周期、指定数据库存盘文件名称及存盘时间等。

5. 通过设备窗口连接设备驱动程序

在设备窗口内配置不同类型的设备构件，并根据外部设备的类型和特征，设置相关的属性，将设备的操作方法如硬件参数配置、数据转换、设备调试等都封装在构件之中，以对象的形式与外部设备建立数据的传输通道连接。

6. 使用组态运行策略编写程序

对于复杂的工程，监控系统必须设计成多分支、多层循环嵌套式结构，按照预定的条件，对系统的运行流程及设备的运行状态进行有针对性的选择和精确的控制。为此，MCGS 嵌入版引入运行策略的概念，用以解决上述问题。

所谓“运行策略”，是用户为实现对系统运行流程自由控制所组态生成的一系列功能块的总称。MCGS 嵌入版为用户提供了进行策略组态的专用窗口和工具箱。

运行策略的建立,使系统能够按照设定的顺序和条件,操作实时数据库,控制用户窗口的打开、关闭以及设备构件的工作状态,从而实现对系统工作过程的精确控制及有序调度管理的目的。

通过对 MCGS 嵌入版运行策略的组态,用户可以自行组态完成大多数复杂工程项目的监控软件,而不需要烦琐的编程工作。

7. 工程模拟仿真和在线调试

用户程序编写好后要进行在线调试。在实际调试前,先借助一些手段进行初调,通过对现场数据进行模拟,检查动画效果和控制流程是否正确。

8. 综合测试

对系统进行整体调试,经验收后方可投入试运行,在试运行过程中发现问题并及时完善系统设计。

三、用户窗口及动画构件

1. 用户窗口及基本属性

用户窗口是组成 MCGSE 图形界面的基本单元,所有的图形界面都是由一个或多个用户窗口组合而成的。

用户窗口是由用户通过自定义构成的 MCGS 图形界面的窗口。也可以将用户窗口比喻为一块“画布”,可以用于绘制各种图形对象,通过对各种动画构件等图形对象的组态,生成漂亮或者逼真的监控画面,为实现动画连接做好准备。

用户窗口中可以放置三种不同类型的图形对象:图元、图符和动画构件。图元和图符对象为用户提供了一套完善的设计制作图形画面和定义动画的方法。动画构件对应于不同的动画功能,它们是从工程实践经验中总结出的常用的动画显示与操作模块,用户可以直接使用。通过在用户窗口内放置不同的图形对象,搭制多个用户窗口,用户可以构造各种复杂的图形界面,用不同的方式实现数据和流程的“可视化”。

组态工程中的用户窗口,最多可定义 512 个。所有的用户窗口均位于主控窗口内,其打开时窗口可见;关闭时窗口不可见。根据工程的复杂程度不同,用户可以自定义多个用户窗口。允许多个用户窗口同时处于打开状态。多个用户窗口的灵活组态配置,就构成了丰富多彩的图形界面。

基本属性包括窗口名称、窗口标题、窗口背景以及窗口内容注释等内容。

系统各个部分对用户窗口的操作是根据窗口名称进行的,因此,每个用户窗口的名称都是唯一的。在建立窗口时,系统赋予窗口的缺省名称为“窗口×”(×为区分窗口的数字代码)。窗口标题是系统运行时在用户窗口标题栏上显示的标题文字。

窗口背景一栏用来设置窗口背景的颜色。

2. 动画构件

所谓动画构件,实际上就是将工程监控作业中经常操作或观测用的一些功能性器件软件化,做成外观相似、功能相同的构件,存入 MCGS 的“工具箱”中,供用户在图形对象组态配置时选用，完成一个特定的动画功能。动画构件本身是一个独立的实体，它比图元和图符包含有更多的特性和功能，它不能和其他图形对象一起构成新的图符。

四、数据对象及建立

1. 数据对象的概念

在 MCGS 中用数据对象表示数据；数据对象不仅包含了数据变量的数值特征，还将与数据相关的其他属性(如数据的状态、报警限值等)以及对数据的操作方法(如存盘处理、报警处理等)封装在一起，作为一个整体，以对象的形式提供服务，这种把数值、属性和方法定义成一体的数据称为数据对象。

在 MCGS 中，构造实时数据库就是建立数据对象。可以把数据对象认为是比传统变量具有更多功能的对象变量，像使用变量一样来使用数据对象，大多数情况下只需使用数据对象的名称来直接操作数据对象。

2. 数据对象的类型

MCGS 数据对象有 5 种类型：开关型、数值型、字符型、事件型、组对象型。

下面先介绍本次工程所用的开关型数据对象：

在工业控制现场，各类开关是一种主要的控制电器。记录开关信号(0 或非 0)的数据对象称为开关型数据对象；开关型数据对象通常与外部设备的数字量输入输出通道连接，用来表示某一设备当前所处的状态。开关型数据对象也用于表示 MCGS 中某一对象的状态，如对应于一个图形对象的可见度状态。

开关型数据对象没有工程单位和最大最小值属性，没有限值报警属性，只有状态报警属性。

开关型数据对象的属性设置对话框如图 1-18 所示。

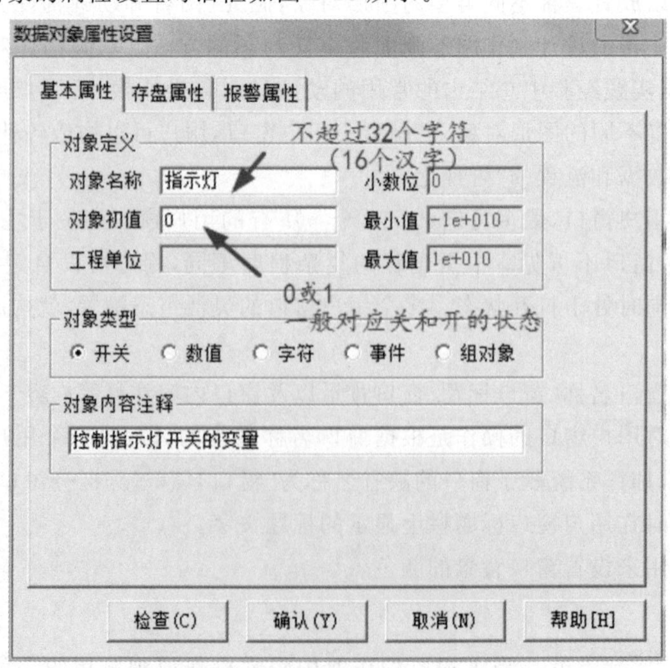

图 1-18 “数据对象属性设置”对话框

其他类型的数据对象在以后的项目中继续介绍。

【任务实施】

1. 新建窗口

（1）打开前面建立的“指示灯的开关控制”工程，在“用户窗口”中单击“新建窗口”按钮，建立“窗口0”。

（2）选中“窗口0”，单击“窗口属性”按钮，进入“用户窗口属性设置”对话框。

（3）将“窗口名称”改为：指示灯的开关控制；“窗口标题”改为：指示灯的开关控制；如图1-19所示，单击“确认”按钮。

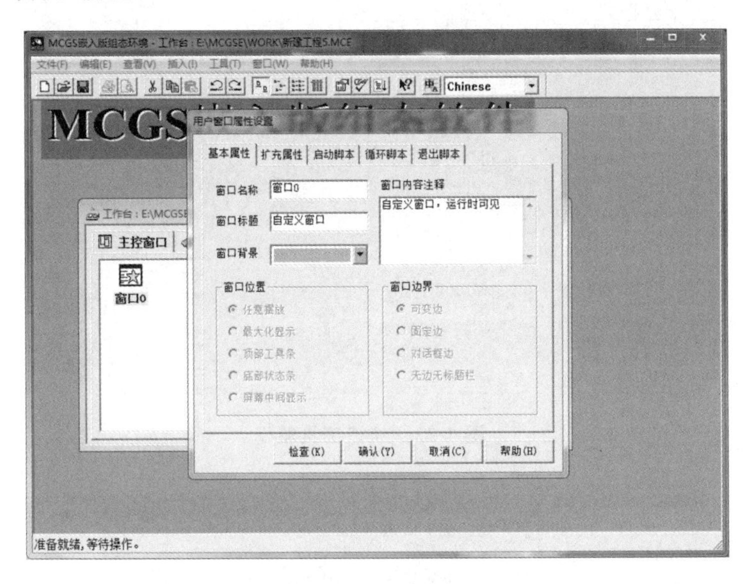

图1-19 建立窗口及属性设置

（4）在“用户窗口”选项卡中，选中上一步建立的“指示灯的开关控制”窗口，点击右键，选择下拉菜单中的“设置为启动窗口”选项，将该窗口设置为运行时自动加载的窗口，如图1-20所示。

（5）双击“指示灯的开关控制”窗口，进入动画组态窗口页面，如图1-21所示。

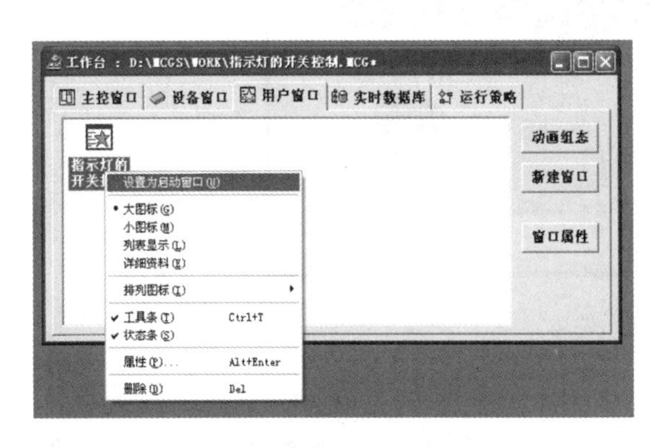

图1-20 将窗口设置为启动窗口

图1-21 动画组态窗口页面

2. 构建画面

1）认识工具箱

单击工具条中的“工具箱”按钮，打开绘图工具箱，如图 1-22 所示。图标用于打开和关闭常用图符工具箱，常用图符工具箱包括 27 种常用的图符对象。工具箱中图标对应于选择器，用于在编辑图形时选取用户窗口中指定的图形对象；图标用于建立文本框，设立标签、标题等文字内容；图标用于从对象元件库中读取存盘的图形对象，如图 1-23 所示。

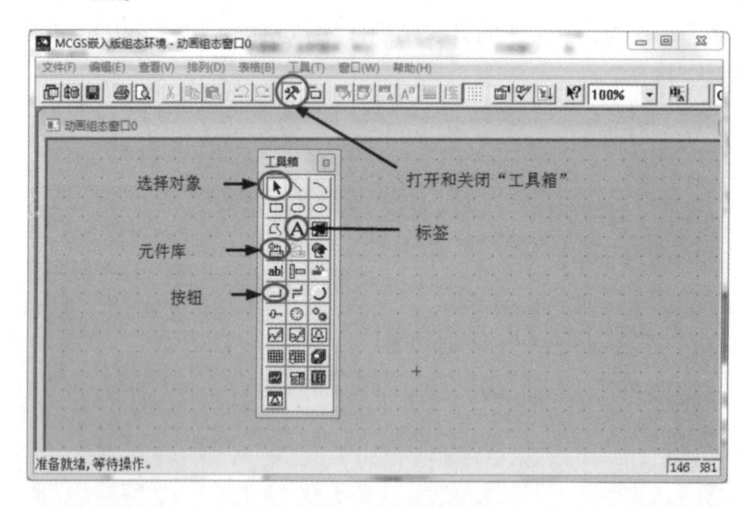

图 1-22　认识工具箱

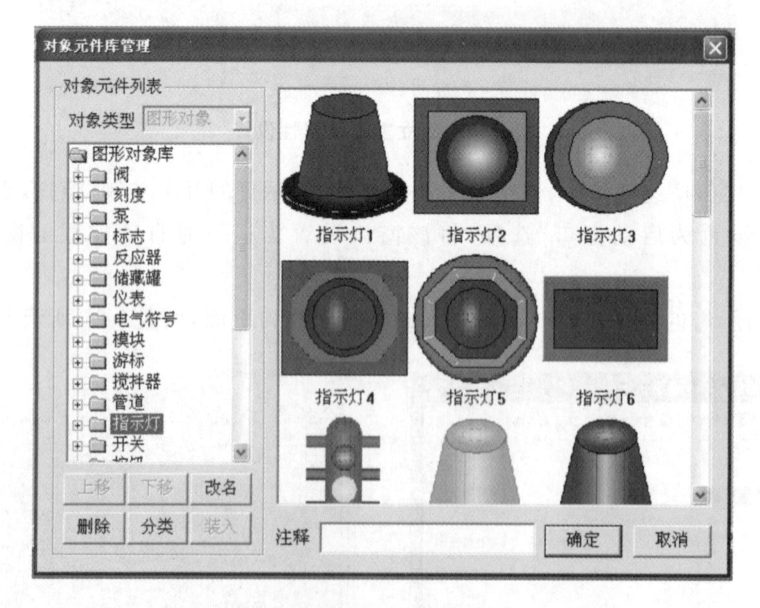

图 1-23　对象元件库

2）制作文字框图

建立文字框：打开工具箱，选择“工具箱”内的“标签”按钮，鼠标的光标变为“十字”形，在窗口空白处拖曳鼠标，拉出一个大小合适的矩形，然后松开鼠标。

输入文字：建立矩形框后，光标在其内闪烁，可直接输入“指示灯的开关控制”文字，按回车键或在窗口任意位置用鼠标点击一下，文字输入过程结束。如果用户想改变矩形内的文字，先选中文字标签，按回车键或空格键，光标显示在文字起始位置，即可进行文字的修改。

3）设置文字及框图属性

双击建立的文字框，进行文字及框图属性的设置，如图 1-24 所示。

4）添加动画构件

单击“工具”菜单，选中“对象元件库管理”或单击工具箱中的图标，弹出如图 1-23 所示的“对象元件库管理”对话框，在分类“指示灯”中选取中意的指示灯，按“确认”按钮，则所选中的指示灯出现在桌面的左上角，可以改变其大小及位置，如指示灯 1。再单击工具箱中的“标准按钮”构件，鼠标的光标变为“十字”形，在用户窗口指示灯的下方位置拖曳鼠标，拉出一个大小合适的矩形，松开鼠标，则出现一个按钮，双击之，出现“标准按钮构件属性设置”对话框，然后按图 1-25 所示进行设置。

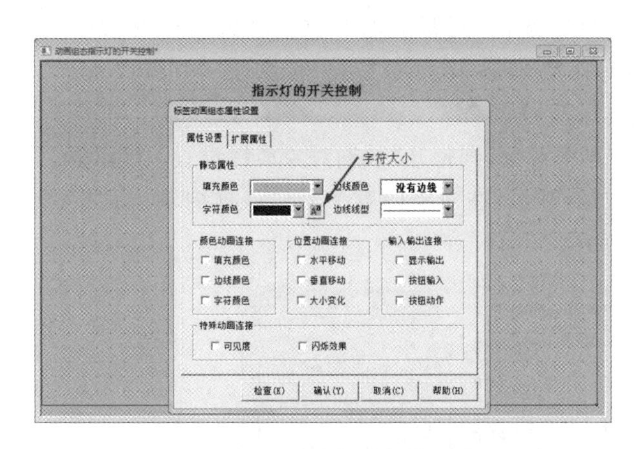

图 1-24 文字及框图属性设置

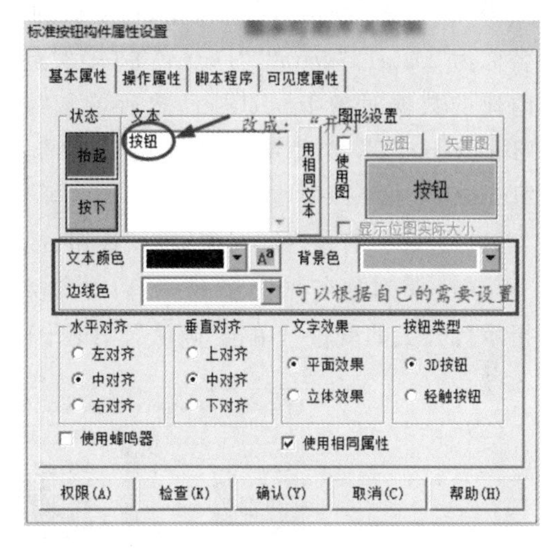

图 1-25 “标准按钮属性设置”对话框

用同样的方法再生成一个按钮，一个命名为“开灯”，另一个命名为“关灯”；最后生成的画面如图 1-26 所示。选择菜单项“文件”菜单中的“保存窗口”，则可对所完成的画面进行保存。

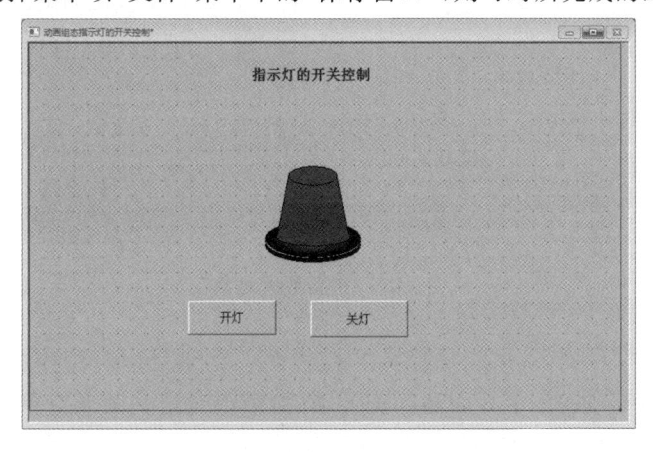

图 1-26 组态画面完成的效果

3. 定义数据对象

在前面我们讲过,实时数据库是 MCGS 工程的数据交换和数据处理中心。数据变量是构成实时数据库的基本单元,建立实时数据库的过程也即是定义数据变量的过程。定义数据变量的内容主要包括:指定数据变量的名称、类型、初始值和数值范围,确定与数据变量存盘相关的参数,如存盘的周期、存盘的时间范围和保存期限等。下面介绍指示灯的开关控制系统数据变量的定义步骤。

1) 数据对象分析

指示灯的工作过程只有亮和不亮两个状态,联系到上文曾列举的 MCGS 的数据对象的类型中有一种开关量的数据,其只有 0 或者 1 两种状态,因此,我们可以定义一个开关型的数据对象,来对指示灯进行开和关的控制。

2) 定义数据对象的步骤

(1) 单击工作台中的"实时数据库"窗口标签,进入实时数据库窗口页面。

(2) 单击"新增对象" 按钮,在窗口的数据对象列表中,增加新的数据对象,系统缺省定义的名称为"Data1""Data2""Data3"等(多次点击该按钮,则可增加多个数据对象)。如果选中系统内建的数据对象 InputUser,然后单击"新增对象"按钮,则新增加的数据对象名称就会变成"InputUser3",多次单击"新增对象"按钮则增加多个,名字则依次为"InputUser4""InputUser5"……

(3) 选中对象,按"对象属性"按钮,或双击选中对象,则打开"数据对象属性设置" 对话框。

(4) 将对象名称改为:指示灯;对象类型选择:开关;在对象内容注释输入框内输入:"控制指示灯开关的变量",单击"确认"。如图 1-27 所示。

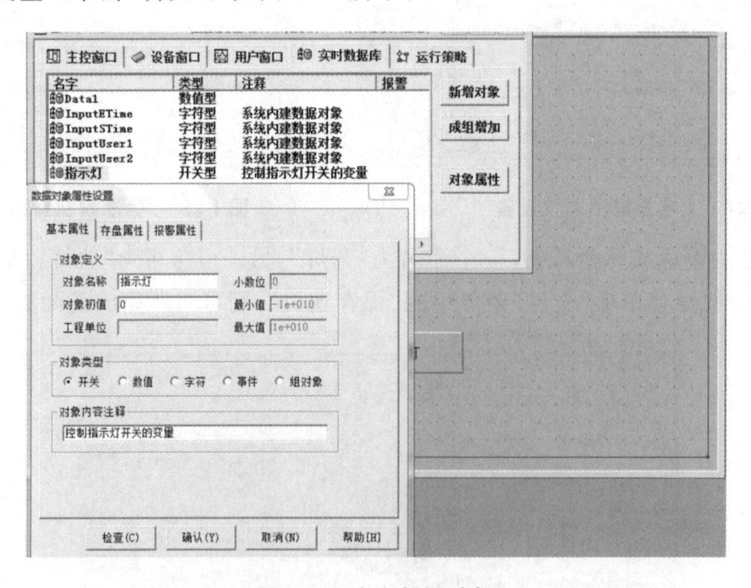

图 1-27 定义数据对象

4. 动画连接

由图形对象搭制而成的图形界面是静止不动的,需要对这些图形对象进行动画设计,真实地描述外界对象的状态变化,达到过程实时监控的目的。MCGS 实现图形动画设计的主要方法是将用户窗口中图形对象与实时数据库中的数据对象建立相关性连接,并设置相应的动画属性。在系统运行过程中，图形对象的外观和状态特征由数据对象的实时采集值驱动，从而实现了图形的动画效果。

（1）单击工作台中的“用户窗口”标签，进入用户窗口页面。

（2）在用户窗口中，双击进入“指示灯的开关控制”动画组态。

（3）“开灯”和“关灯”按钮的动画连接。

双击“开灯”按钮，进入“标准按钮构件属性设置”对话框，在“操作属性”选项卡中，默认“抬起功能”按钮为按下状态，勾选“数据对象值操作”，在下拉列表框中选择“置 1”操作，如图 1-28 所示，然后单击右侧的 ？，弹出“变量选择”对话框，如图 1-29 所示，然后在“变量选择方式”中选择“从数据中心选择”，从列表中选择“指示灯”变量，按“确认”按钮，返回“标准按钮构件属性设置”对话框，再按“确认”按钮，“开灯”按钮动画连接成功。

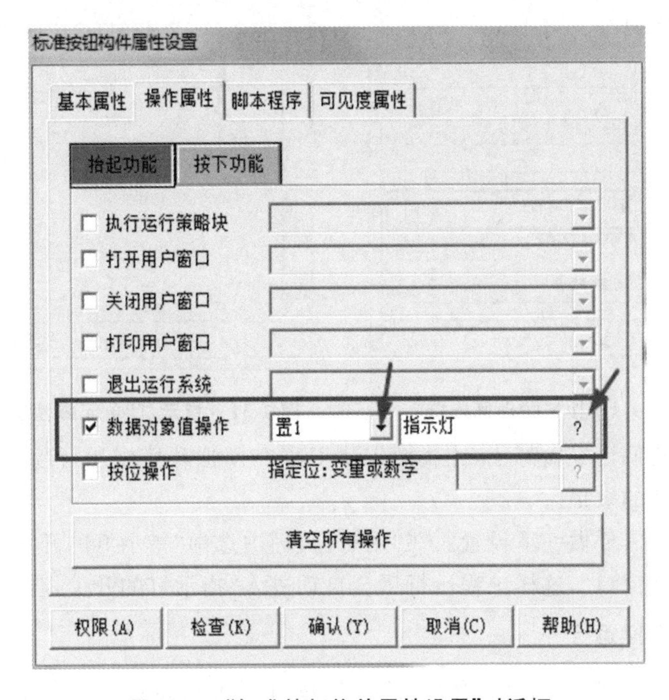

图 1-28 “标准按钮构件属性设置”对话框

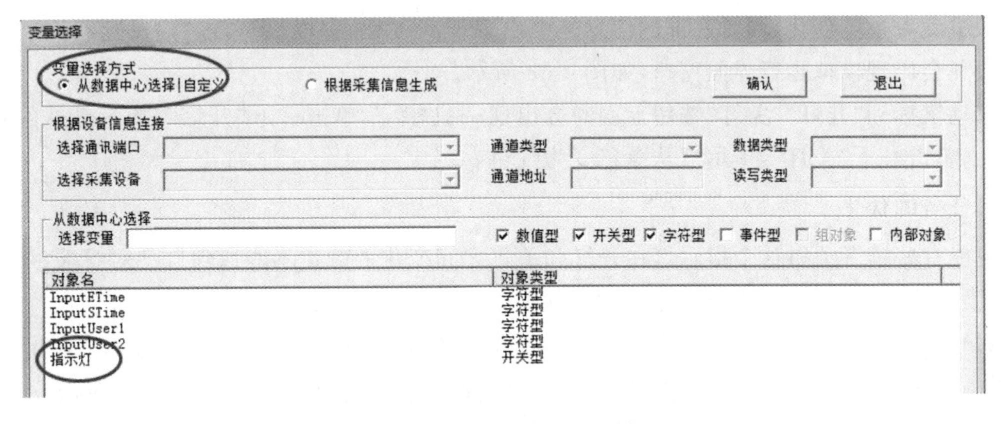

图 1-29 “变量选择”对话框

按同样的操作方法设置“关灯”按钮，但“数据对象值操作”的下拉列表框中选择“置0”操作，如图1-30所示。

(4) 指示灯的动画连接。

选中“指示灯”双击，则弹出“单元属性设置”对话框，默认是“动画连接”选项卡处于激活状态；选中“组合图符”则会出现 ? ，如图1-31所示；单击“动画连接”选项卡中的 ? ，弹出“变量选择”对话框，如图1-29所示，然后在“变量选择方式”中选择“从数据中心选择”，从列表中选择“指示灯”变量，按“确认”按钮，返回“单元属性设置”对话框，再按“确认”按钮，指示灯动画连接完成。

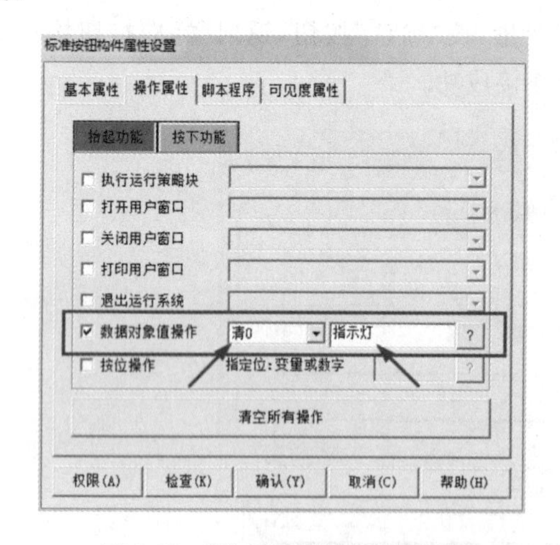

图1-30 “关灯”按钮的动画连接

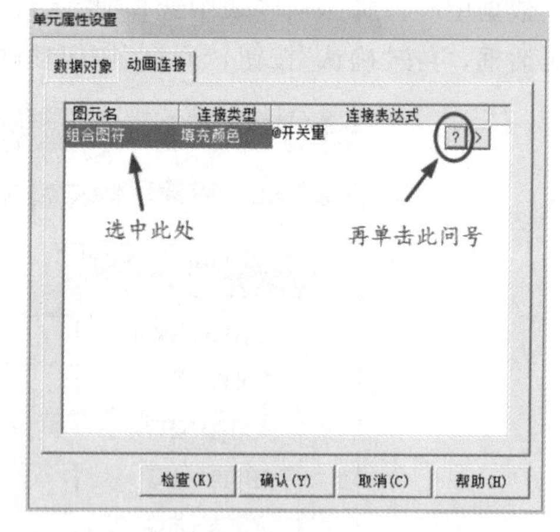

图1-31 指示灯“单元属性设置”对话框1

到此动画连接我们已经做好了，让我们先让工程在模拟环境中运行起来，看看我们自己的作品是否能达到预期的效果。

在运行之前我们需要做一下设置。在“用户窗口”中选中“指示灯的开关控制”，单击鼠标右键，点击“设置为启动窗口”，这样工程运行后会自动进入“指示灯的开关控制”窗口。

5. 工程下载及模拟运行

在菜单项“文件”中选“进入运行环境”或直接按“F5”或直接按工具条中图标，弹出如图1-32所示的“下载配置”对话框，选择“模拟运行”按钮，然后单击“工程下载”按钮，对话框底部的下载进度条发生变化，同时底部的信息框中出现下载过程，完成后，单击“启动运行”按钮，则过一会儿会出现模拟运行界面窗口，如图1-33所示。

移动鼠标到“开灯”“关灯”按钮上面时会出现一只“手”，单击一下“开灯”，指示灯从红色变为绿色；单击一下“关灯”，指示灯从绿色变为红色。

6. 任务的优化

可能有些读者觉得这个指示灯在开灯和关灯之间变化的颜色不能达到自己的要求，那么怎么办呢？MCGS提供有设置灯颜色变化的功能，具体方法如下：

(1) 在指示灯的动画连接步骤中，选中“指示灯”双击，则弹出“单元属性设置”对话框，默认是“动画连接”选项卡处于激活状态；选中“组合图符”则会出现 ? 和 > ，如图1-34所示。

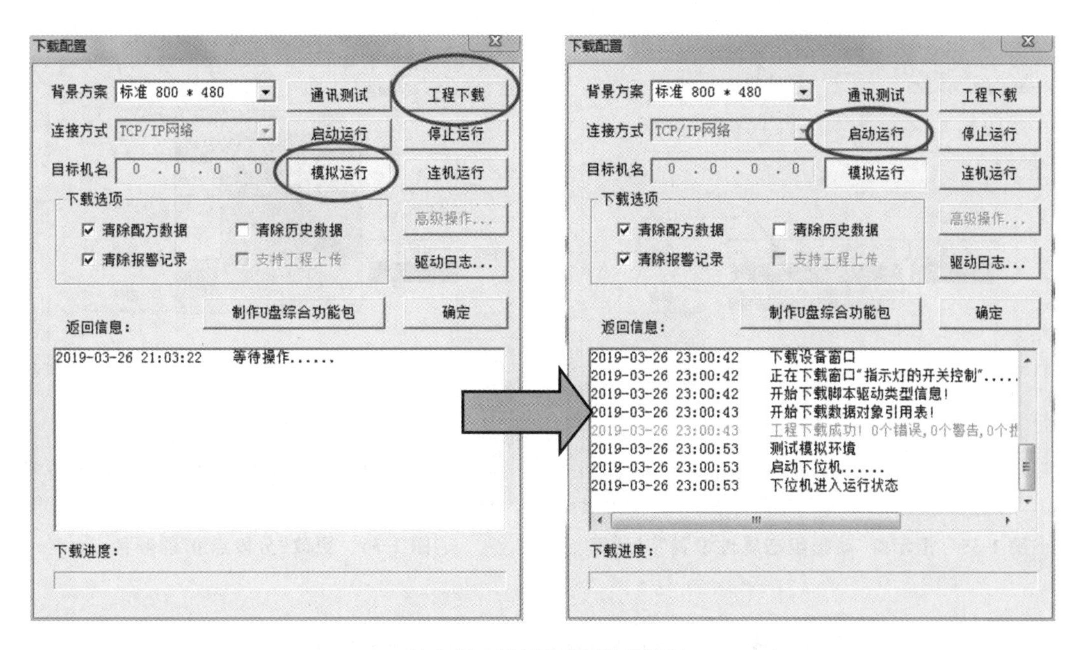

图 1-32 “下载配置”对话框

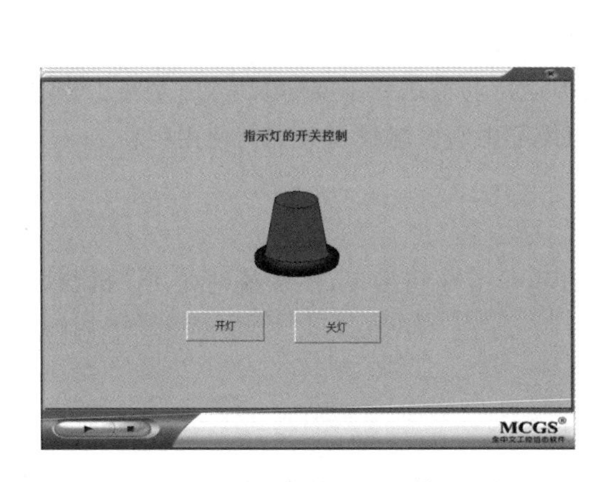

图 1-33 指示灯的开关控制工程模拟运行界面

图 1-34 指示灯“单元属性设置”对话框 2

(2) 单击[>]则进入“动画组态属性设置”对话框，选中“填充颜色连接”选项卡，如图 1-35 所示，选中“分段点 0”，然后双击右侧对应的色条，弹出一个色盘，单击选择一个需要的颜色，如图 1-36 所示；同样，也可以对“分段点 1”进行选择，然后在“表达式”右侧再单击[?]，弹出“变量选择”对话框，如图 1-29 所示，然后在“变量选择方式”中选择“从数据中心选择”，从列表中选择“指示灯”变量，按“确认”按钮，返回“单元属性设置”对话框，再按“确认”按钮，指示灯动画连接完成。

(3) 下载到模拟运行环境，观察灯的颜色已经与前面更改的一致了。

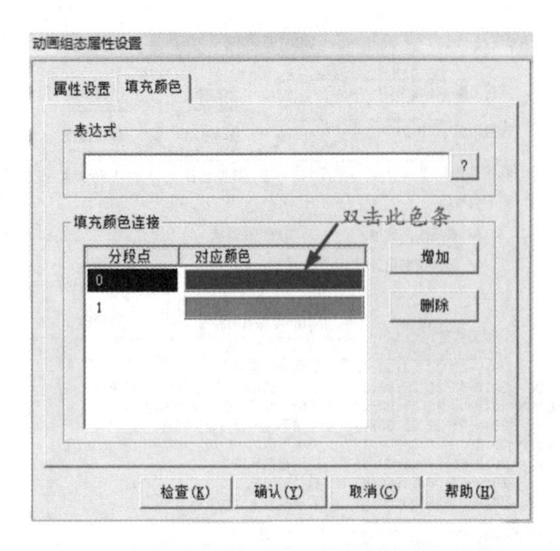

图 1-35　指示灯“动画组态属性设置”对话框

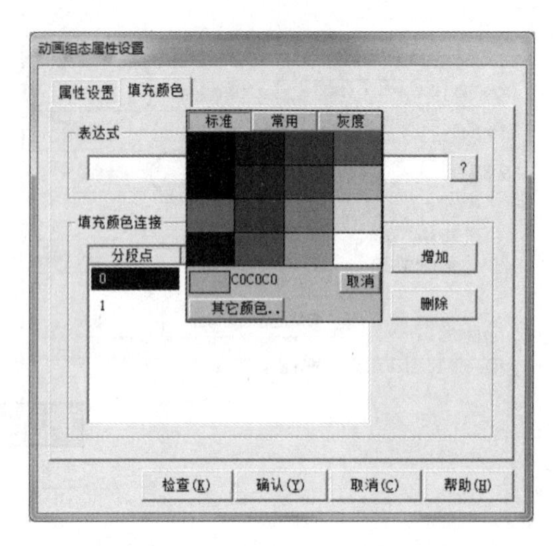

图 1-36　更改“分段点 0”的颜色

任务 4　认识触摸屏和下载工程

【任务导入】

任务 3 中完成的指示灯的开关控制虽然在模拟运行环境达到了实际效果，但是在工程实际中是要下载到触摸屏中使用的，那么如何下载到触摸屏中呢？触摸屏又如何使用呢？

【任务分析】

首先要认识昆仑通态的嵌入式触摸屏 TPC 的基本结构和接口；然后搞清楚 PC 机与触摸屏 TPC 是如何连接的。

【相关知识】

一、MCGSE 体系结构

MCGSE 体系结构分为组态环境、模拟运行环境和运行环境三部分。

组态环境和模拟运行环境相当于一套完整的工具软件，可以在 PC 机上运行。组态环境帮助用户设计和构造自己的组态工程。模拟运行环境用于对组态后的工程进行模拟测试，方便用户对组态过程的调试。

运行环境则是一个独立的运行系统，它按照组态工程中用户指定的方式进行各种处理，完成用户组态设计的目标和功能。运行环境本身没有任何意义，必须与组态工程一起作为一个整体，才能构成用户应用系统。一旦组态工作完成，并且将组态好的工程通过 USB 通信或以太网下载到触摸屏的运行环境中，组态工程就可以离开组态环境而独立运行在 TPC 上，从而实现了控制系统的可靠性、实时性、确定性和安全性。

二、认识 TPC7062K 触摸屏

TPC 触摸屏是深圳(原北京)昆仑通态科技有限责任公司自主生产的嵌入式一体化触摸屏系列型号。TPC7062K 是一套以嵌入式低功耗 CPU 为核心(主频 400MHz)的高性能嵌入式一体化触摸屏。该产品设计采用了 7 英寸高亮度 TFT 液晶显示屏(分辨率 800×480),四线电阻式触摸屏(分辨率 4096×4096)。同时还预装了 MCGS 嵌入式组态软件(运行版),具备强大的图像显示和数据处理功能。

1. TPC7062K 的特点

(1) 高清:800×480 像素分辨率;

(2) 真彩:65535 色数字真彩,丰富的图形库;

(3) 可靠:抗干扰性能达到工业 1 级标准,采用 LED 背光永不黑屏;

(4) 配置:ARM9 内核、400 MHz 主频、64 MB 内存、128 MB 存储空间;

(5) 软件:MCGS 全功能组态软件,支持闪存盘(俗称 U 盘)备份恢复,功能更强大;

(6) 环保:低功耗,整机功耗仅 6 W;

(7) 时尚:7 英寸宽屏显示,超轻、超薄机身设计。

2. TPC7062K 的外观

TPC7062K 的正视图、背视图分别如图 1-37、图 1-38 所示。

图 1-37 正视图

图 1-38 背视图

3. TPC7062K 的电源

TPC7062K 的供电电源为直流 24 V。

 仅限 24VDC! 建议电源的输出功率为 15 W。

4. TPC7062K 的外部接口

TPC7062K 的外部接口说明如图 1-39 所示。

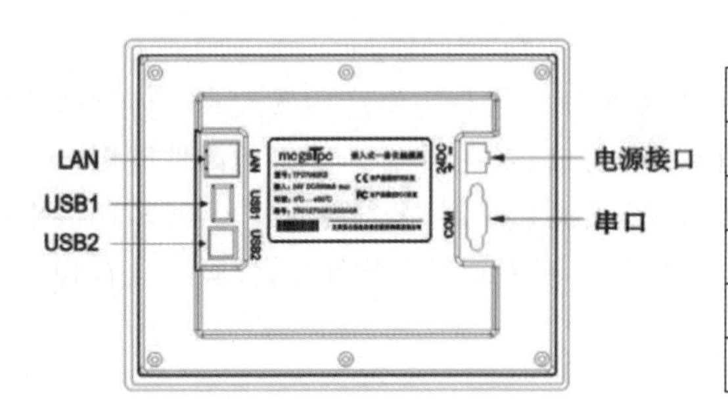

接 口 名 称	功 能
LAN（RJ45）	以太网接口
USB1	主口可用于U盘、键盘
USB2	从口，用于下载工程
串口	1×RS232，1×RS485
电源接口	24VDC±20%

图 1-39　TPC7062K 的外部接口

【任务实施】

1. TPC7062K 与组态计算机连接

首先将 TPC7062K 接上 24V 直流电源，然后用标准 USB2.0 打印机线的扁平口插到电脑的 USB 口，微型接口插到 TPC7062K 的 USB2 口完成与组态计算机的连接，如图 1-40 所示。

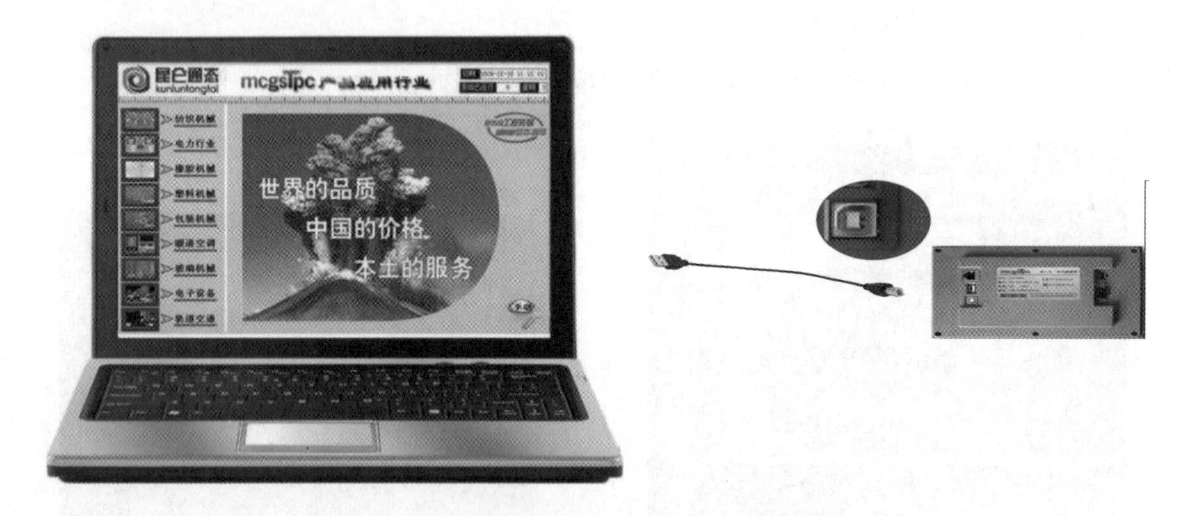

图 1-40　TPC7062K 与组态计算机的连接示意图

2. 工程下载到 TPC7062K

在 PC 机上建立的“指示灯的开关控制”窗口中直接按“F5”或直接按工具条中图标或在菜单项“文件”中选“进入运行环境”，弹出如图 1-41 所示的“下载配置”对话框，进行下载配置。在图 1-37 中选择“连机运行”，连接方式选择“USB 通讯”，然后点击“通讯测试”按钮，通讯测试正常后，点击“工程下载”，随后在信息框中显示下载的相关信息中，如果有红色的信息或者错误提示，将无法运行；如果显示绿色的成功信息，表明组态过程中没有违反组态规则的信息。下载结束后，在触屏上即可进行相应的操作。

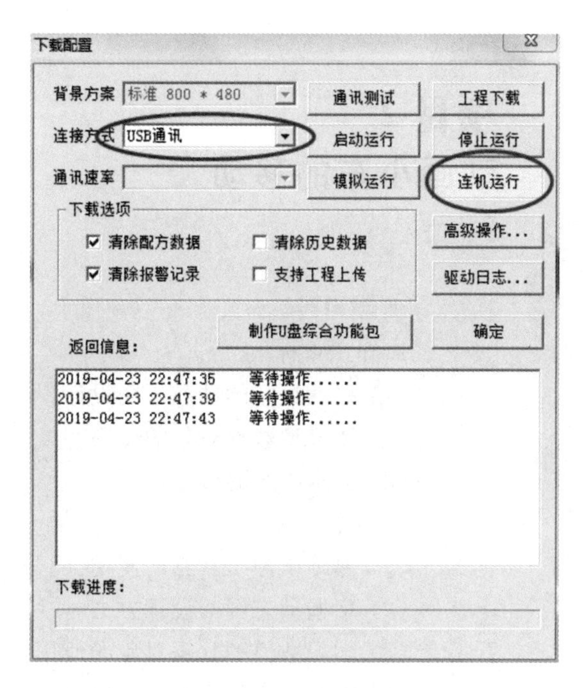

图 1-41 “下载配置”对话框

【思考与实践】

请实现仅用一个按钮控制灯的开关的两种情况：

(1) 按一下灯亮，再按一下灯灭；

(2) 按住按钮灯亮，松开即灯灭。

项目 2
动画小车的移动

学习目标

1. 知识目标

(1) 移动目标的动态画面设计。

(2) 数值型数据对象的使用。

(3) 脚本程序的应用。

2. 能力目标

(1) 熟练掌握工具箱的使用。

(2) 掌握动态画面设计方法。

(3) 学习数值型数据对象的使用。

(4) 理解并会使用脚本程序语言。

项目描述

建立一个动画小车水平移动组态工程，如图 2-1 所示。控制要求如下：

有一个动画小车自左向右水平运行在一个绘制好的轨道上。当命令小车前进时，小车缓慢前进，在没有停止命令的前提下，小车一直运动到轨道的最右端，自动停止；当命令小车后退时，小车沿原路缓慢后退，在没有停止命令的前提下，小车一直后退到起点后，自动停止。当小车处在前进或后退的运行状态下，下达停止命令，小车都要停在原地不动，如果继续命令前进或后退，小车则继续前进或后退。

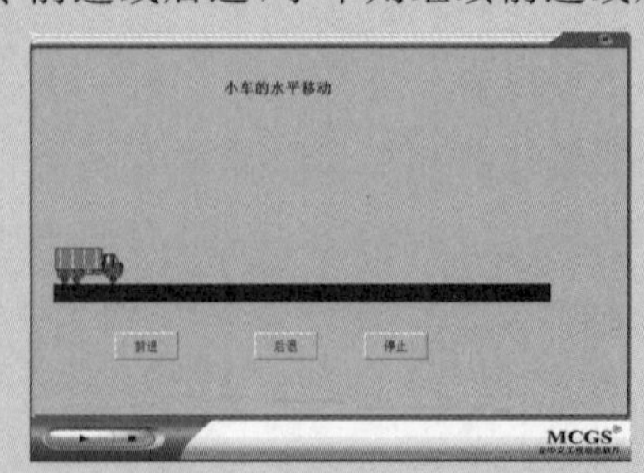

图 2-1　动画小车水平移动的组态动画

任务1 动画小车的自动往返运动

【任务导入】

本项目中组态工程可以分为两个任务：一是动画小车自左向右水平运动到轨道的最右端能自动返回到最左端；二是用按钮控制动画小车的前进、后退及停止。

【任务分析】

经过项目1的学习，我们掌握了如何新建一个工程，并在用户窗口中进行简单的画面组态。在本任务中我们首先回顾一下新建工程的一般步骤和工具箱的使用方法，然后需要用到“小车”这一新的动画构件，在对“小车”进行组态过程中，需要设置动画构件的位置变化属性，尤其是水平移动属性。为了使小车按照要求进行水平往复运动，我们将使用到数据型变量和脚本语言编程。经过本任务的学习，我们将逐步认识到MCGS控件和动画构件的丰富功能，掌握脚本语言的编写方法。

【相关知识】

一、图形动态画面设计

设计一个组态工程的一项重要工作就是在用户窗口中，通过对多个图形对象的组态设置，建立相应的动画连接，用清晰生动和逼真的画面反映工业控制过程。

MCGS中的图形对象包括图元对象、图符对象和动画构件三种类型，图形对象放置在用户窗口中，是组成用户应用系统图形界面的最小单元。不同类型的图形对象有不同的属性，所能完成的功能也各不相同。图形对象可以从MCGS嵌入版提供的绘图工具箱和常用图符工具箱中选取。

由图形对象搭制而成的图形画面是静止不动的，需要对这些图形对象进行动画属性设置，使它们“动”起来，真实地描述外界对象的状态变化，达到过程实时监控的目的。MCGS实现图形动画设计的主要方法是将用户窗口中图形对象与实时数据库中的数据对象建立相关性连接，并设置相应的动画属性。这样在系统运行过程中，图形对象的外观和状态特征，由数据对象的实时采集值驱动，从而实现了图形的动画效果，使图形界面“动”起来。

1. 图元图符对象动画连接

在MCGS中图元、图符对象所包含的动画连接方式有四类共十一种，如图2-2所示。一个图元、图符对象可以同时定义多种动画连接。我们根据实际需要，灵活地对图形对象定义动画连接，最终各种逼真的动画效果是多种动画连接方式的组合效果。

2. 位置动画连接

位置动画连接包括图形对象的水平移动、垂直移动和大小变化三种属性，通过设置这三种属性使图形对象的位置和大小随数据对象值的变化而变化。用户只要控制数据对象值的大小和值的变化速度，就能精确地控制所对应图形对象的大小、位置及其变化速度。平行移动的方

图 2-2　图元、图符对象的四类十一种动画连接方式

向包含水平和垂直两个方向。当在图形对象的“动画组态属性设置”对话框中的“属性设置”选项卡中勾选位置动画连接的“水平移动”和“垂直移动”时就会出现对应的选项卡，如图 2-3 所示。“水平移动”选项卡的设置以图 2-4 为例，当表达式 x 的值为 0 时，图形对象的位置向右移动 0 点(即不动)，当表达式 x 的值为 100 时，图形对象的位置向右移动 100 点，当表达式 x 的值为其他值时，利用线性插值公式即可计算出相应的移动位置。

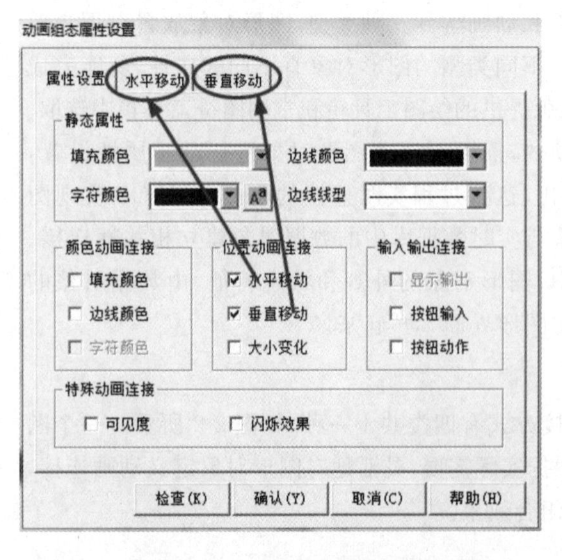

图 2-3　图形对象动画连接的“属性设置”选项卡

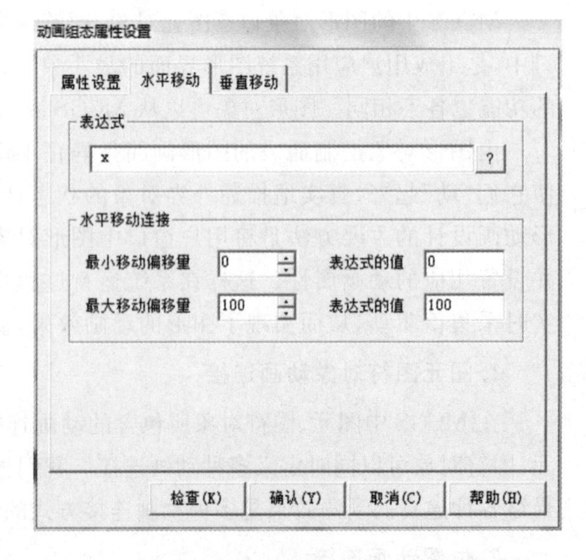

图 2-4　图形对象动画连接的“水平移动”选项卡

注意：偏移量是以组态时图形对象所在的位置为基准(初始位置)，单位为像素点，向左为负方向，向右为正方向(对于垂直移动，向下为正方向，向上为负方向)。当把图 2-4 中的 100 改为 －100 时，则随着 x 值从小到大的变化，图形对象的位置则从基准位置开始，向左移动 100 点。

二、数值型数据对象

在项目 1 中我们已经知道，数值型数据对象是用来描述过程量或其他连续值信息的一种变量，在 MCGS 中，数值型数据对象的数值范围：负数是从 -3.402823×10^{38} 到 $-(1.401298\times10^{-45})$，正数是从 1.401298×10^{-45} 到 3.402823×10^{38}。该范围可完全满足工程需要。另外，数值型数据对象除了存放数值及参与数值运算外，还提供报警信息，并能够与外部设备的模拟量输入输出通道相连接。

数值型数据对象的属性有很多，在其基本属性中有小数位、最小值和最大值、对象初值等属性，另外还有存盘属性和报警属性。这些属性，在实际工程中都会运用到，在项目 2 中我们不涉及数据存盘和报警，因此就暂不做介绍。

数值型“数据对象属性设置”对话框如图 2-5 所示。

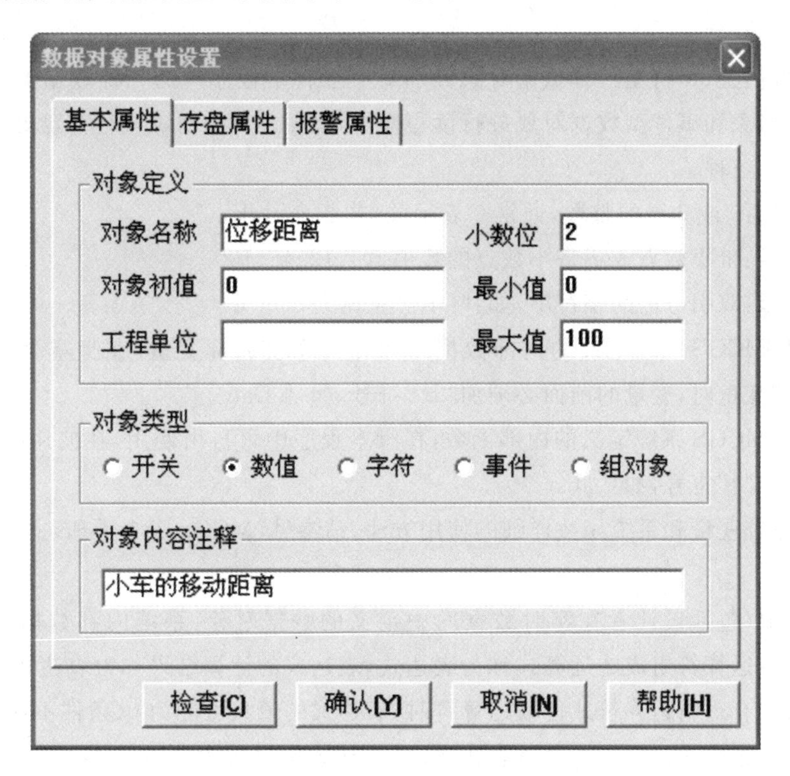

图 2-5 数值型“数据对象属性设置”对话框

三、脚本程序

脚本程序是由用户编制的、用来完成特定操作和处理的程序。脚本程序的编程语法非常类似于普通的 Basic 语言，但在概念和使用上更简单直观，力求做到使大多数普通用户都能正确、快速地掌握和使用。

对于大多数简单的应用系统，MCGS 的简单组态就可完成。只有比较复杂的系统，才需要使用脚本程序，但正确地编写脚本程序，可简化组态过程，大大提高工作效率，优化控制过程。

1. 脚本程序语言要素

1) 数据类型

MCGS 脚本程序语言使用的数据类型只有三种：

开关型：表示开或者关的数据类型，通常 0 表示关，非 0 表示开，也可以作为整数使用；

数值型：值在 3.4E±38(3.4×10^{38})范围内；

字符型：最多由 512 个字符组成的字符串。

2) 变量、常量及系统函数

变量：与 C 语言不同，在 MCGS 脚本程序中用户不能自定义变量，也不能定义子程序和子函数，只能对实时数据库中的数据对象进行操作；可以将数据对象看作是脚本程序中的全局变量，在所有的程序段共用。可以用数据对象的名称来读写数据对象的值，但无法对数据对象的属性进行操作。

开关型、数值型、字符型三种数据对象分别对应于脚本程序中的三种数据类型。在脚本程序中不能对组对象和事件型数据对象进行读写操作，但可以对组对象进行存盘处理。

常量有以下三种。

开关型常量：0 或非 0 的整数，通常 0 表示关，非 0 表示开。

数值型常量：带小数点或不带小数点的数值，如：12.45、100。

字符型常量：双引号内的字符串，如："OK""正常"。

系统变量：MCGS 系统定义的内部数据对象作为系统内部变量，在脚本程序中可自由使用，在使用系统变量时，变量的前面必须加"$"符号，如 $Date。

系统函数：MCGS 系统定义的内部函数，在脚本程序中可自由使用，在使用系统函数时，函数的前面必须加"!"符号，如！abs( )。

注：有关系统变量和系统函数详细的使用方法，请参见《MCGS 参考手册》。

3) 表达式

由数据对象(包括设计者在实时数据库中定义的数据对象、系统内部数据对象和系统函数)、括号和各种运算符组成的运算式称为表达式，表达式的计算结果称为表达式的值。

当表达式中有逻辑运算符或比较运算符时，表达式的值只可能为 0(条件不成立，假)或非 0(条件成立，真)，这类表达式称为逻辑表达式；当表达式中只包含算术运算符，表达式的运算结果为具体的数值时，这类表达式称为算术表达式；常量或数据对象是狭义的表达式，这些单个量的值即为表达式的值。表达式值的类型即为表达式的类型，必须是开关型、数值型、字符型三种类型中的一种。

表达式是构成脚本程序的最基本元素，在 MCGS 的部分组态中，也常常需要通过表达式来建立实时数据库与其对象的连接关系，正确输入和构造表达式是 MCGS 的一项重要工作。

4) 运算符

运算符的符号及说明如表 2-1 所示。

表 2-1 运算符的符号及说明

符　　号	运　算　符	说　　明	符　　号	运　算　符	说　　明
＋	加法	算术运算符	OR	逻辑或	逻辑运算符
—	减法		XOR	逻辑异或	
*	乘法		＞	大于	比较运算符
/	除法		＞＝	大于等于	
\	整除		＜	小于	
Mod	取模运算		＜＝	小于等于	
∧	乘方		＝	等于	
NOT	逻辑非	逻辑运算符	＜＞	不等于	
AND	逻辑与		＝	赋值	赋值运算符

注意：字符串比较需要使用字符串函数！StrCmp，不能直接使用等于运算符。

5）运算符优先级

按照优先级从高到低的顺序，各个运算符排列如下：

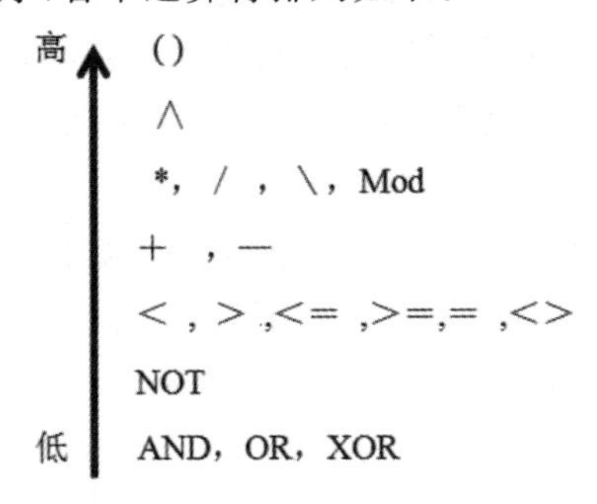

2. 脚本程序编辑环境

脚本程序编辑环境是用户书写脚本语句的地方。脚本程序编辑环境主要由脚本程序编辑框、编辑功能按钮、MCGS 操作对象列表和函数列表、脚本语句和表达式 4 个部分构成，如图 2-6 所示。分别说明如下：

脚本程序编辑框用于书写脚本程序和脚本注释，用户必须遵照 MCGS 规定的语法结构和书写规范书写脚本程序，否则语法检查不能通过。

编辑功能按钮提供了文本编辑的基本操作，用户使用这些功能按钮可以方便操作和提高编辑速度。

脚本语句和表达式列出了 MCGS 使用的三种语句的书写形式和 MCGS 允许的表达式类型。用鼠标单击要选的语句和表达式符号，在脚本编辑处光标所在的位置填上语句或表达式的标准格式。比如，用鼠标单击 IF～THEN 按钮，则 MCGS 自动提供一个 if … then …结构，并把输入光标停到合适的位置上。

MCGS 操作对象列表和函数列表以树结构的形式，列出了工程中所有的窗口、策略、设备、变量，系统支持的各种方法、属性以及各种函数，以供用户快速的查找和使用。

3. 脚本程序基本语句

由于 MCGS 脚本程序是为了实现某些多分支流程的控制及操作处理，因此包括了几种最

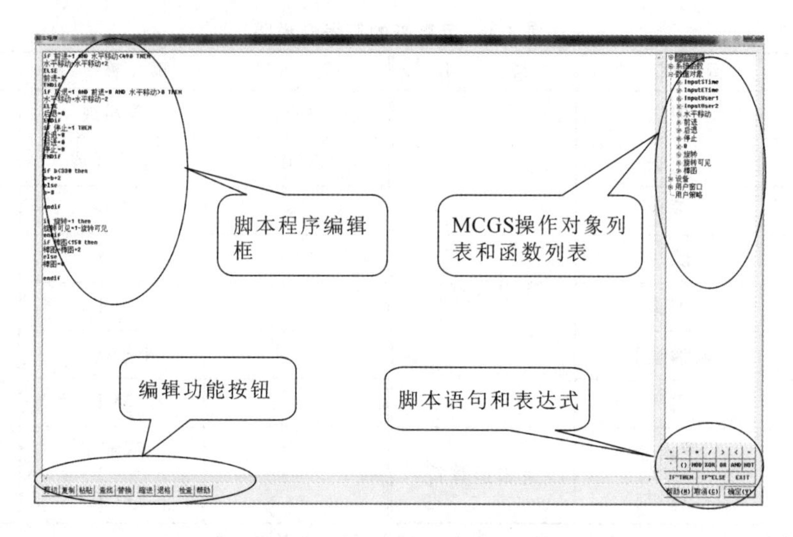

图 2-6　脚本语言的编写环境

简单的语句:赋值语句、条件语句、退出语句和注释语句,同时,为了提供一些高级的循环和遍历功能,还提供了循环语句。所有的脚本程序都可由这四种语句组成,当需要在一个程序行中包含多条语句时,各条语句之间须用":"分开,程序行也可以是没有任何语句的空行。大多数情况下,一个程序行只包含一条语句,赋值程序行中根据需要可在一行上放置多条语句。

1) 赋值语句

赋值语句的形式为:数据对象=表达式。赋值语句用赋值号("="号)来表示,它具体的含义是:把"="右边表达式的运算值赋给左边的数据对象。赋值号左边必须是能够读写的数据对象,如开关型数据、数值型数据以及能进行写操作的内部数据对象,而组对象、事件型数据对象、只读的内部数据对象、系统函数以及常量,均不能出现在赋值号的左边,因为不能对这些对象进行写操作。

赋值号的右边为一表达式,表达式的类型必须与左边数据对象值的类型相符合,否则系统会提示"赋值语句类型不匹配"的错误信息。

2) 条件语句

条件语句有如下三种形式:

- if 【表达式】then 【赋值语句或退出语句】
- if 【表达式】then

    【语句】

  endif
- if 【表达式】then

    【语句】

  else

    【语句】

  endif

条件语句中的四个关键字"if""then""else""endif"不分大小写。如拼写不正确,检查程序会提示出错信息。

条件语句允许多级嵌套,即条件语句中可以包含新的条件语句,MCGS脚本程序的条件语句最多可以有8级嵌套，为编制多分支流程的控制程序提供了可能。

“if”语句的表达式一般为逻辑表达式，也可以是值为数值型的表达式，当表达式的值为非0时，条件成立，执行“then”后的语句，否则，条件不成立，将不执行该条件块中包含的语句，开始执行该条件块后面的语句。

3）退出语句

退出语句为“exit”，用于中断脚本程序的运行，停止执行其后面的语句。一般在条件语句中使用退出语句，以便在某种条件下，停止并退出脚本程序的执行。

4）注释语句

以单引号“'”开头的语句称为注释语句，注释语句在脚本程序中只起到注释说明的作用，实际运行时，系统不对注释语句做任何处理。

【任务实施】

1. 新建工程

按照项目1中新建工程的步骤，进入MCGS组态环境，选择“文件”→“新建工程”菜单项，新建“小车的水平移动.MCE”工程文件。

2. 静态画面组态

（1）进入用户窗口页面，点击“新建窗口”按钮，创建并命名“小车的水平移动”窗口，并将其设置为启动窗口。

（2）打开“工具箱”，使用“标签”功能，在窗口的最上面设置文字框，并输入文字“小车的水平移动”，按“回车键”确认后，双击文字框，进入文字框属性设置窗口，如图2-7所示。

将填充颜色设置为“无填充色”，边线颜色设置为“无边线颜色”，字符颜色设置为“蓝色”，字符字体设置为“宋体，初号”，点击确认按钮，工程标题创建完成。

（3）在“工具箱”中选择“矩形按钮”▭，将光标移动至窗口中，当光标变成“十字”形状时，在窗口中央点击并拖动鼠标，绘制一个大小为800 mm×19 mm的矩形区域（矩形大小见于窗口右下角状态栏中），绘制完成后，双击矩形框，进入与图2-7一样的属性设置窗口，将填充颜色设置为“亮蓝色”，确认后退出，小车的移动轨道创建完成。

（4）通过“工具箱”进入“对象元件库管理”中，在条目“车”中，选取“集装箱车2”，点击确认，小车出现在用户窗口中，通过鼠标调整小车的大小和位置，将小车放在已设置好的轨道上，如图2-8所示。

3. 定义数据对象来构造实时数据库

由前文我们知道，MCGS实现图形动画设计的主要方法是将用户窗口中图形对象与实时数据库中的数据对象建立相关性连接，并设置相应的动画属性。在系统运行过程中，图形对象的外观和状态特征，由数据对象的实时采集值驱动，从而实现了图形的动画效果。因此，我们可以在实时数据库中添加一个数值型的数据对象来反映小车的位移状态，将小车和这个数据对象建立连接，那么，只要这个数据对象的值发生变化，则小车的位置也将发生变化。

定义数据对象的步骤如下：

（1）单击工作台中的“实时数据库”窗口标签，进入实时数据库窗口页面；

（2）单击“新增对象”按钮，在窗口的数据对象列表中，增加新的数据对象，名称为“Data1”；

标签动画组态属性设置

属性设置 | 扩展属性

静态属性

填充颜色　边线颜色　没有边线

字符颜色　边线线型

颜色动画连接：填充颜色　边线颜色　字符颜色

位置动画连接：水平移动　垂直移动　大小变化

输入输出连接：显示输出　按钮输入　按钮动作

特殊动画连接：可见度　闪烁效果

检查(K)　确认(Y)　取消(C)　帮助(H)

图 2-7　文字框属性设置窗口

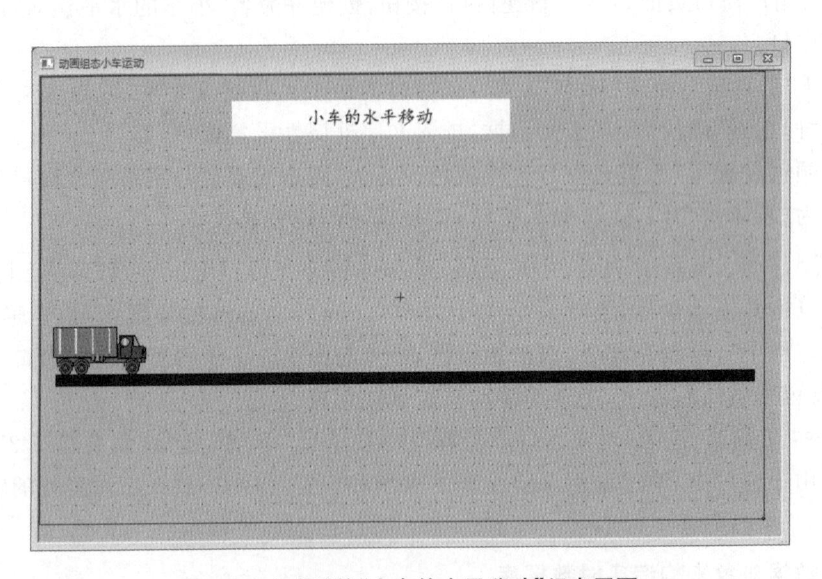

图 2-8　完成后的“小车的水平移动”组态画面

(3) 选中对象，按“对象属性”按钮，或双击选中对象，则打开“数据对象属性设置”窗口。按图 2-9 所示进行相应设置。

4. 动画连接

数据对象定义完成后，接下来需要完成的工作便是将数据对象和用户窗口中的图形对象及标准按钮进行连接。

首先，对小车进行水平移动的设置。在用户窗口中，双击“小车”图形对象，弹出“单元属性设置”对话框，如图 2-10 所示。在“动画连接”选项卡中选中“组合图符”，则会出现 > ，单击 >

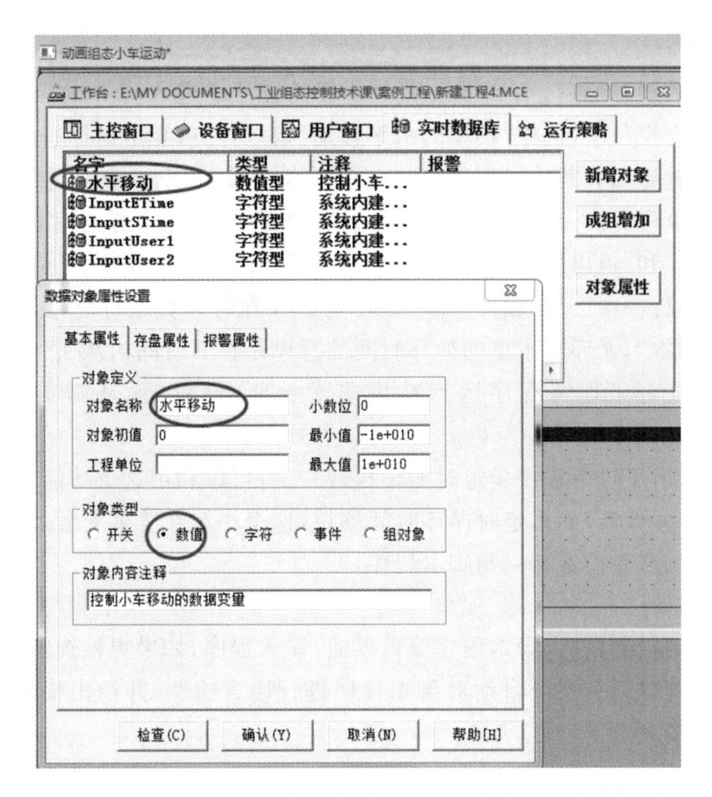

图 2-9 数据对象的建立和属性设置

则进入“动画组态属性设置”对话框，按图 2-11 所示修改，其他属性不变。设置好后，按“确认”按钮，返回“单元属性设置”对话框，再按“确认”按钮，动画连接完成。

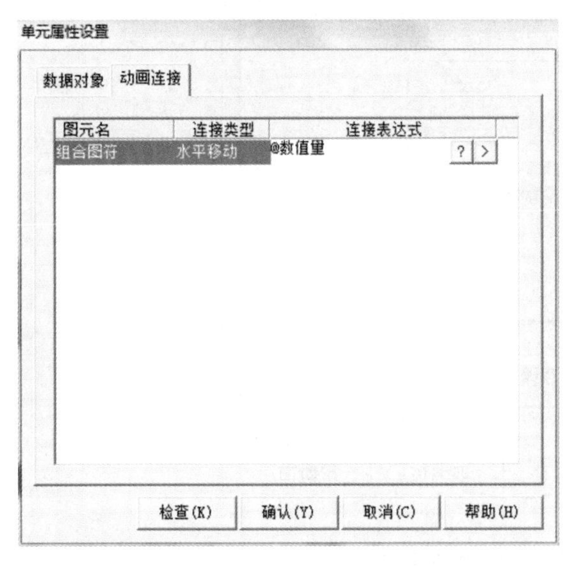

图 2-10 “单元属性设置”对话框

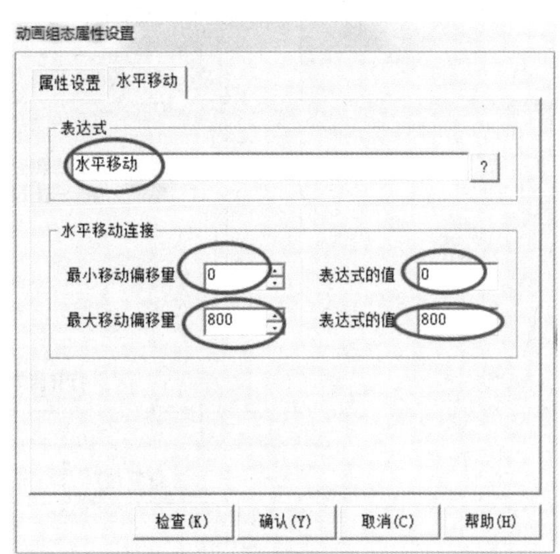

图 2-11 “动画组态属性设置”对话框

其中，偏移量指的就是小车的运行轨道的长度像素，表达式的值在实际工程中不一定要和偏移量一样，在这里，为了方便理解，我们将表达式的值设置成与偏移量一致。

5. 编写脚本语言

为了实现小车的动态运行，需要借助脚本编程的方法。进入脚本编程环境的方法有很多种，首先，可以在用户窗口中，选中“小车的水平移动”窗口，然后点击鼠标右键，选择“属性”可进入用户窗口属性设置界面。其次，也可以在“小车的水平移动”窗口中，直接在空白处双击鼠标进入用户窗口属性设置界面。在用户窗口属性设置界面中，有三个有关脚本的标签，分别是“启动脚本”、“循环脚本”和“退出脚本”，顾名思义，“启动脚本”和“退出脚本”是分别在窗口启动和退出时运行的，只运行一次。而“循环脚本”是在窗口存在时一直运行的，因此，在本任务中，我们需要使用“循环脚本”，循环脚本里的循环时间的意思是在其时间内从头到尾自动执行一次脚本程序，这个知识点对于理解程序运行结果非常重要，设置“循环脚本”里的循环时间为100 ms。

根据任务分析，由于这个程序是定时循环执行一次，可以利用这个功能，让每次程序执行一次，小车向右移动一些像素，如果定时循环时间够短，这个小车在屏幕上的效果就像电影胶片在放映的情况一样；因此，我们编写一句脚本程序：

```
水平移动=水平移动+1
```

打开脚本程序编辑器，进入脚本程序编辑界面，输入程序，如果想检查脚本程序是否有语法错误，可以点击“检查”按钮，系统自动对脚本程序进行语言检测，并给出提示，如图 2-12 所示。点击“确认”按钮完成。

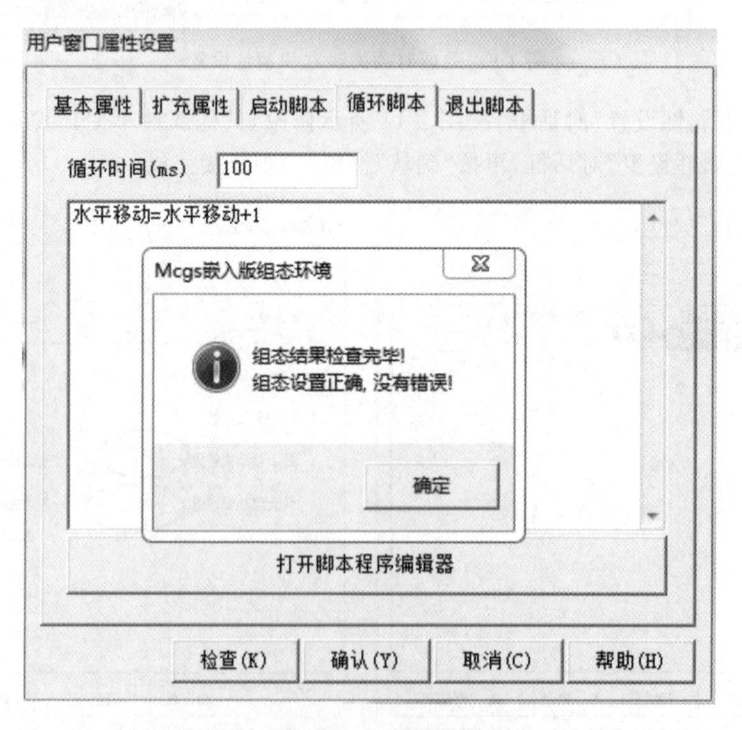

图 2-12　脚本程序编辑器及脚本检查

6. 运行调试

以上所有工作都已完成，尤其是脚本程序编写完成后，需要检查工程运行是否满足控制要求，这就需要进入运行环境中查看程序运行效果如何。

下载到模拟环境运行后，发现小车能自左向右运动，超过轨道后仍然会继续向前，最终消失不见。

经分析，上述程序只能使小车持续向前，没有语句让其停止。为使小车行进到轨道最右端后，能自动返回最左端，应当加入控制语句。将上述程序增加控制语句改为如下代码：

```
if 水平移动<800 then
水平移动= 水平移动+1
else
水平移动=0
endif
```

下载到模拟环境运行后，发现小车能自左向右运动，同时也能自动返回轨道最左端，基本实现任务要求。仔细观察，发现小车运动尚有一处细节不太合理：小车在往右行进过程中会超出运行轨道一个车身的距离。查找原因，原来是在组态小车的水平移动时，最大偏移量设置成和轨道长度一样，都是 800 mm，可实际上，小车要想不超出轨道，只需要将最大移动偏移量减少一个车身的距离即可。点击小车，可知小车的长度是 120 mm，因此，最大移动偏移量设置为 680 mm即可满足要求。调试前后的小车运行效果如图 2-13 所示。

图 2-13 小车移动效果对比

【思考与实践】

(1) 改变步长和循环时间，然后下载到模拟环境运行，观察小车的移动效果。

(2) 小车从左向右自动运行，怎么实现？

(3) 小车从上向下或从下向上自动运行，怎么实现？

任务 2 能前进后退也能停的小车

【任务导入】

在上一任务中小车已经可以自左向右运动，同时也能自动返回轨道最左端。但是如何任意控制小车前进、后退和停止呢?

【任务分析】

经过项目 1 的学习,知道通过按钮可以控制灯的亮灭;显然如果用同样的方法成功控制小车必然得到同样的效果。

【任务实施】

1. 静态画面的建立

打开任务 1 建立的组态“小车的水平移动”用户窗口,在“工具箱”中选择“标准按钮”构件,在小车的移动轨道下方分别设置三个按钮,并在属性设置界面中将三个按钮分别命名为“前进”“后退”“停止”,如图 2-14 所示。

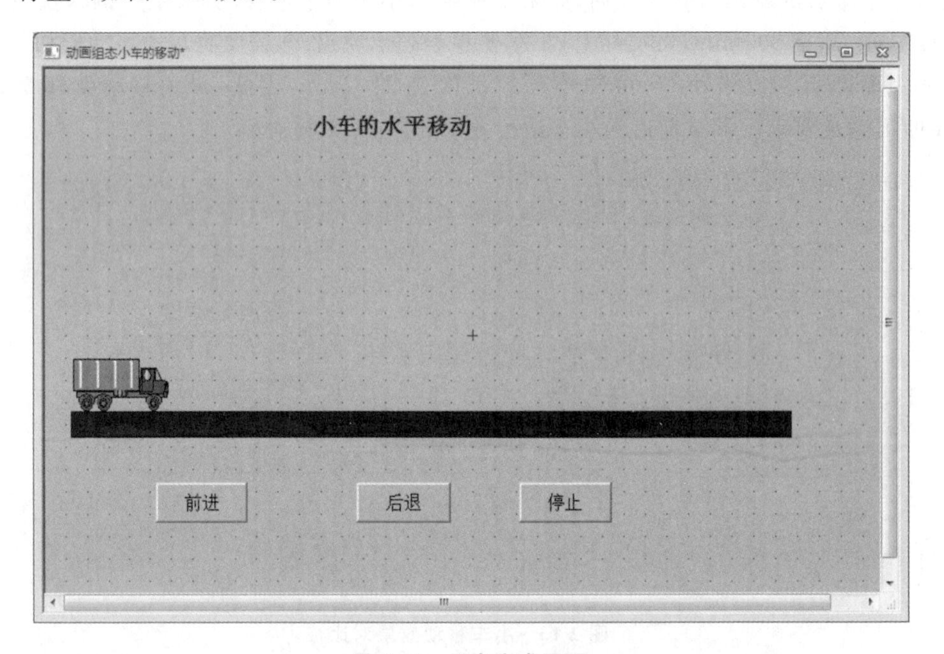

图 2-14　组态完成画面

2. 定义数据对象

在上个任务中我们在实时数据库中添加了一个数值型的数据对象“水平移动”来反映小车的位移状态,将小车和这个数据对象建立连接,那么,在模拟演示中可以看到这个数据对象的值发生变化,则小车的位置也发生变化。现在为了便于对小车的控制,我们还要定义三个开关型数据对象,分别实现对小车前进、后退和停止的控制。数据对象的定义如图 2-15 所示。

3. 动画连接

数据对象的定义完成后,接下来需要完成的工作便是将数据对象和用户窗口中的图形对象及标准按钮进行连接。小车的“水平移动”已经在上个任务中设置成功。

现在对按钮进行动画连接。双击“前进”按钮,进入按钮的属性设置窗口,在操作属性标签中,勾选“数据对象值操作”,在下拉框中选择“置 1”操作,数据对象则选择“前进”,依此类推,完成对“后退”“停止”按钮的设置。如图 2-16 所示。

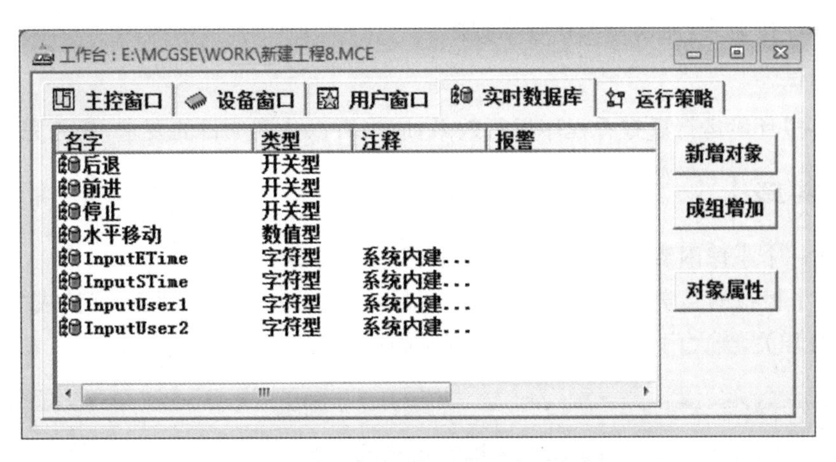

图 2-15 数据对象的定义

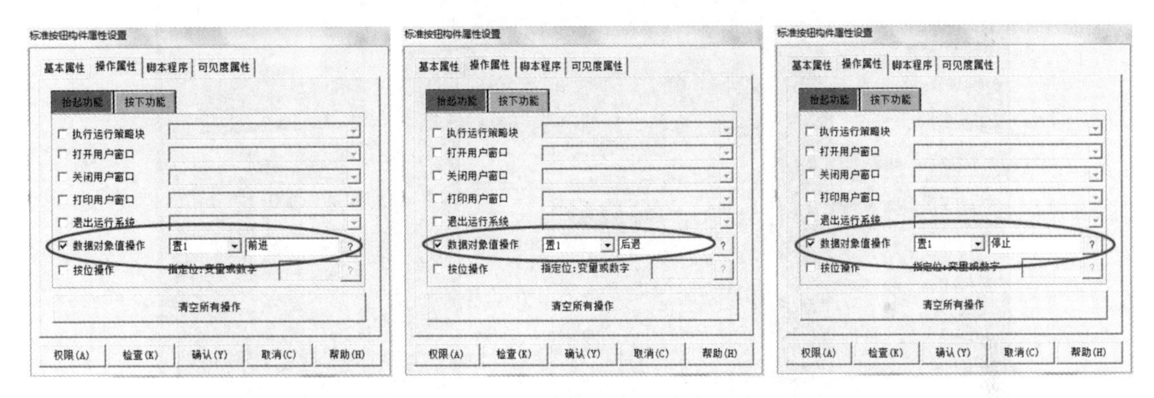

图 2-16 “前进”“后退”“停止”按钮的属性设置

4. 编写脚本语言

在本任务中，我们还是继续使用“循环脚本”。打开脚本程序编辑器，进入脚本程序编辑界面。根据任务分析，我们编写如下的参考脚本程序：

```
if 前进=1 and 水平位移<800 then
水平位移=水平位移+20
else
前进=0
endif
if 后退=1 and 前进=0 and 水平位移> 0 then
水平位移= 水平位移-20
else
后退=0
endif
if 停止=1 then
前进=0
后退=0
停止=0
endif
```

点击“确认”按钮后,完成并保存脚本程序。

5. 运行调试

下载到模拟环境运行后查看程序运行效果,应当可以达到项目的要求,任务完成。

【思考与实践】

(1) 实现一个小球围绕一个长方形做循环运动的组态动画。

(2) 现一个模拟的某学校大门,如图 2-17 所示,可以分别用“开门”、“关门”或“停止”按钮来控制此大门的开关,当大门运动时要有警示灯亮闪。

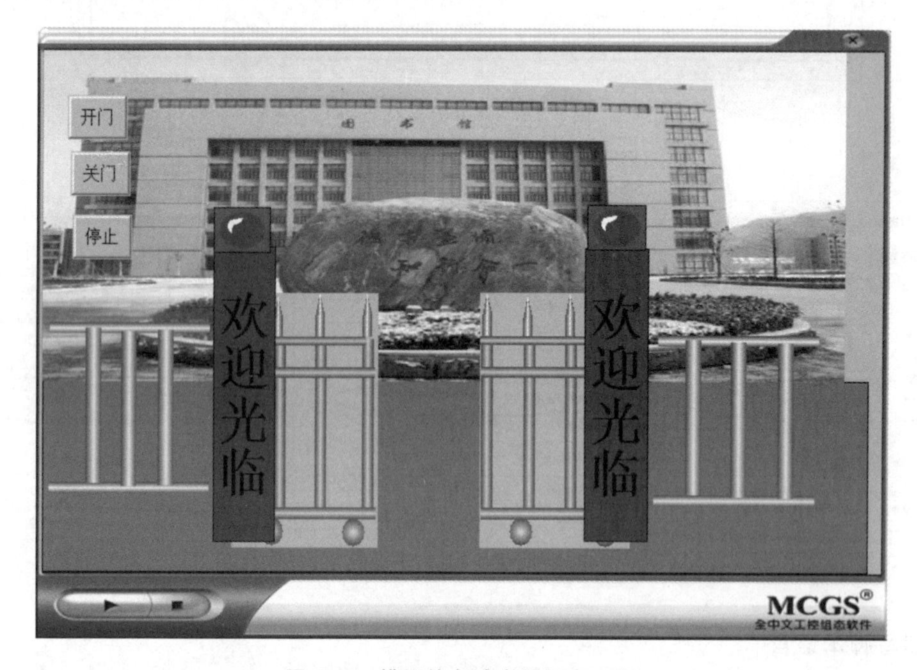

图 2-17 模拟的自动大门组态工程

项目 3
水泵的控制

学习目标

1. 知识目标

(1) 掌握动画显示构件的使用。

(2) 掌握特殊动画连接的使用。

(3) 掌握子窗口的创建和调用方法。

(4) 掌握 MCGS 系统内部函数的调用方法。

2. 能力目标

(1) 具备利用子窗口控制系统组态的能力。

(2) 熟练利用动画显示构件和特殊动画连接完成动画组态。

(3) 在脚本语言中能够熟练利用 MCGS 系统内部各种函数。

(4) 能够熟练利用运行策略编写脚本程序。

项目描述

在主窗口中监控两个水泵的运行状态,单击“一号泵”按钮时,出现子窗口,窗口上标签显示:“一号泵”,单击“开”“停”,则相应的指示灯亮,同时水泵的动画开始旋转。单击子窗口中的“关闭界面”按钮,子窗口消失;同样单击“二号泵”按钮时也出现类似的情况,区别在于标签自动显示“二号泵”。如图 3-1 所示。

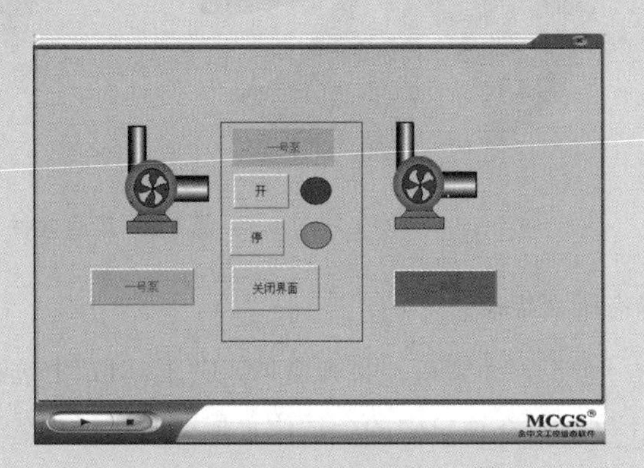

图 3-1 “水泵的控制”组态工程动画

任务 1　旋转效果的实现

【任务导入】

在很多工程或项目中都会用到开关控制电机或水泵的运动;如果用一个旋转的动画代替一个旋转的电机或水泵,那么这是非常直观的。

【任务分析】

根据风扇旋转的原理,可以设想如果有几个风扇叶片,在不同时刻处于不同位置,并在很短的时间内完成,不停地循环,应当就能实现旋转动画的效果。具体可以将两个风扇图片叠加在一起,当其中一个风扇图片可见时,另外一个风扇是不可见的。

【任务实施】

◆ 方案一

首先在网上找两个类似图 3-2 所示的风扇图片,注意两个风扇的叶片必须是不同的角度。

图 3-2　风扇素材

1. 静态画面组态

新建一个工程和窗口。打开窗口,在“工具箱”中选择“动画显示”构件并单击,鼠标的光标变为“十字”形,在窗口中的合适位置拖曳鼠标,拉出一个大小合适的矩形,松开鼠标,则出现一个类似开关的按钮,如图 3-3 所示,双击之,出现“动画显示构件属性设置”对话框,如图 3-4 所示,然后对其进行设置。

在“基本属性”选项卡中默认的“分段点 0”、“外形”标签的状态下,单击“位图”按钮,进行如图 3-5 所示的设置,“确定”后,再选择“文字”标签将“文本列表”中的“文本 0”删除,如图 3-6 所示,按“确认”按钮。用同样的方法将“分段点 1”的外形位图换成“风扇 2”。

另外再用“工具箱”的“标准按钮”在窗口中画 2 个按钮,命名为“开”“关”。

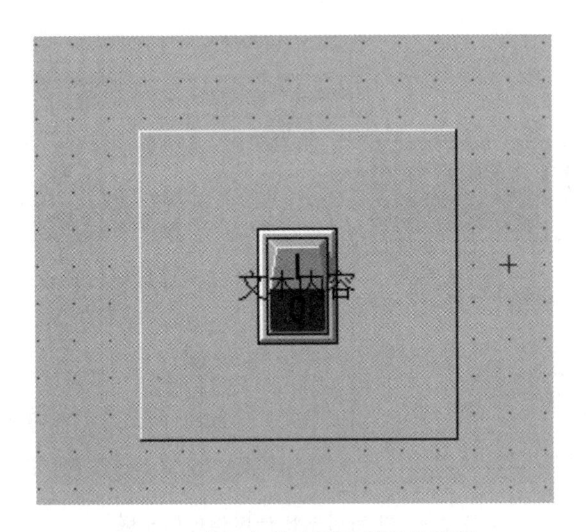

图 3-3 窗口中的动画显示构件图标

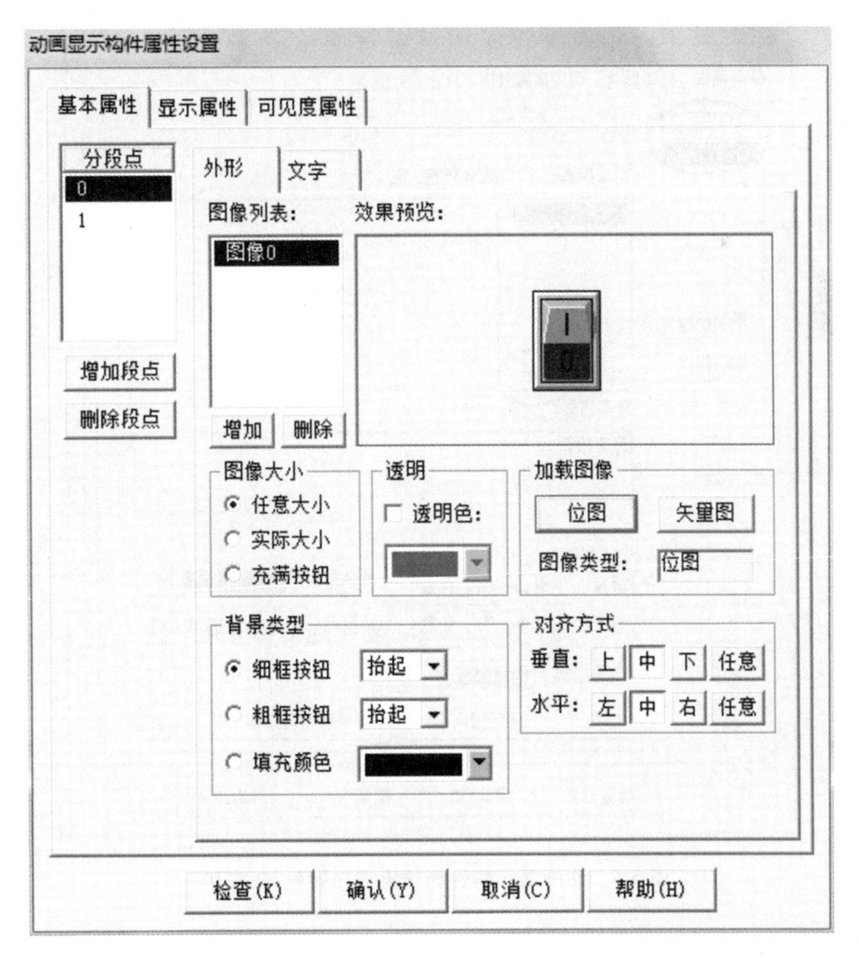

图 3-4 “动画显示构件属性设置”对话框

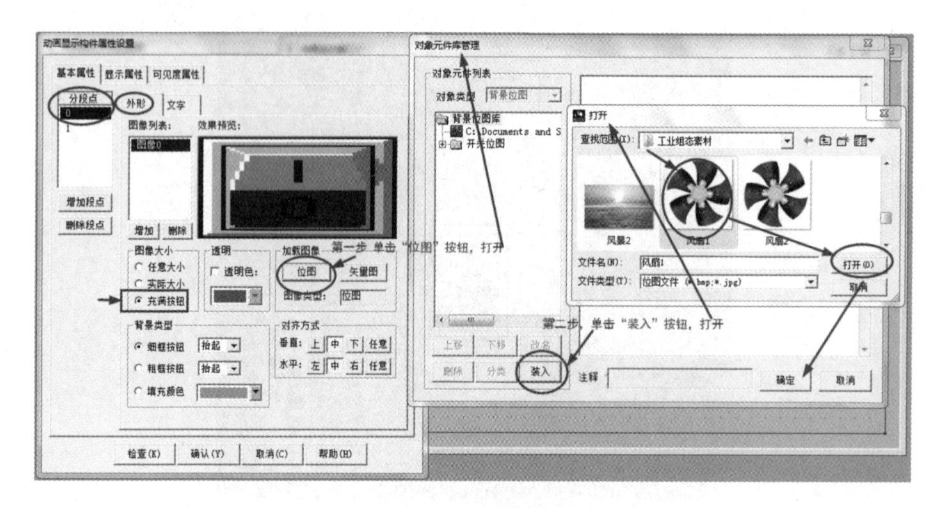

图 3-5　动画显示构件属性设置步骤

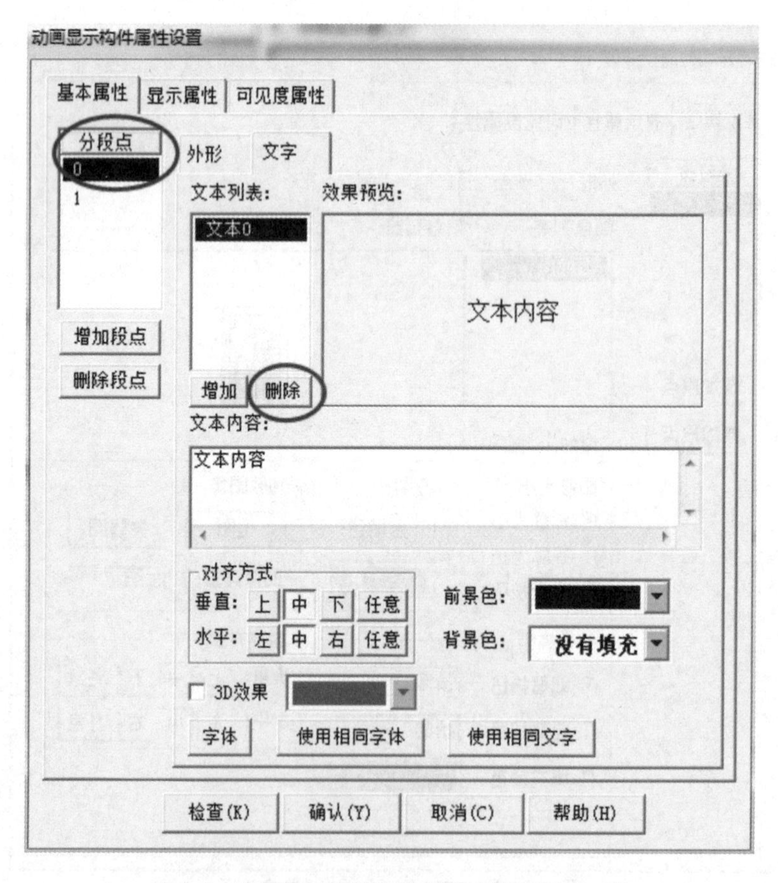

图 3-6　动画显示构件属性设置之删除"文本 0"

2. 在实时数据库中定义数据对象

分析上述任务的动作过程，可知需要定义两个变量：由于要有一个开关控制，故要定义一个开关型变量"开关"；还要有一个开关型或数值型变量来根据其值切换显示风扇的图像，再定义一个数值型变量"旋转"。

3. 动画连接

在按钮“开”“关”的操作属性里选择“根据对象值操作”；将按钮“开”选变量“开关”“置 1”，将按钮“关”选变量“开关”“清 0”。

双击风扇动画构件，打开“动画显示构件属性设置”中的“显示属性”选项卡，按图 3-7 所示的内容进行数据连接。

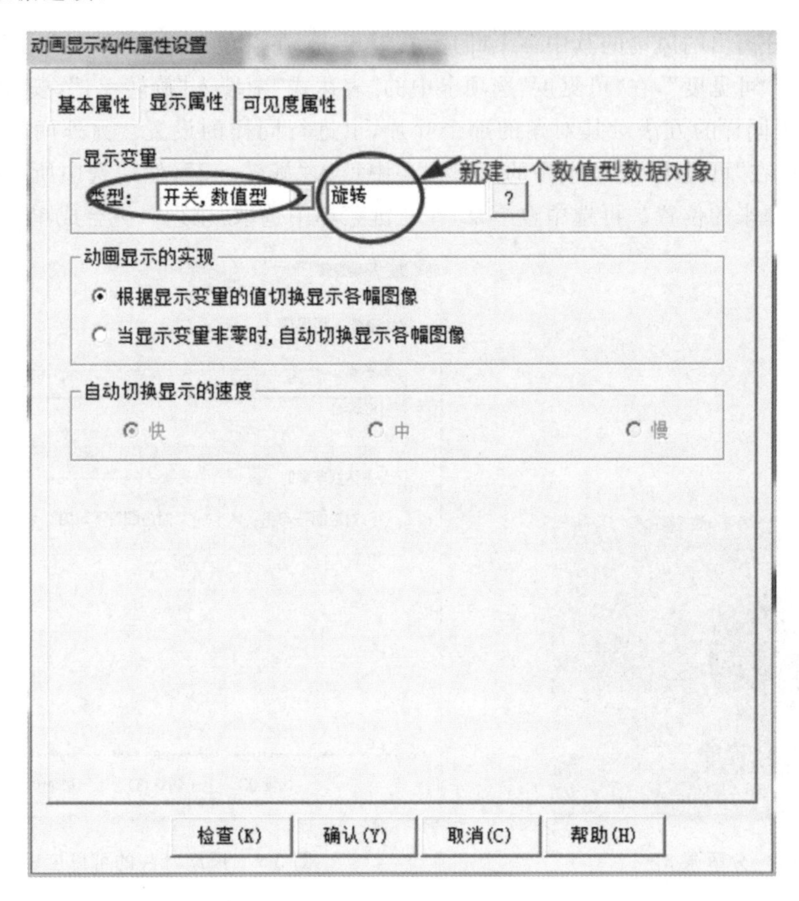

图 3-7 动画显示构件属性设置之数据连接

4. 编写脚本语言

在“用户窗口”中，单击“窗口属性”，选择“循环脚本”，循环时间调成 100 ms。

打开脚本程序编辑器，进入脚本程序编辑界面。根据任务分析，我们编写一段脚本程序：

```
if 开关=1 then
旋转=1—旋转
endif
```

下载到模拟环境后，单击“开”按钮，则风扇自动旋转；单击“关”按钮，则风扇停。

◆ 方案二

1. 静态画面组态

新建一个工程和窗口。打开窗口，在“工具箱”中选择“插入元件”按钮并单击，进入“对象元件库管理”，在条目“泵”中，选取“泵 31”，点击确认，水泵图像出现在用户窗口中，通过鼠标将其调整得大些;右击此泵图,选择“排列”→“分解单元”,则可将原泵图分解成多个小图,并将其中的风扇分离出来,如图 3-8 所示。

2. 在实时数据库中定义数据对象

在实时数据库中建立一个数值型数据对象,可以起名为“旋转”。

3. 数据连接

选中前面分离出的风扇的其中一个叶片,右键单击,在菜单中选取“属性”命令,勾选“特殊动画连接”中的“可见度”,在“可见度”选项卡中的“表达式”中填入“旋转=1”,按“确认”键,如图 3-9 所示。使用同样的方法对其对角的那个叶片,也进行同样的设置。另外两片叶片,也进行同样的设置,但在“可见度”选项卡中的“表达式”中填入“旋转=2”;然后选中所有的风扇叶片,将其移到泵中原来的位置。再选中整个泵,在右键菜单中选取“排列”→“合成单元”。

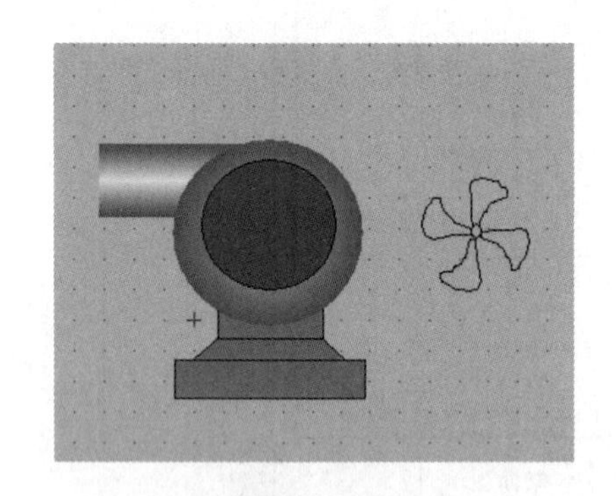

图 3-8　分解泵 31

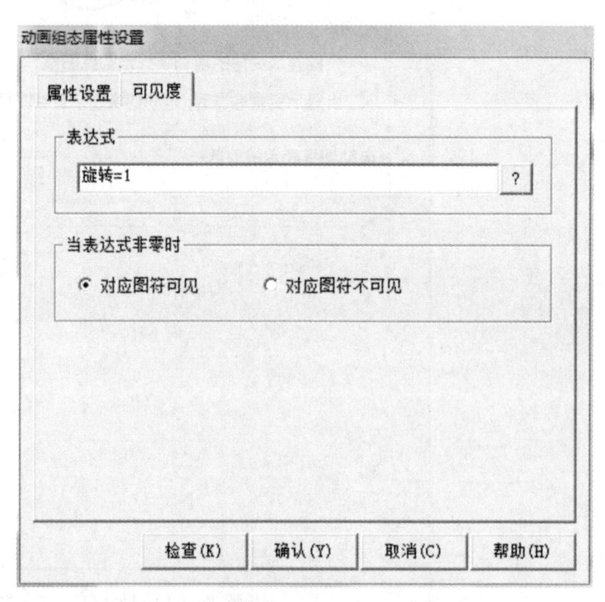

图 3-9　风扇叶片的可见度设置

4. 编写脚本语言

在“用户窗口”中,单击“窗口属性”,选择“循环脚本”,循环时间调成 10 ms。

打开脚本程序编辑器,进入脚本程序编辑界面。根据任务分析,编写以下脚本程序:

```
旋转=旋转+1
if 旋转> 2  then
旋转=1
endif
```

下载到模拟环境后则风扇自动旋转。

【思考与实践】

如何让元件库的“搅拌器”类中的搅拌器 1、2、3 也用按钮控制启停?

任务2 两个水泵的子窗口控制

【任务导入】

前面两个项目都是单用户窗口的简单组态工程，而实际的工程应用大多都有几个甚至几十上百个用户窗口。在本项目中，我们将尝试组态一个具有两个用户窗口的工程，其中一个窗口作为标准窗口显示主界面，另一个作为子窗口显示操作界面，通过两个窗口的创建，体会一下工程运行中窗口间交互的过程，同时，在组态过程中，我们将对前面项目中有关的实时数据库、按钮、标签、图符以及脚本程序等知识点做进一步的学习和应用。

【任务分析】

水泵控制这一组态工程包含有两个用户窗口，两个窗口的创建方法和新建一个窗口的方法是一样的。两个窗口中，一个作为启动窗口的主窗口是标准窗口，另一个作为操作界面窗口的是一个子窗口，在需要对主窗口中的某个水泵进行控制时，作为操作界面的子窗口就要自动弹出来，在子窗口上通过操作标准按钮来实现对水泵的各种控制过程，在这一控制过程中还需要进行标签的显示属性设置、实时数据库的数据对象的定义以及脚本程序的编写。

【相关知识】

一、用户窗口的扩充属性

用户窗口的扩充属性如图3-10所示。

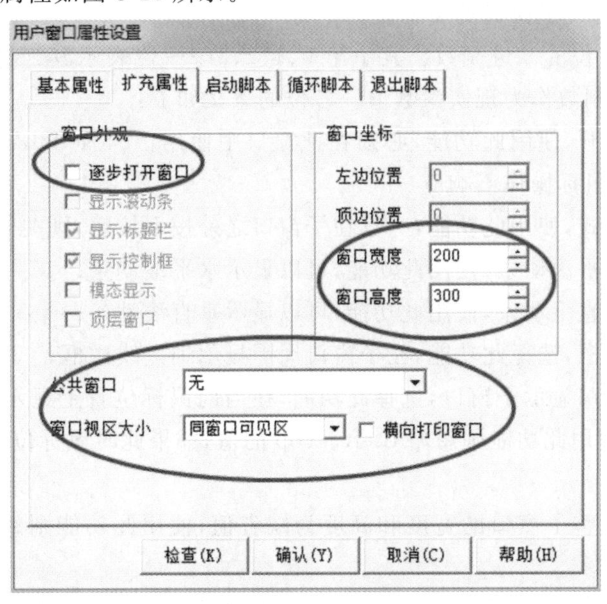

图3-10 用户窗口的“扩充属性”选项卡

在“窗口外观”选项中 MCGS 提供了分批绘制和整体绘制两种窗口打开方式。选择“逐步打开窗口”选项,即为分批绘制窗口;不选择此项则为整体绘制窗口。

“公共窗口”就是将多个窗口的公共对象放在其中,从而该窗口可以被其他用户窗口引用。使用公共窗口的目的是降低组态工作量和减少工程文件大小。与公共窗口概念相对的是宿主窗口。宿主窗口指的是引用公共窗口的用户窗口。

“窗口视区大小”是指实际用户窗口可用的区域,在显示器屏幕上所见的区域称为可见区,一般情况下两者大小相同,但是可以把“窗口视区大小”设置成大于可见区。打印窗口时,按窗口视区的大小来打印窗口的内容。还可以选择打印方向,是指按打印纸张的纵向打印还是按打印纸张的横向打印。

二、子窗口的创建

在组态环境中,子窗口和标准窗口都是在用户窗口中创建的。子窗口与标准窗口不同的是,在运行时,子窗口不是用普通的打开窗口的方法打开的,而是在某个已经打开的标准窗口中,使用系统函数中的显示子窗口函数!OpenSubWnd 的方法打开的,此时子窗口就显示在标准窗口内。

! OpenSubWnd 完整的表达式为:

! OpenSubWnd(参数 1,参数 2,参数 3,参数 4,参数 5,参数 6)

各参数的意义如下:

参数 1:子窗口名;

参数 2:数值型,打开子窗口相对于本窗口的 X 坐标;

参数 3:数值型,打开子窗口相对于本窗口的 Y 坐标;

参数 4:数值型,打开子窗口的宽度;

参数 5:数值型,打开子窗口的高度;

参数 6:数值型,打开子窗口的类型。

参数 6 是一个 32 位的二进制数。其中第 0、1、2、3……位表示其二进制描述方式,实际参数需要将其改成十进制数作为现实参数值。各位的意义如下:

0 位:是否模式打开,使用此功能,必须在此窗口中使用! CloseSubWnd 来关闭本子窗口,子窗口外别的构件对鼠标操作不响应;

1 位:是否菜单模式,使用此功能,一旦在子窗口之外按下按钮,则关闭;

2 位:是否显示水平滚动条,使用此功能,可以显示水平滚动条;

3 位:是否显示垂直滚动条,使用此功能,可以显示垂直滚动条;

4 位:是否显示边框,选择此功能,在子窗口周围显示细黑线边框;

5 位:是否自动跟踪显示子窗口,选择此功能,在当前鼠标位置上显示子窗口。此功能用于鼠标打开的子窗口,选用此功能则忽略 iLeft、iTop 的值,如果此时鼠标位于窗口之外,则在窗口居中显示子窗口;

6 位:是否自动调整子窗口的宽度和高度为缺省值,使用此功能则忽略 iWidth 和 iHeight 的值。

例如,! OpenSubWnd(报警,259,96,200,300,9),表示在当前窗口的 X 坐标为 259、Y 坐标为 96 位置上出现一个宽度为 200、高度为 300 的“报警”子窗口。按照“模态显示”“显示控制框”的要求，则需要将二进制数的0位及4位置1，二进制数为1001，对应十进制数为9，则参数6为9。

三、特殊动画连接

在MCGS中，特殊动画连接包括可见度和闪烁效果两种方式，用于实现图元、图符对象的可见与不可见交替变换和图形闪烁效果，图形的可见度变换也是闪烁动画的一种。MCGS中每一个图元、图符对象都可以定义特殊动画连接的方式。

1. 可见度连接

可见度设置窗口如图3-11所示。

在“表达式”一栏中，可将图元、图符对象的可见度和数据对象（或者由数据对象构成的表达式）建立连接，而在“当表达式非零时”的选项栏中，可根据表达式的结果来选择图形对象的可见度方式。如图3-11所示的设置方式，将图形对象和数据对象str建立了连接，当str的值为1时，指定的图形对象在用户窗口中显示出来；当str的值为0时，图形对象消失，处于不可见状态。

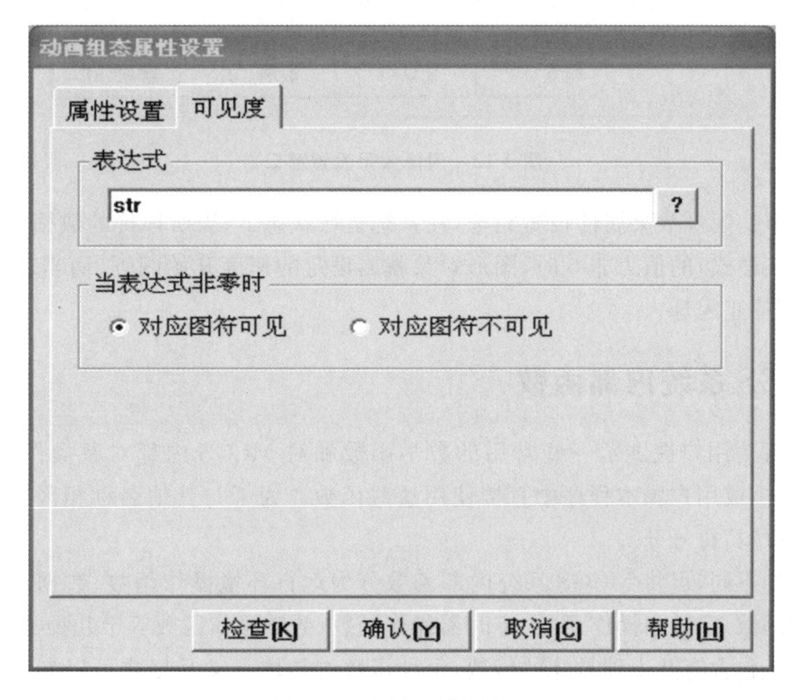

图3-11　可见度设置窗口

通过这样的设置，就可以利用数据对象（或者表达式）值的变化，来控制图形对象的可见状态。当图形对象没有定义可见度连接时，该对象总是处于可见状态。

2. 闪烁效果连接

在MCGS中，实现闪烁的动画效果有两种方法：一种是不断改变图元、图符对象的可见度来实现闪烁效果；另一种是不断改变图元、图符对象的填充颜色、边线颜色或者字符颜色来实现闪烁效果，属性设置方式如图3-12所示。

在这里，图形对象的闪烁速度是可以调节的，MCGS给出了快速、中速和慢速等三挡的闪

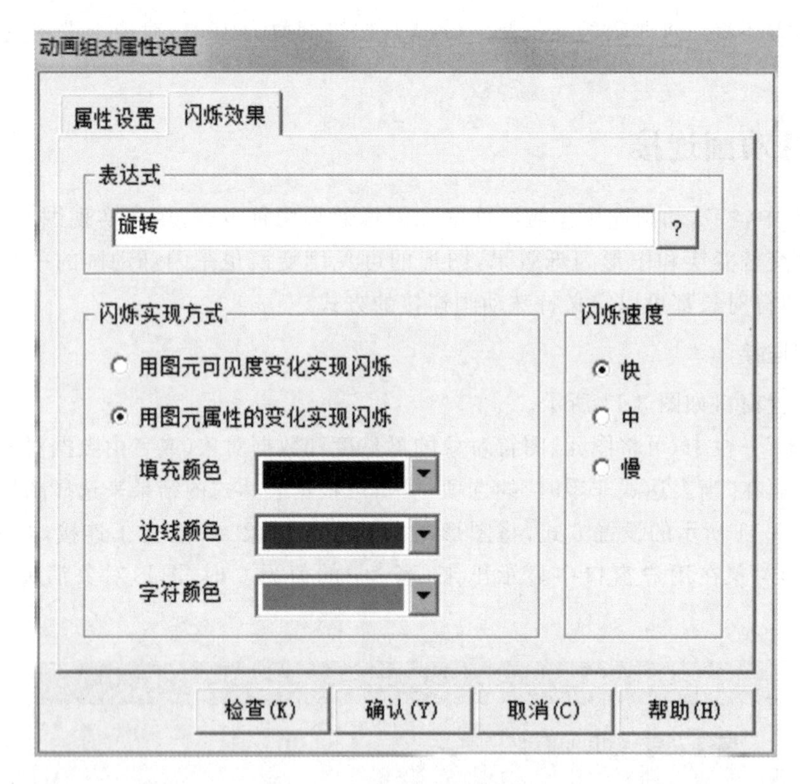

图 3-12 闪烁效果设置窗口

烁速度以供调节。闪烁效果属性设置完毕，在系统运行状态下，当所连接的数据对象(或者由数据对象构成的表达式)的值为非 0 时，图形对象就以设定的速度开始闪烁，而当表达式的值为 0 时，图形对象就停止闪烁。

四、MCGS 系统内部函数

MCGS 内部为用户提供了一些常用的数学函数和对 MCGS 内部对象操作的函数。组态时，可在表达式中或用户脚本程序中直接使用这些函数。为了与其他名称相区别，系统内部函数的名称一律以“!”符号开头。

按照功能的不同，可将 MCGS 系统内部函数分为运行环境操作函数、数据对象操作函数、用户登录操作函数、字符串操作函数、定时器操作函数、数学操作函数等十几种类型的函数。每种类型的函数又包含有几十种具体的函数，每种函数的具体意义及格式可以参照《MCGS 参考手册》，在此就不一一说明。由于篇幅有限并且本项目中会有所涉及，在此只简单介绍一些字符串操作函数的使用方法。

字符串操作函数，顾名思义，指的是编程语言中用来进行字符串处理的函数，如进行字符转换、计算长度、字符查找等功能的函数。MCGS 中的字符串操作函数有二十多个，在此只介绍三个。

1. 求字符串长度函数

函数格式：! Len(str)

函数意义：求字符型数据对象 str 的字符串长度(字符个数)。

返 回 值：数值型。

参　　数:str,字符型。

实　　例:! Len("ABCDEFG")= 7。

2. 从字符串中取字符函数

函数格式:! Mid(str,n,k)

函数意义:从字符型数据对象 str 左边第 n 个字符起,取 k 个字符。

返 回 值:字符型。

参　　数:str,字符型,源字符串;n,数值型,起始位置;k,数值型,取字符数。

实　　例:! Mid("ABCDEFG",3,2) ="CD"。

3. 字符串比较函数

函数格式:! StrComp(str1,str2)

函数意义:比较字符型数据对象 str1 和 str2 是否相等,返回值为 0 时相等,否则不相等。不区分大小写字母。

返 回 值:数值型。

参　　数:str1,字符型;str2,字符型。

实　　例:! StrComp("ABC","abc")=0。

【任务实施】

◆ 控制要求

水泵的控制工程主界面中有两台水泵,每次只能单独控制一台水泵的启动和停止,需要控制时,点击相应的水泵,子窗口自动弹出,所有的控制命令都需要在子窗口上进行操作,操作完成后退出子窗口。两台水泵共用一个操作子窗口,因此,子窗口上所显示的水泵和选中的水泵序号是一致的,控制命令也要发送到相应序号的水泵上。

子窗口中主要有开和停按钮还有关闭子窗口的按钮。当然,这些按钮命令都是模拟的,只是在演示一种控制状态的变化,相应的命令指示灯都是按照模拟的控制动作显示的。

◆ 实施步骤

1. 静态画面组态

按照项目 1 中新建工程的步骤新建一个工程:"水泵的控制. MCE",同时新建一个窗口名称为"主界面"的用户窗口。双击用户窗口"主界面",进入组态画面。

(1) 创建标题:打开"工具箱",使用"标签"功能,在窗口的合适位置设置文字图框并输入文字"水泵的控制",按"回车键"确认后,双击文字框,进入文字框的属性设置窗口,将填充颜色设置为"无填充色",边线颜色设置为"无边线颜色",字符颜色设置为"蓝色",字符字体设置为"宋体,35",点击确认按钮,工程标题创建完成。

(2) 添加对象元件:在"工具箱"中选择"插入元件"按钮,进入"对象元件库管理"对话框,在条目"泵"中,选取"泵 31",点击确认,水泵图像出现在用户窗口中,通过鼠标调整水泵的大小和位置,将其放在合适的位置上;重复以上动作,添加第二个水泵。

(3) 添加标准按钮:在"工具箱"中选择"标准按钮"构件,在水泵的下方分别设置两个按钮,并在属性设置界面中将两个按钮分别命名为"一号泵""二号泵",标题颜色设置为"蓝色",标题字体设置为"宋体,小二,加粗"。

经过以上设置,“水泵的控制”主界面的静态画面窗口就设置完成了,如图 3-13 所示:

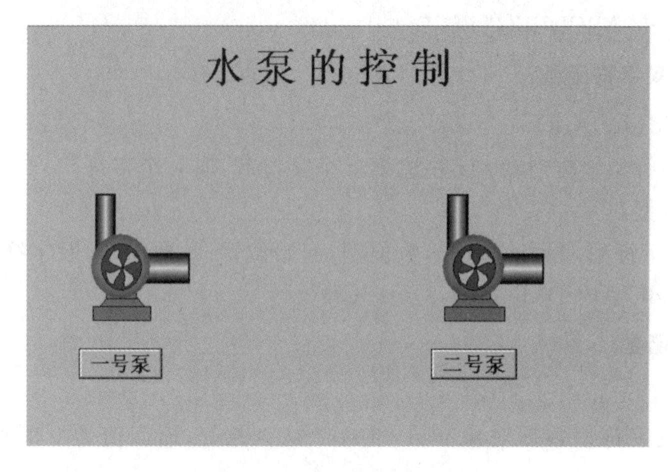

图 3-13 系统主界面画面

2. 子窗口创建

进入用户窗口页面,点击“新建窗口”按钮,创建一个窗口名称为“子窗口”的用户窗口。用户窗口界面出现了两个用户窗口,如图 3-14 所示:

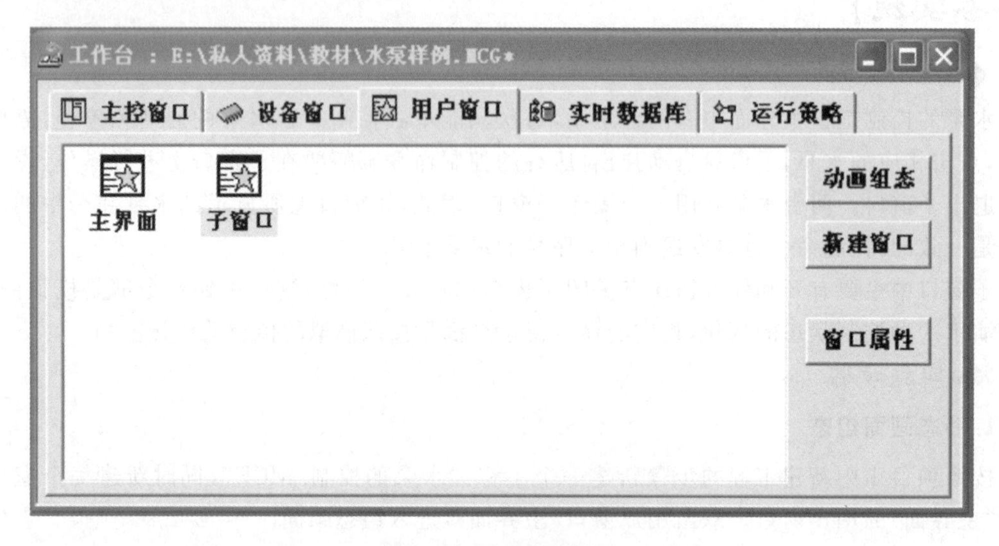

图 3-14 用户窗口界面

按照主界面的大小及位置,考虑到子窗口仅仅作为一个控制操作的界面,因此在新建窗口属性设置中的扩展属性设置中,将其窗口坐标、窗口外观进行如图 3-15 所示的设置,在系统运行时,子窗口将显示在主窗口中间位置。

(1) 子窗口画面组态:双击用户窗口“子窗口”,进入组态画面。

(2) 添加标准按钮。在窗口中分别设置三个按钮,并在属性设置界面中将三个按钮分别命名为“开”“停”“关闭界面”。

(3) 添加图符。为了表示“开”“停”动作的状态,在相应的标准按钮后面绘制圆形图符,在不同的状态显示不同的颜色。

在“工具箱”中选择“椭圆”图符构件,光标变成“十字状”后在标准按钮后面分别绘制一个圆形的图符。

（4）添加标签。在页面的最上端添加一个标签，将其属性设置为“填充色”为“浅蓝色”，字体为“黑体，粗体 小三”，字符颜色为“红色”。

经过以上设置，“水泵的控制”子界面的静态画面窗口就设置完成了，如图 3-16 所示。

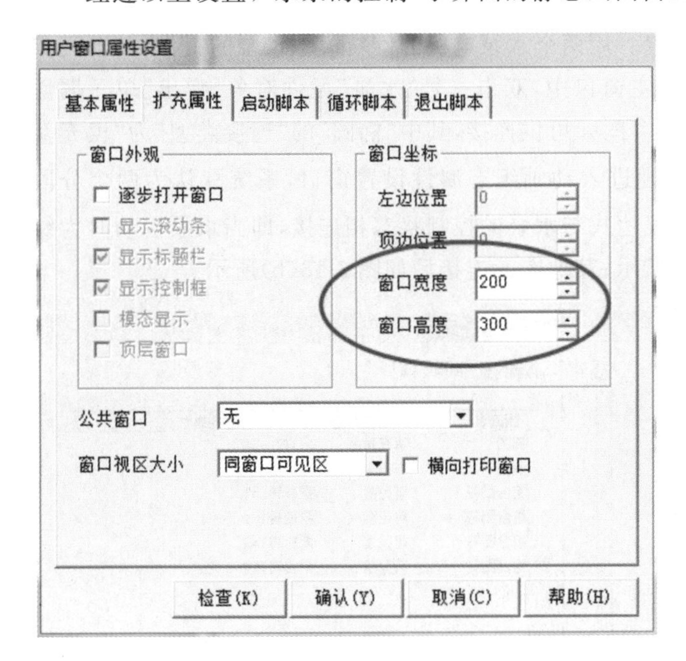

图 3-15 子窗口属性设置界面

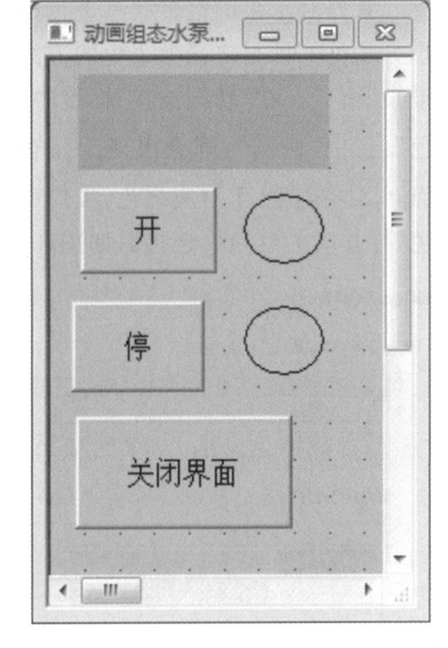

图 3-16 子窗口画面

3. 实时数据库定义数据对象

本项目涉及对两个水泵的控制，因此我们需要对每个水泵定义一个控制变量，另外，为了模拟水泵电机的运转，定义两个代表电机风扇状态的变量；为了在子窗口的标签显示水泵的序号，定义一个字符串变量，当然还需要定义一个电源开关。实时数据对象的定义如图 3-17 所示。

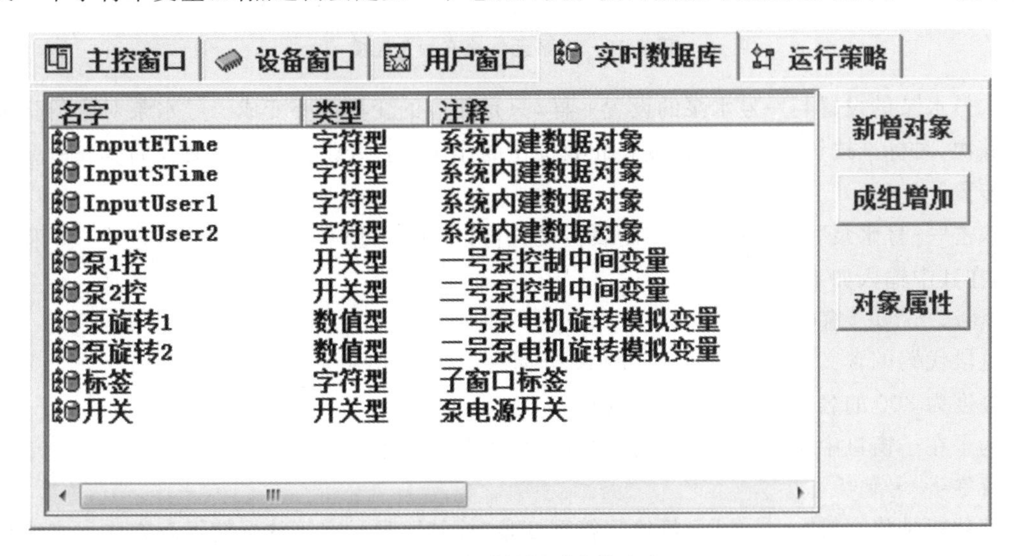

名字	类型	注释
InputETime	字符型	系统内建数据对象
InputSTime	字符型	系统内建数据对象
InputUser1	字符型	系统内建数据对象
InputUser2	字符型	系统内建数据对象
泵1控	开关型	一号泵控制中间变量
泵2控	开关型	二号泵控制中间变量
泵旋转1	数值型	一号泵电机旋转模拟变量
泵旋转2	数值型	二号泵电机旋转模拟变量
标签	字符型	子窗口标签
开关	开关型	泵电源开关

图 3-17 实时数据对象的定义

4. 动画连接

数据对象定义完成后，接下来需要完成的工作便是将数据对象与用户窗口中的图形对象及标准按钮进行连接及子窗口的调用。

1）主界面窗口的动画连接

首先对水泵的运转状态进行组态设置。用两个水泵电机的旋转模拟水泵的工作，其动画实现方法见本项目之任务 1 中的方案二；在主窗口中，双击一号“水泵”元件对象，弹出“单元属性设置”窗口。在“动画连接”标签中可见六个图元可供连接，其中“椭圆”的“连接类型”为“填充颜色”，选中“椭圆”，则会出现 >，单击 > 则进入动画组态属性设置窗口，系统默认为两个分段点，0 对应红色，1 对应绿色，我们可以将表达式与水泵的控制状态相连接，即当水泵启动时为绿色，停止时为红色。连接后如图 3-18(a)所示；其他图元连接后如图 3-18(b)所示。

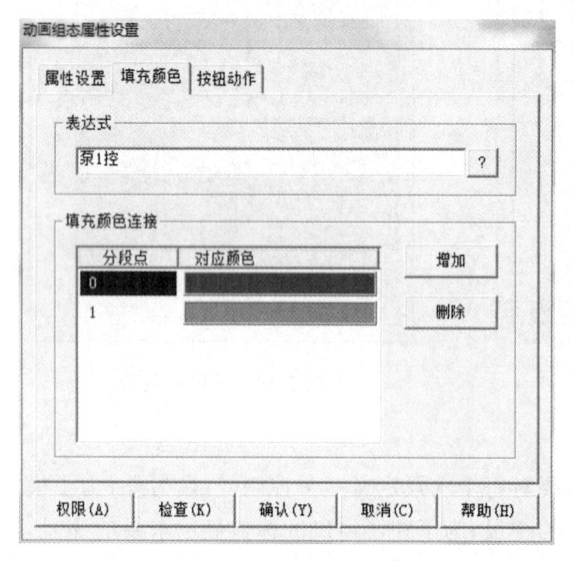

(a)

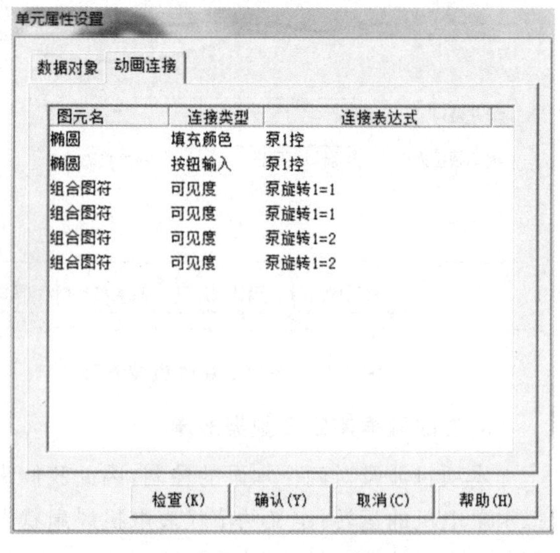

(b)

图 3-18 水泵元件填充颜色连接

二号水泵的设置与一号水泵的设置一样，只是相应的变量都要变成二号水泵对应的变量。

其次，对标准按钮进行组态设置。此处按钮的作用是打开子窗口。下面我们以一号泵为例介绍步骤。

双击“一号水泵”按钮，进入按钮的属性设置窗口，选中“脚本程序”选项卡，打开脚本程序编辑器，在其中输入如下代码：

```
OpenSubWnd(子窗口,300,100,200,300,17)
```

这段代码的含义是在主界面窗口的 X 坐标为 300、Y 坐标为 100 的位置上出现一个宽度为 200、高度为 300 的名为“子窗口”的子窗口。

为了在子窗口中正确显示相应的水泵序号，需要在脚本程序中添加语句：

```
标签="一号泵"
```

其功能是将字符“一号泵”赋值给字符型变量“标签”，显示字符的标签组态方法下文中会提到。以上设置的结果如图 3-19 所示。

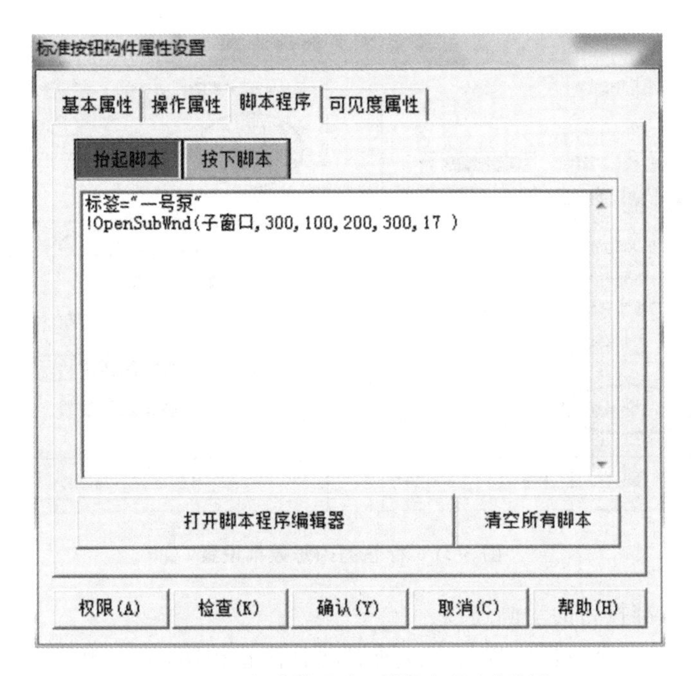

图 3-19　创建的子窗口"脚本程序"设置

2）子窗口标签的动画连接

双击窗口最上面的标签，弹出"标签动画组态属性设置"对话框，默认"属性设置"选项卡激活，在"输入输出连接"选项中勾选"显示输出"，然后进入"显示输出"选项卡设置界面，其"表达式"中选择变量"标签"，"输出值类型"中选择"字符串输出"。设置结果如图 3-20 所示。

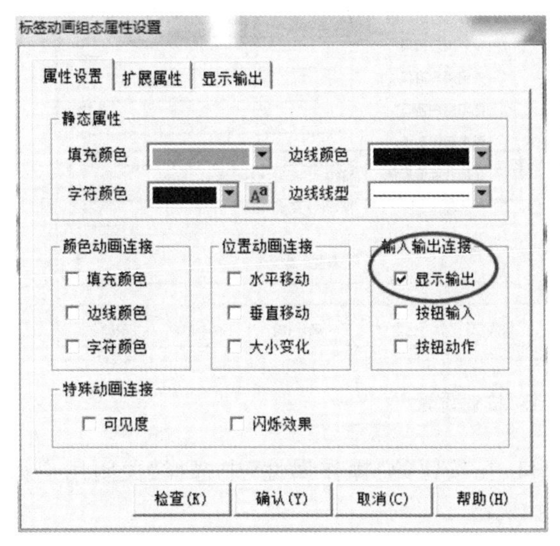

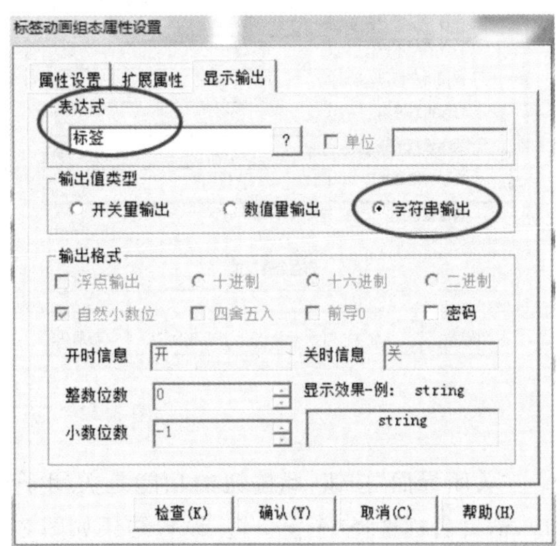

图 3-20　标签显示输出设置

在"特殊动画连接"中勾选"闪烁效果"，进入"闪烁效果"选项卡设置界面，在"表达式"中直接填入 1，使条件一直满足，在"闪烁实现方式"中选择"用图元可见度变化实现闪烁"，"闪烁速度"选择"快"。标签的闪烁效果设置如图 3-21 所示。

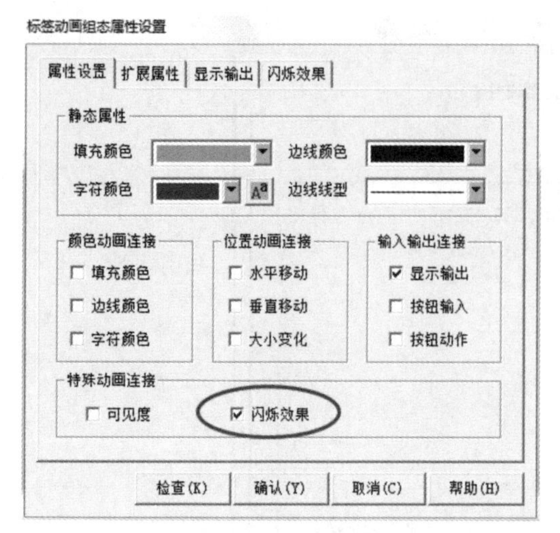

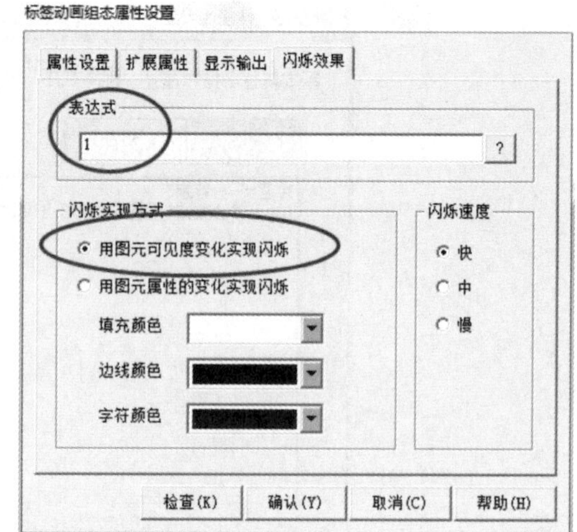

图 3-21　标签的闪烁效果设置

3)子窗口 3 个标准按钮的动画连接

"开""停"按钮:这两个按钮实现对水泵的启动和停止控制,但实现指定序号水泵的启停控制,还需要下面要提及的脚本程序的参与,在此按钮中仅仅实现对控制中间变量"开关"的值的操作。"开""停"按钮设置结果如图 3-22 所示。

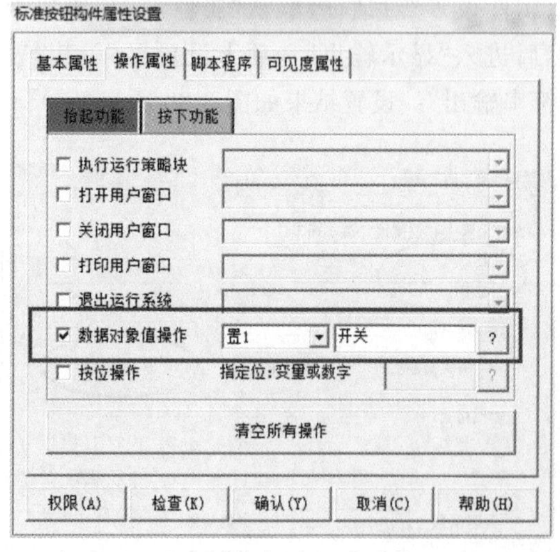

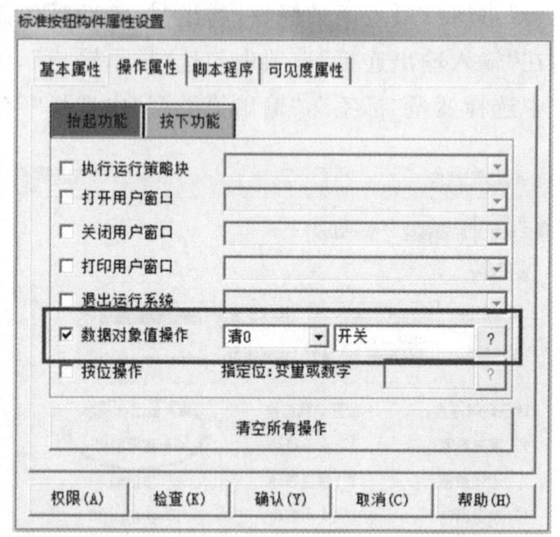

图 3-22　"开""停"按钮设置

"关闭界面"按钮:此按钮的功能是关闭子窗口;在按钮的"操作属性"中选择"关闭用户窗口",窗口名称选择"子窗口"。设置结果如图 3-23 所示。

4) 子窗口中的两个圆形图符的动画连接

在子窗口中共有两个自己绘制的圆形图符,分别用来表示水泵的运行状态,不同的状态用不同的颜色来表示。双击圆形图符,弹出"动画组态属性设置"对话框,在"属性设置"中的"颜色动画连接"中勾选"填充颜色",进入"填充颜色"选项卡,选择表达式和分段点及其对应颜色。图符设置结果如图 3-24 所示。

图 3-23 “关闭界面”按钮设置

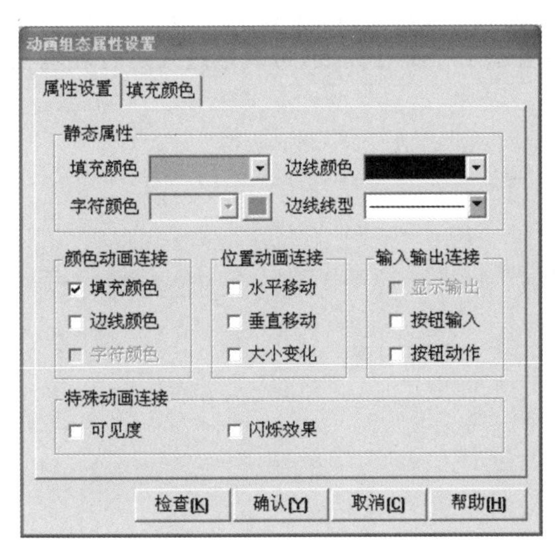

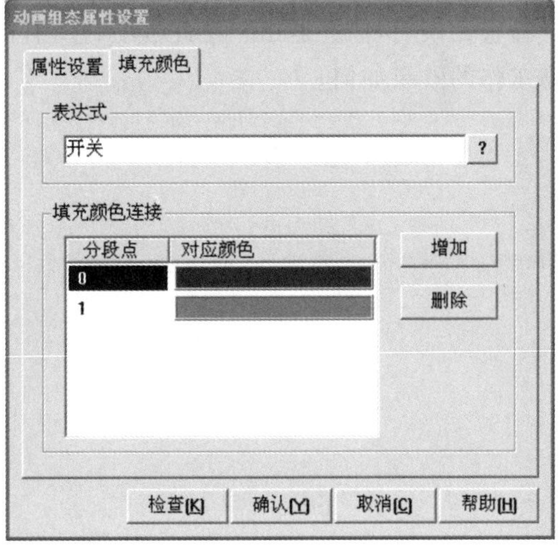

图 3-24 图符的设置

5. 编写脚本

在子窗口的循环脚本中，输入相应的控制程序。程序参考如下：

```
if !strComp(标签,"一号泵")=0 and 开关=1 then
泵 1 控=1
else
泵 1 控=0
endif
```

```
if 开关=0  then
泵旋转 1=0
泵旋转 2=0
endif
if 泵 1 控=1 then
泵旋转 1=泵旋转 1+1
if  泵旋转 1> 2 then
泵旋转 1=1
endif
endif
if ! strComp(标签,"二号泵")=0 and 开关=1 then
泵 2 控=1
else
泵 2 控=0
endif
if 泵 2 控=1 then
泵旋转 2=泵旋转 2+1
if  泵旋转 2> 2 then
泵旋转 2=1
endif
endif
```

检查无误后,保存退出。至此本项目所有的组态工作都已完成,可通过进入运行环境检验组态工作的效果如何。

项目 4
十字路口交通灯的模拟控制

学习目标

1. 知识目标

（1）掌握输入框构件和显示输出动画连接的使用。

（2）掌握定时器的使用方法。

（3）掌握图符的填充颜色，水平、垂直移动动画连接方法。

（4）掌握图形多重复制的使用。

（5）掌握使用运行策略的相关知识和方法。

2. 能力目标

（1）具备利用定时器进行时序控制系统的组态能力。

（2）能够熟练利用运行策略编写脚本程序。

（3）借助图符多样的动画连接方式灵活组态工程画面。

项目描述

设计一个对十字路口交通灯的监控和控制环境，当按下启动总开关后，系统启动。红灯、绿灯、绿灯闪、黄灯分别亮 18s、11s、4s、3s。当绿灯亮起时相应方向的小车开始运动，当红灯亮起时相应方向的小车停止运动。当再次按下总开关时，系统停止所有状态回到初始状态。组态画面如图 4-1 所示。

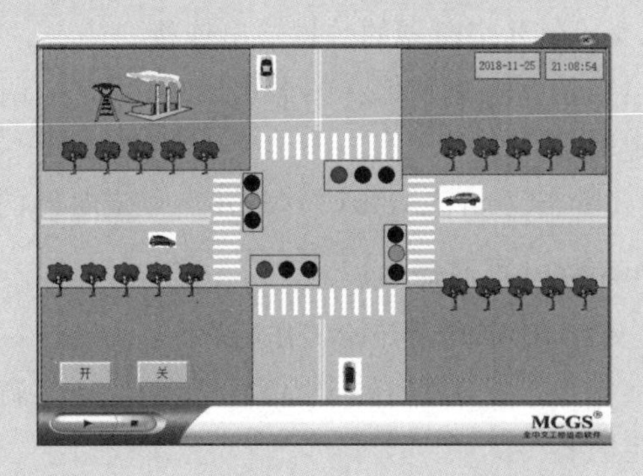

图 4-1　十字路口交通灯的监控组态画面

任务 1　定时时间可调的定时灯

【任务导入】

交通信号灯根据时间进行切换是最常见的控制方式。一个定时器能控制一个灯的亮灭实现了,那么控制多组灯就容易了,另外这个定时时间在实际工程中应当方便调整。设定下列任务:当按下"开灯"按钮,灯立即亮;当按下"关灯"按钮,灯过 t 秒灭。t 的值可以改变。

【任务分析】

实际应用中,信号灯是通过控制箱中的控制器(一般为 PLC)按照预设的配时方案对各路口的信号灯的亮、灭、闪等进行定时控制。借助 MCGS 内置的定时器功能和强大的脚本程序,我们可以方便地模拟出交通信号灯的控制过程,通过本项目的学习,有助于我们更好地理解控制过程中的时序逻辑,掌握 MCGS 脚本编写方法。

【相关知识】

在组态 MCGS 工程时,利用内置的定时器功能可以方便地实现各种时序控制、定时控制。MCGS 系统内嵌 127 个系统定时器,系统定时器以秒为定时单位。在 MCGS 组态环境中,有两种调用定时器功能的方法,分别是内置函数法和加载构件法。下面介绍内置函数法。

我们知道,MCGS 提供了强大的系统内部函数,其中就包括定时器操作函数,在脚本程序中我们通过调用各种定时器操作函数,可以很容易地实现定时功能,和定时器有关的函数及其使用说明如下。

1. ! TimerClearOutput(定时器号)

函数意义:断开定时器的数据输出连接。

返回值:数值型。返回值=0:调用成功;<>0:调用失败。

参数:定时器号。

实例:! TimerClearOutput(1),断开 1 号定时器的数据输出连接。

2. ! TimerRun(定时器号)

函数意义:启动定时器开始工作。

返回值:数值型。返回值=0:调用成功;<>0:调用失败。

参数:定时器号。

实例:! TimerRun(1),启动 1 号定时器工作。

3. ! TimerStop(定时器号)

函数意义:停止定时器工作。

返回值:数值型。返回值=0:调用成功;<>0:调用失败。

参数:定时器号。

实例:! TimerStop(1),停止 1 号定时器工作。

4. ! TimerSkip(定时器号,步长值)

函数意义:在计时器当前时间数上加/减指定值。

返回值:数值型。返回值=0:调用成功;<>0:调用失败。

参数:定时器号;步长值。

实例:! TimerSkip(1,3),1号定时器当前值+3。

5. ! TimerReset(定时器号,数值)

函数意义:设置定时器的当前值,由第二个参数设定,第二个参数可以是MCGS变量。

返回值:数值型。返回值=0:调用成功;<>0:调用失败。

参数:定时器号;数值。

实例:! TimerReset(1,12),设置1号定时器的值为12。

6. ! TimerValue(定时器号,0)

函数意义:取定时器的当前值。

返回值:将定时器的值以数值型的方式输出(数值格式)。

参数:定时器号。

实例:Data3=! TimerValue(1,0),取定时器1的值给Data3。

7. ! TimerStr(定时器号,转换类型)

函数意义:以时间类字符串的形式返回当前定时器的值。

返回值:字符型变量,将定时器的值以字符型的方式输出(时间格式)。

参数:定时器号。

转换类型值:开关型。

=0:取定时器的值以“00:00”形式输出;

=1:取定时器的值以“00:00:00”形式输出;

=2:取定时器的值以“0 00:00:00”形式输出;

=3:取定时器的值以“0 00:00:00.000”形式输出。

实例:Time=! TimerStr(1,1),取定时器的值以“00:00:00”形式输出给Time。

8. ! TimerState(定时器号)

函数意义:取定时器的工作状态。

返回值:数值型变量,0—定时器停止;1—定时器运行。

参数:定时器号。

实例:data1=! TimerState(1),取定时器1的工作状态给data1。

9. ! TimerSetLimit(定时器号,上限值,参数3)

函数意义:设置定时器的最大值,即设置定时器的上限。

返回值:数值型。返回值=0:调用成功;<>0:调用失败。

参数:定时器号;上限值;参数3。1—运行到60 s后停止;0—运行到60 s后重新循环运行。

实例:! TimerSetLimit(1,60,1),设置1号定时器的上限为60 s,运行到60 s后停止。

10. ! TimerSetOutput(定时器号,数值型变量)

函数意义:设置定时器的值输出连接的数值型变量。

返回值:数值型。返回值=0:调用成功;<>0:调用失败。

参数:定时器号;数值型变量,定时器的值输出连接的数值型变量。

实例:! TimerSetOutput(1,Data0),将1号定时器的数据连接到Data0。

11. ! TimerWaitFor(定时器号,数值)

函数意义:等待定时器工作到“数值”指定的值后,脚本程序才向下执行。

返回值:数值型。返回值=0:调用成功;<>0:调用失败。

参数:定时器号;数值,等待定时器工作到指定的值。

实例:! TimerWaitFor(1,55),等定时器工作到55 s后再执行其他操作。

【任务实施】

1. 静态画面组态

新建一个名为“定时灯的控制”的工程和窗口。打开窗口,在“工具箱”中单击“插入元件”,从“对象元件库管理”中的“指示灯”中选取“指示灯1”,按“确认”,则所选中的指示灯出现在桌面的左上角,可以改变其大小及位置。再单击“工具箱”中的“按钮”图标,建立两个按钮,一个命名为“开”,另一个命名为“关”;再单击“工具箱”中的“输入框”构件 ab|,待鼠标的光标变为“十字”形,在窗口合适位置拖曳鼠标,拉出一个一定大小的矩形,松开鼠标,则出现输入框;双击之,出现“输入框构件属性设置”窗口,如图4-2所示,然后对其进行设置。

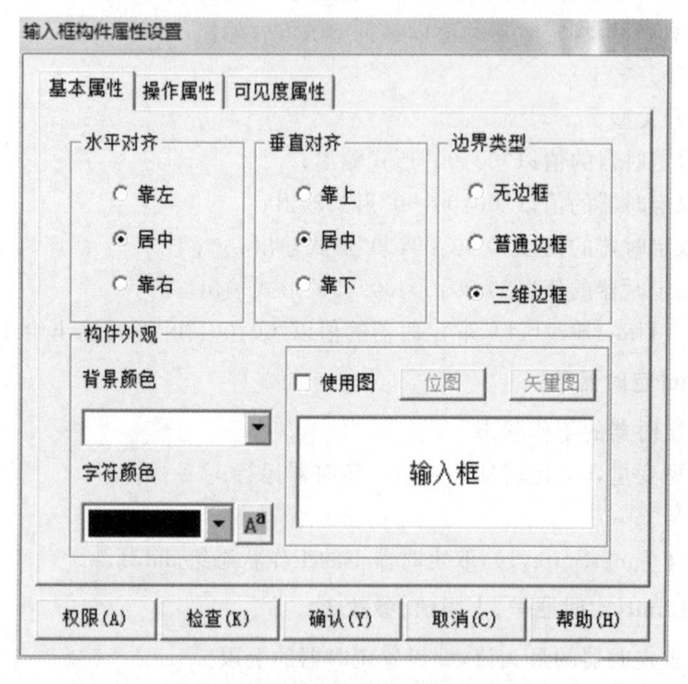

图4-2 “输入框构件属性设置”窗口

为了显示定时器的工作时间,另外再用“工具箱”中的“标签”,在窗口中建一个显示定时时间的输出值,如图4-3所示。

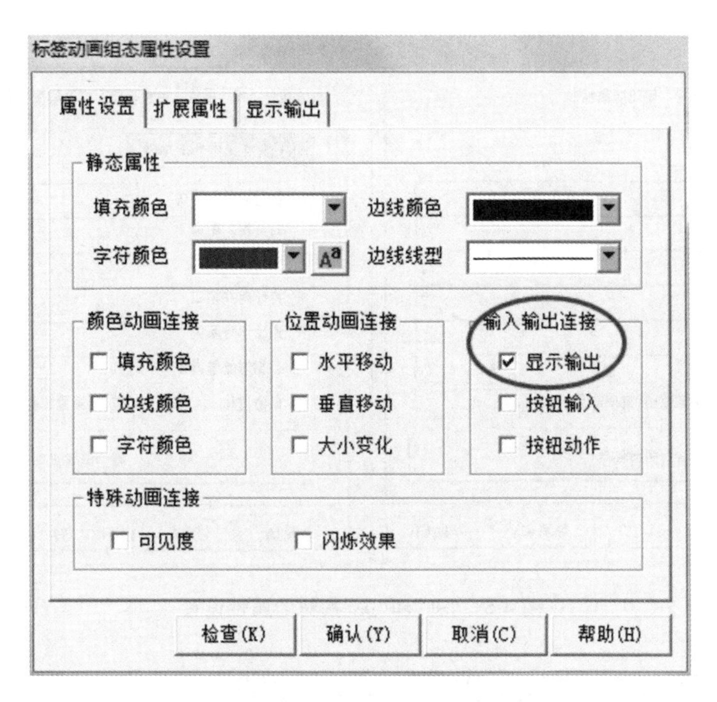

图 4-3 “标签动画组态属性设置”窗口

2. 建立数据对象

从任务可知，灯的开和关所引起的操作不一样，所以可以定义两个开关型变量：“开”“关”；灯的亮和灭应当由一个变量来控制：“灯”；定时器函数法中需要一个数值型变量作为时间值的输出变量：“T1”。还需要定义一个数值型变量“设定时间”作为修改定时时间的存储变量。如图 4-4 所示。

主控窗口　设备窗口　用户窗口　实时数据库　运行策略

名字	类型	注释	报警
InputETime	字符型	系统内建数据对象	
InputSTime	字符型	系统内建数据对象	
InputUser1	字符型	系统内建数据对象	
InputUser2	字符型	系统内建数据对象	
T1	数值型	定时器时间值的输出变量	
灯	开关型		
关	开关型		
开	开关型		
设定时间	数值型		

新增对象　成组增加　对象属性

图 4-4 实时数据库

3. 动画连接

两个开关按钮的属性设置如图 4-5 所示；灯的动画连接如图 4-6 所示；输入框的动画连接如图 4-7 所示。用于显示定时时间输出值的标签的动画连接如图 4-8 所示。

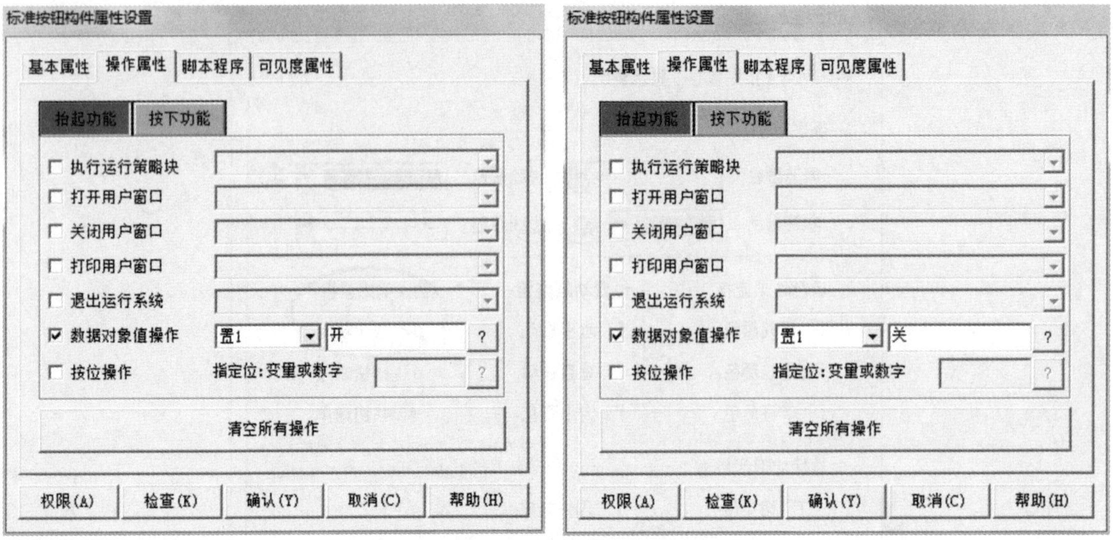

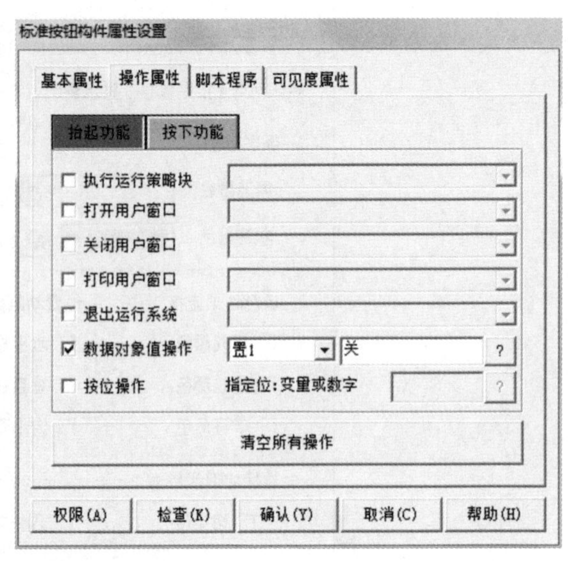

图 4-5 “开”和“关”按钮的属性设置

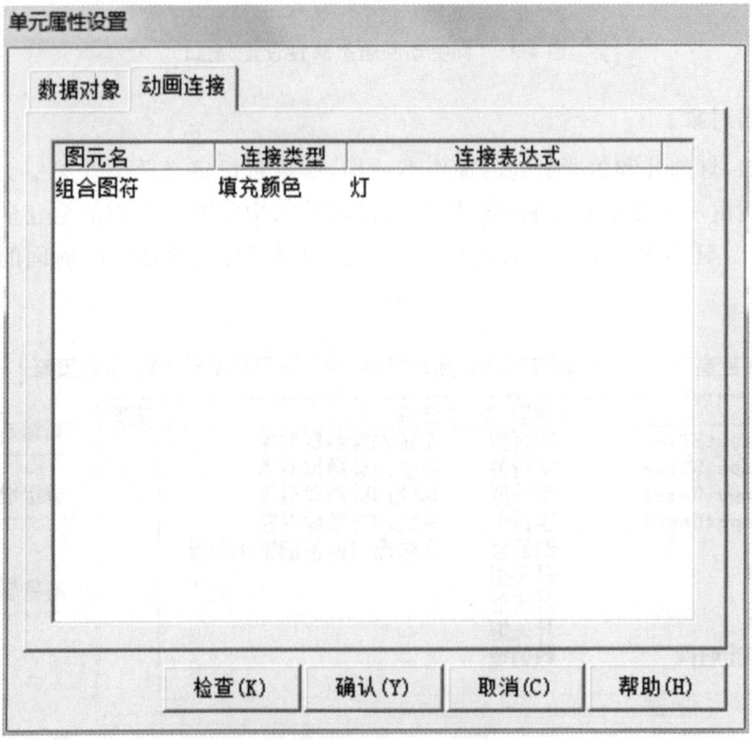

图 4-6 灯的动画连接

4. 脚本程序的编写

按图 4-9 所示进行脚本程序的编写。下载到模拟环境后可验证任务是否完成。

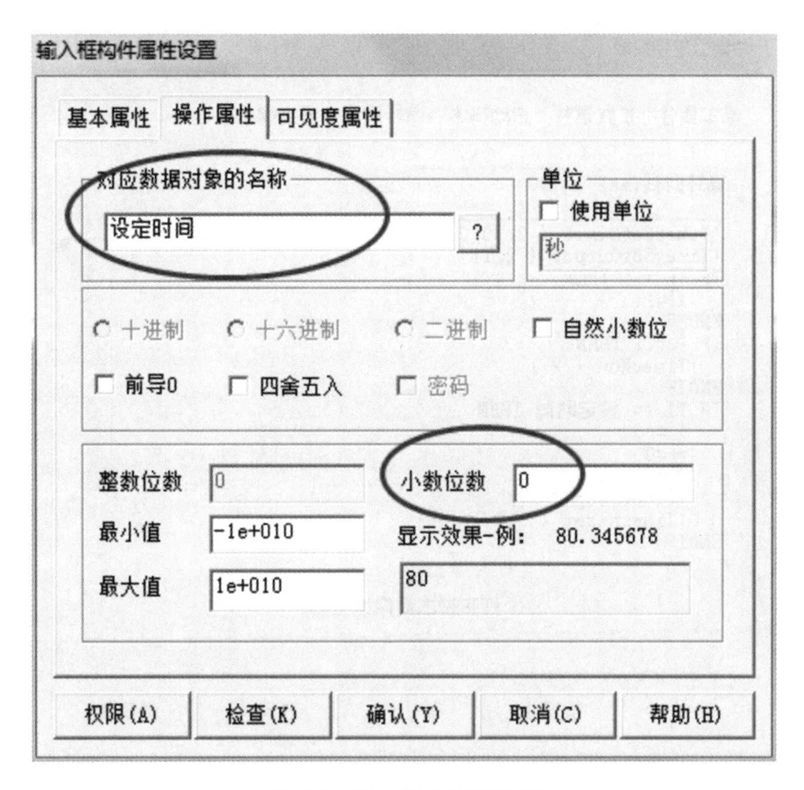

图 4-7 输入框的动画连接

图 4-8 标签的动画连接

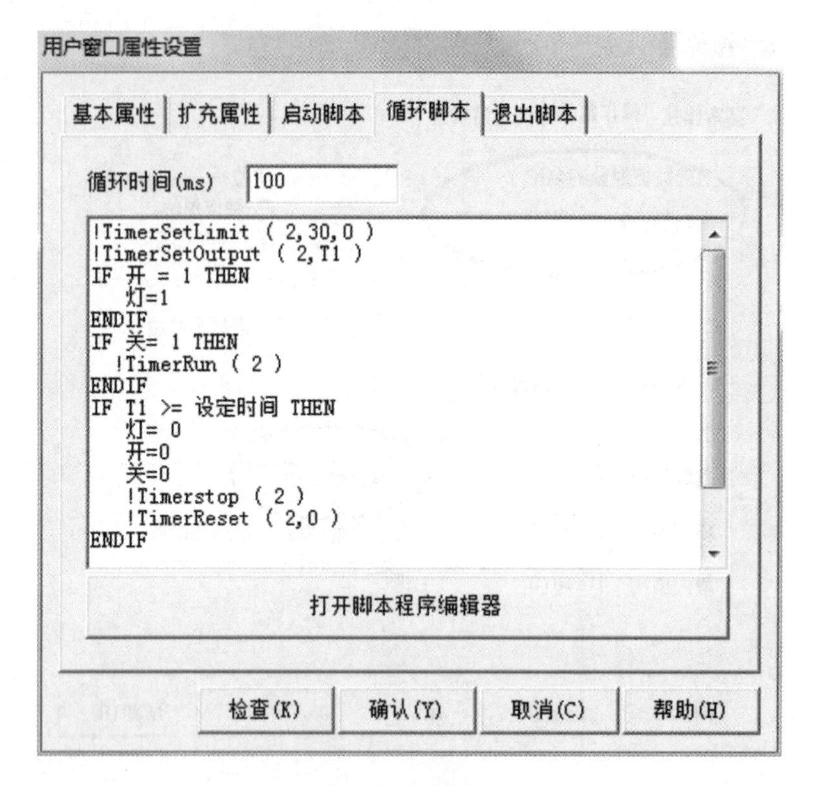

图 4-9　脚本程序

【思考与实践】

利用定时器实现下列灯的控制：

(1) 按“开”按钮过 5 s，灯亮；按“关”按钮，灯灭。

(2) 短按灯开关则灯亮，长按灯开关则灯灭。

任务 2　十字路口交通灯的模拟控制

【任务导入】

交通信号灯是交通管理中最常见的信号指挥工具，用于道路平面交叉路口，通过对车辆、行人发出行进或停止的指令使各方向同时到达的人、车交通流，尽可能地减少相互干扰，从而提高路口的通行能力，保障路口的畅通和安全。实际应用中，信号灯是通过控制箱中的控制器(一般为 PLC)按照预设的配时方案对各路口的信号灯的亮、灭、闪等进行定时控制。借助 MCGS 内置的定时器功能和强大的脚本程序，我们可以方便地模拟出交通信号灯的控制过程，通过本项目的学习，有助于我们更好地理解控制过程中的时序逻辑，掌握 MCGS 脚本编写方法。

【任务分析】

本项目将运用 MCGS 组态软件设计一个对十字路口交通灯的监控和控制环境，当按下启动总开关后，系统启动。红灯、绿灯、绿灯闪、黄灯分别亮 18 s、11 s、4 s、3 s。当绿灯亮起时相应方向的小车开始运动，当红灯亮起时相应方向的小车停止运动。当再次按下总开关时，系统停止所有状态回到初始状态。这中间主要涉及定时器的应用及红绿灯图符颜色变化的控制。

【相关知识】

一、图形对象的颜色动画连接方式

颜色动画连接，就是指将图形对象的颜色属性与数据对象的值建立相关性关系，使图元、图符对象的颜色属性随数据对象值的变化而变化，用这种方式实现颜色不断变化的动画效果。颜色动画连接包括填充颜色、边线颜色和字符颜色三种，只有“标签”图元对象才有字符颜色动画连接。对于“位图”图元对象，不需定义颜色动画连接。

进行颜色动画连接时，打开“动画组态属性设置”对话框，单击“填充颜色”选项卡，如图 4-10 所示；默认分段点只有 2 个，可以单击右边的“增加”按钮增加新的分段点，其对应的颜色也可以通过单击“对应颜色”栏，弹出色标列表框来重新设置，如图 4-11 所示。

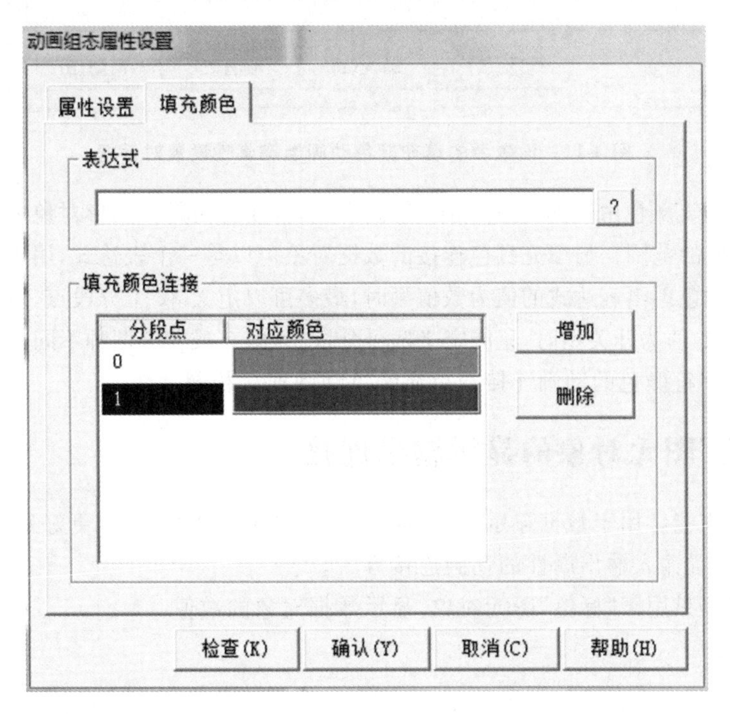

图 4-10 默认的填充颜色动画组态属性设置对话框

以图 4-11 所示图形为例，图形对象的填充颜色和数据对象“Data0”之间的动画连接运行后，图形对象的颜色随 Data0 的值的变化情况如下：

当 Data0 小于 0 时，对应图形对象的填充颜色为黑色；

当 Data0 在 0 和 10 之间时，对应图形对象的填充颜色为绿色；

当 Data0 在 10 和 20 之间时，对应图形对象的填充颜色为蓝色；

当 Data0 在 20 和 30 之间时，对应图形对象的填充颜色为红色；

当 Data0 大于 40 时，对应图形对象的填充颜色为黄色。

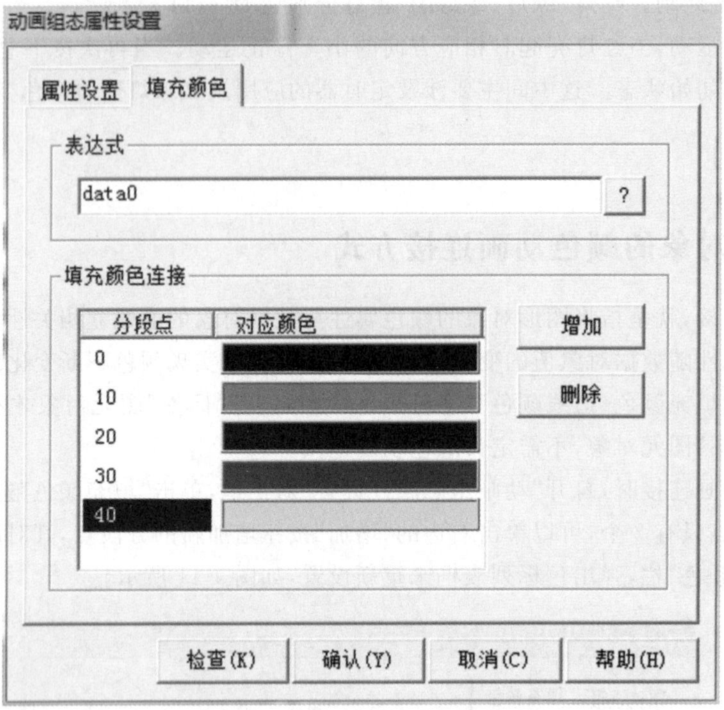

图 4-11　设置后的填充颜色动画组态属性设置对话框

图形对象的填充颜色由数据对象 Data0 的值来控制，或者说是用图形对象的填充颜色来表示对应数据对象的值的范围。与填充颜色连接的数据对象可以是一个表达式，用表达式的值来决定图形对象的填充颜色。当表达式的值为数值型时，最多可以定义 32 个分段点，每个分段点对应一种颜色；当表达式的值为开关型时，只能定义两个分段点，即 0 或非 0 两种不同的填充颜色。

边线颜色和字符颜色的动画连接与填充颜色动画连接相同。

二、"标签"图元对象的显示输出连接

为使图形对象能够用于数据显示，并且使操作人员方便操作系统，更好地实现人机交互功能，系统增加了设置输入输出属性的动画连接方式。

显示输出连接只用于"标签"图元对象，显示数据对象的数值。

【任务实施】

◆ 控制要求

本项目将运用 MCGS 组态软件设计一个对十字路口交通灯的监控和控制环境，当按下启动总开关后，系统启动。红灯、绿灯、绿灯闪、黄灯分别亮 18 s、11 s、4 s、3 s。当绿灯亮起时相应方向的小车开始运动，当红灯亮起时相应方向的小车停止运动。当再次按下总开关时，系统停止所有状态回到初始状态。这中间主要涉及定时器的应用及红绿灯图符颜色变化的控制。

◆ 实施步骤

1. 新建工程

按照项目 1 中新建工程的步骤，进入 MCGS 组态环境，新建一个名为"交通灯的控制" 的工程。

2. 静态画面组态

(1) 主界面窗口创建。

进入用户窗口页面,点击“新建窗口”按钮,创建一个窗口名称为“交通灯”的用户窗口。

(2) 主窗口画面组态:双击用户窗口“交通灯”,进入组态环境。

(3) 构建十字路口画面:打开工具箱,使用“矩形”工具,在窗口的四个角画出适当大小的四个矩形,双击每个矩形,在弹出的属性设置窗口中将填充颜色设置为绿色。在道路的中间位置不断使用矩形工具画出双黄线车道;白色人行道的图形较多,绘制时虽然同样也利用矩形工具,但不建议使用简单的复制功能来实现。可以使用另一个图形的复制功能:“多重复制”。具体方法如下:在道路的合适位置画出一个细矩形,然后双击矩形,选择填充“白色”,“无边线”;然后右键单击白色细矩形,在出现的菜单中选择“排列”→“多重复制”,在弹出的“多种复制构件”对话框中进行相应的设置,在窗口中可直观地预览设置后的效果,一般设置所画图形的个数和间隔像素,如图 4-12 所示。

为了让画面更逼真,可以在图中适当添加一些树木、房屋等元素,这些元素可以在工具箱的元件库中选取。经过设计,十字路口画面如图 4-13 所示。

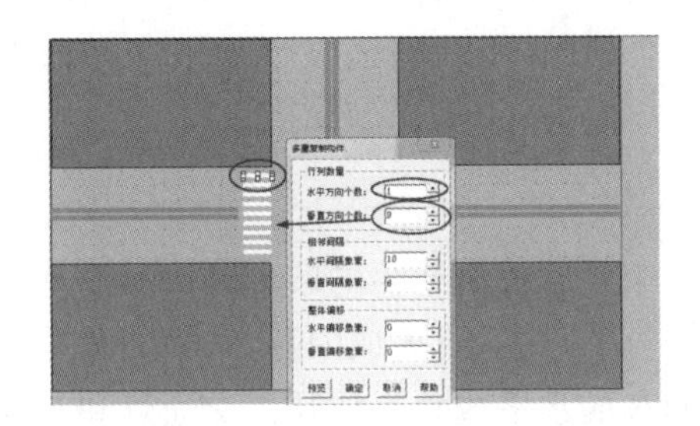

图 4-12 “多种复制构件”属性框

图 4-13 十字路口画面

(4) 添加交通指示灯、车辆:经过上一步的操作,一个十字路口的画面基本构建完成,接下来就需要添加车辆和交通指示灯。

首先添加交通指示灯。大家都知道,交通指示灯有三种颜色,分别是红色、绿色、黄色,使用工具箱中的椭圆工具分别画出三个圆形图符,作为三种颜色的指示灯,然后,再使用矩形框作为交通灯的灯箱。两个方向的三色交通灯如图 4-14 所示。

添加车辆的方法除了从元件库中选取外,这里我们提供另一种方法来实现。在网络上找四个车的图片来代表四个方向的车流(自上向下、自下向上、自左向右、自右向左),如图 4-15 所示。

在工具箱中单击“位图”构件,然后在道路中的合适位置用鼠标拖拉出合适大小的矩形框,松开鼠标,右键单击此构件,在出现的菜单中选择“装载位图”,出现“打开”对话框,选择存放图片的文件夹和图片,如图 4-16 所示,单击“打开”后,则车辆模型出现在画面中。

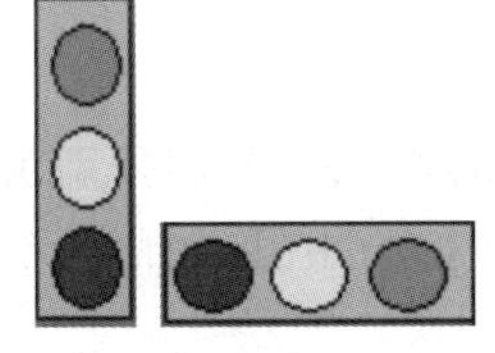

图 4-14 交通指示灯模拟图片

图 4-15 车辆模拟图片

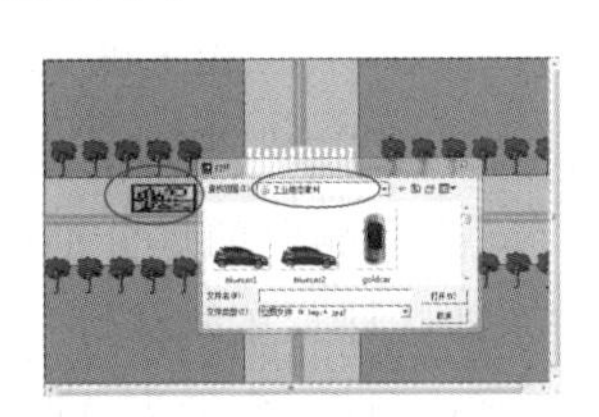

图 4-16 模拟车辆图片装载过程

另外用“工具箱”的标签功能，在窗口的右上角画两个标签，用于显示当前日期、时间；其属性设置如图 4-17 所示。

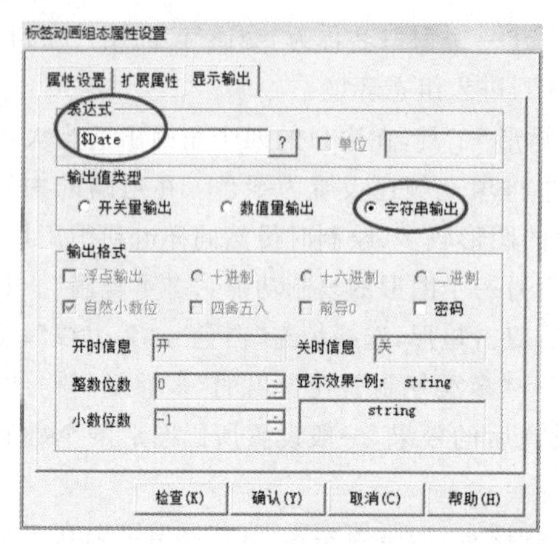

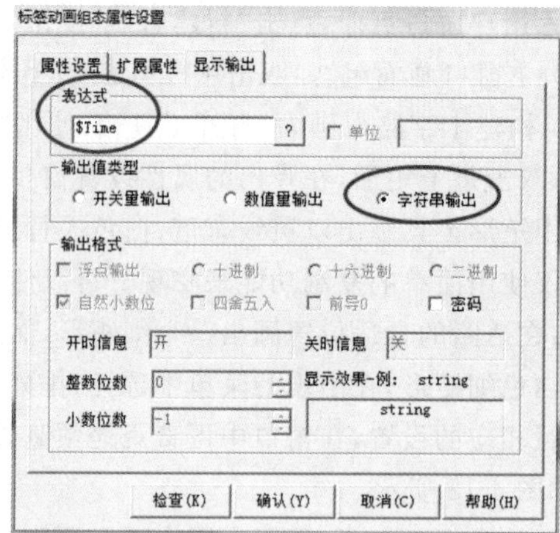

图 4-17　标签输出日期、时间的设置

另外再添加两个开关按钮用于控制系统的启动和停止，构成完整的十字路口交通静态画面，如图 4-18 所示。

3. 定义数据对象

本项目涉及东西、南北两个方向红、绿、黄三个灯的控制和车辆的位移控制。其中灯的控制需要定义开关量，通过开关量的状态切换来控制灯的点亮、熄灭或闪烁，车辆的移动需要定义数据量，通过数据量与车辆位移像素的关联来控制车的水平或垂直位移。交通灯和车辆的控制都需要一个定时器来控制，需要定义一个数值型的变量实时反映定时器的输出值。实时数据对象定义如图 4-19 所示。

4. 动画连接

数据对象定义完成后，接下来需要完成的工作便是将数据对象与用户窗口中的图符、图形对象进行连接。

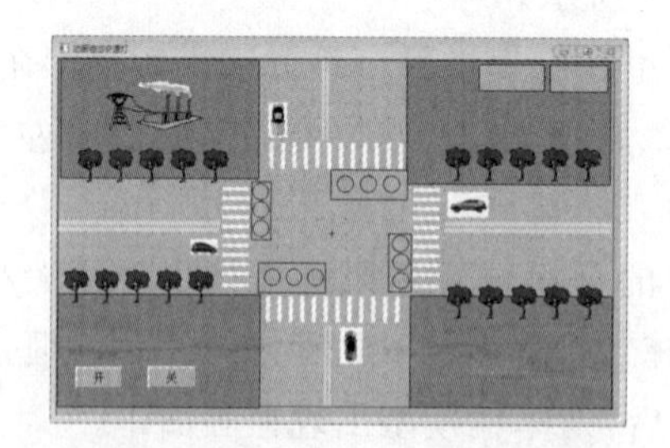

图 4-18　完整的十字路口交通画面

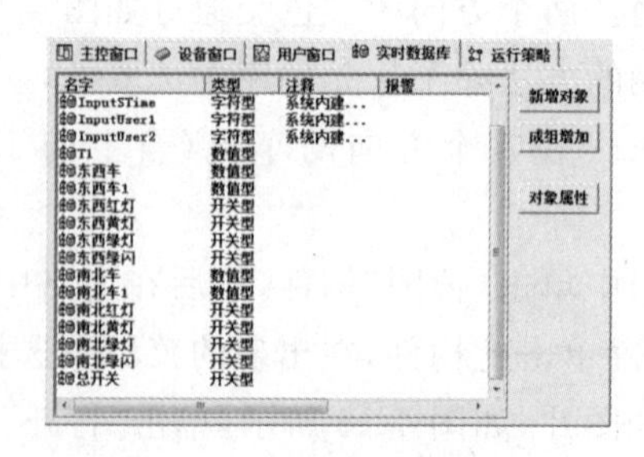

图 4-19　实时数据对象定义

1）红、绿、黄灯的连接

三种颜色的灯分别由相应的实时数据变量进行控制，比如东西方向的红、绿、黄灯分别由“东西红灯”“东西绿灯”“东西绿闪”和“东西黄灯”几个变量进行控制，当变量为 1 时，相应的灯点亮或闪烁，变量为 0 时，相应的灯熄灭。

每个灯我们只画了一个圆形图符来表示，那怎样使一个图符产生点亮和熄灭两种状态颜色呢？我们可以使用图符的“颜色动画连接”选项中的“填充颜色”功能。首先双击东西方向“红灯”图符，弹出“动画组态属性设置”对话框。在“属性设置”选项卡的“颜色动画连接”中选择“填充颜色”，进入“填充颜色”选项卡，选择变量和分段点及其对应颜色，0 对应黑色，1 对应红色，我们可以将表达式与变量“东西红灯”相连接，即当“东西红灯”为 1 时图符填充红色，为 0 时填充黑色。连接结果如图 4-20 所示。

其他颜色、方向的灯都按照这种方法进行连接。另外，因为我们在设计中提出在黄灯亮之前绿灯需要闪烁 4 s，因此，在对绿灯进行动画连接的时候需要额外进行“闪烁效果”的特殊动画连接。方法与“填充颜色”的步骤类似，在“属性设置”窗口中的“特殊动画连接”中选择“闪烁效果”，“闪烁效果”选项卡的设置如图 4-21 所示。

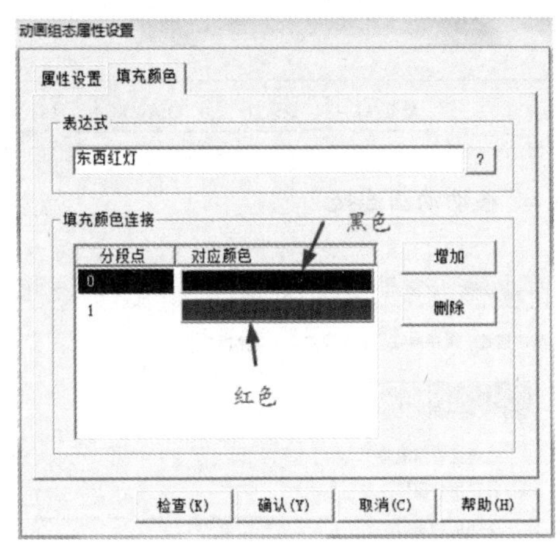

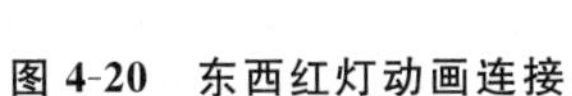
图 4-20　东西红灯动画连接

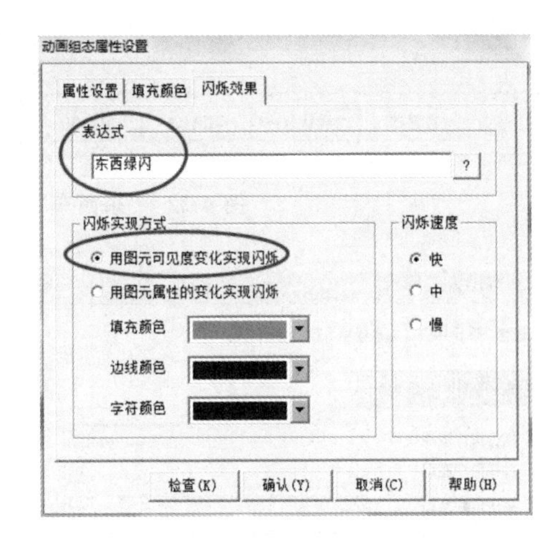

图 4-21　绿灯闪烁效果连接

2）小车的移动连接

按照控制要求，每个方向的绿灯亮起后相应方向的车辆就可以通行，直至黄灯亮起后车辆停止在停止线上。为了模拟车辆的通行，需要对两个方向的车辆分别进行水平移动和垂直移动的动画连接。

从画面上看，水平方向的车需要进行水平移动连接，垂直方向的车需要进行垂直移动连接。相关的设置我们可以参照项目 2 中的介绍，在这里我们需要确定两个方向小车的移动距离。经过测量，我们得到水平移动距离为 550 像素，垂直移动距离为 400 像素，按照移动距离的不同，我们将代表车辆移动距离的数据型变量“东西车”“南北车”等的取值范围定为 0～100 和 0～100。“东西车”“南北车”两个方向的车辆的动画连接结果如图 4-22 所示。

另外，每个方向上都有两辆车对开，因此对开的车辆移动方向都是相反的，因此在移动数值上，将对开的车的位移取反（注意：MCGS 规定，从左向右水平移动是正值，从上向下垂直移动是正值）。

3）标准按钮连接

系统的启动和停止在脚本程序中主要是通过判断一个变量“总开关”的值是否为“1”或者“0”来实现的，因此，我们需要将“开”“关”按钮与变量“总开关”连接。连接结果如图 4-23 所示。

5. 脚本编写及定时器函数的调用

为了实现交通灯和车辆的交替运行，需要编写脚本程序对各个对象进行控制，其中在脚本程序中必须要调用定时器并将定时器的实时输出值 T1 作为控制的依据。在脚本中调用定时

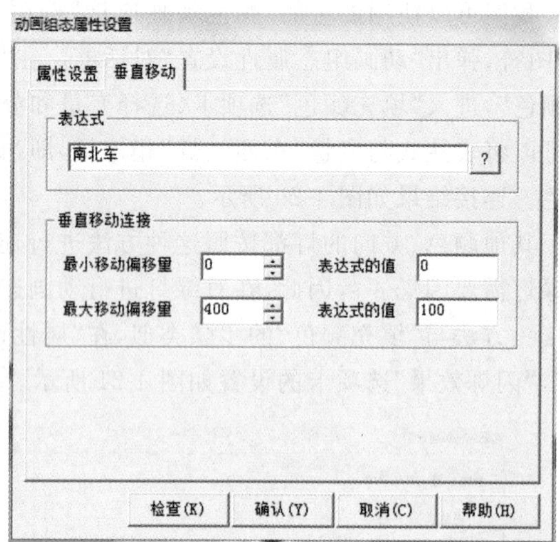

图 4-22 “东西车”“南北车”移动动画连接

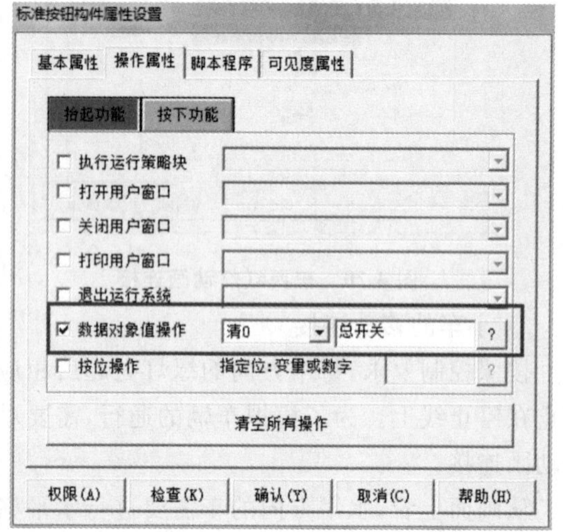

图 4-23 标准按钮连接

器就必须借助系统自带的“定时器函数”来实现。本项目涉及的定时器函数有以下五个。

定时器设置:! TimerSetLimit( )。

定时器输出设置:! TimerSetOutput( )。

定时器运行:! TimerRun( )。

定时器停止:! TimerStop( )。

定时器重置:! TimerReset( )。

脚本程序在窗口的“循环脚本”中执行。窗口运行后,系统在启动前,各路口的灯光都熄灭,车辆停止在停止线上,因此需要对各个控制变量进行清 0 操作,另外要对定时器进行设置,如采用 2 号定时器,定时时长 40 s,到时自动循环,定时器的实时值输出至变量 T1,根据函数格式,在脚本程序中编写如下语句:

```
!TimerSetLimit(2,40,0)
```

```
!TimerSetOutput(2,T1 )
```

当按下窗口中的"启动"按钮后，变量"总开关"置1，2号定时器开始运行，调用函数！TimerRun(2)，在此期间，通过判断定时器的输出值T1来控制相应的控制量，当0 s＜T1≤11 s时，水平方向绿灯亮，垂直方向红灯亮，此时水平方向小车交替运行；当11 s＜T1≤15 s时，水平方向绿灯闪烁；当15 s＜T1≤18 s时，水平方向黄灯亮，此时水平方向小车停止运行；当18 s＜T1≤29 s时，水平方向红灯亮，垂直方向绿灯亮，此时垂直方向小车交替运行；当29 s＜T1＜33 s时，垂直方向绿灯闪烁；当33 s＜T1＜36 s时，垂直方向黄灯亮，此时垂直方向小车停止运行；当T1＞36 s时，定时器重置，从0开始，系统循环运行。

如果点击窗口中的"停止"按钮，则变量"总开关"清0，定时器停止运行，并将定时值置0，调用定时器函数！TimerStop(2)和！TimerReset(2,0)。

完整的脚本程序参考如下：

```
!TimerSetLimit(2,40,0 )
!TimerSetOutput(2,T1)

if 总开关=0 then
东西红灯=0
东西黄灯=0
东西绿灯=0
南北红灯=0
南北黄灯=0
南北绿灯=0
南北车=0
东西车=0
南北车 1=0
东西车 1=0
!TimerStop(2)
!TimerReset(2,0)
endif

if 总开关=1 then
!TimerRun(2)
endif

if T1> 0  then
东西绿灯=1
南北红灯=1
endif

if T1> 11  then
东西绿灯=1
东西绿闪=1
```

```
endif

if T1> 15  then
东西车=0
东西绿闪=0
东西黄灯=1
东西绿灯=0
endif

if T1> 18  then
南北红灯=0
南北绿灯=1
东西车=0
东西黄灯=0
南北黄灯=0
东西红灯=1
endif

if T1> 29  then
南北绿灯=1
南北绿闪=1
endif

if T1> 33  then
南北车=0
南北绿闪=0
南北绿灯=0
南北黄灯=1
endif

if T1> 36 then
南北黄灯=0
东西红灯=0
南北红灯=1
东西绿灯=1
endif

if T1> 36 then
!TimerReset(2,0)
endif

if T1> 1 and T1< 15 then
东西车=东西车+2
```

```
东西车 1=东西车 1-2
else
东西车=0
东西车 1=0
endif

if 东西车> 100 then
东西车=0
endif

if 东西车 1< -100 then
东西车 1=0
endif

if T1> 18 and T1< 32 then
南北车=南北车+2
else
南北车=0
endif

if 南北车> 100 then
南北车=0
endif

if T1> 18 and T1< 32 then
南北车 1=南北车 1-2
else
南北车 1=0
endif

if 南北车 1< -100 then
南北车 1=0
endif
```

【思考与实践】

（1）如果上述任务 2 中不定义“东西绿闪”和“南北绿闪”两个变量，如何实现绿灯闪烁 3 s 变黄灯？

（2）如果上述任务 2 的控制要求变成如下要求又该如何实现：用一个开关控制交通灯的运行与停止。开始开关＝0 时，全为黄灯。当开关为开时，先南路的左行灯（南西灯）、前行灯（南北灯）和北路的右行灯（北西灯）为通行状态，其他为红灯。时间运行到 13～15 s 时上述通行灯变黄灯，其余灯不变。15 s 后，东路的左行灯（东南灯）、前行灯（东西灯）和西路的右行灯（西南灯）为通行状态，其他为红灯。时间运行到 28～30 s 时上述通行灯变成黄灯，其余不变。其余两路以此方式运行。无论运行到哪个状态当开关由开变为关闭时,所有的灯都处于黄灯状态。

注:以上的灯图案为带方向箭头的灯,左行灯为⇦,右行灯为⇨,前行灯为⇧。

项目 5

工业搬运机械手

学习目标

1. 知识目标

(1) 掌握定时器的构件法。

(2) 掌握图形大小变化动画连接的知识和方法。

(3) 掌握构件垂直移动量和水平移动量的计算方法。

(4) 掌握使用运行策略来进行编程。

2. 能力目标

(1) 掌握图形大小变化动画连接的方法。

(2) 掌握构件垂直移动量和水平移动量的计算方法。

(3) 掌握运用构件法建立定时器和循环策略的配合。

项目描述

设计一个工业搬运机械手及其台架和工件画面。布置上移、下移、左移、右移、夹紧、放松等指示灯,并有启动、停止按钮可以控制机械手的启动和停止,如图 5-1 所示。

机械手动作流程如下:

按“启动”按钮后,机械手下移 5 s→夹紧 2 s→上升 5 s→右移 10 s→下移 5 s→放松 2 s→上移 5 s→左移 10 s(s 为秒),最后回到原始位置,自动循环。当按下“停止”按钮后机械手停止在当前位置和保持当前动作,当再按“启动”按钮后继续运行。

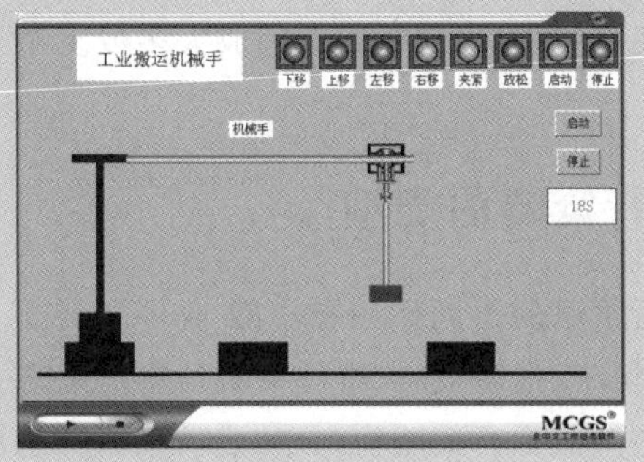

图 5-1　工业搬运机械手模拟组态工程

任务 1　定时器开灯

【任务导入】

从项目的描述可知,机械手的动作主要是按时间顺序来进行运动的。因此定时器的使用就非常关键。一个定时器能控制一个灯的亮灭实现了,那么控制相应的机械臂就容易了。

【任务分析】

灯的开关画面应当和项目 1 中的任务 2 相似,考虑调试的需要,设置一个定时器的输出框更直观。数据变量的建立应当根据构件法的要求来进行。

【相关知识】

一、运行策略组态

到目前为止,通过各个部分组态配置生成的组态工程,只是一个按顺序执行的监控系统,不能对系统的运行流程进行自由控制,这只能适应简单工程项目的需要。对于复杂的工程,监控系统必须设计成多分支、多层循环嵌套式结构,按照预定的条件,对系统的运行流程及设备的运行状态进行有针对性的选择和精确的控制。为此,MCGS 嵌入版引入运行策略的概念,用以解决上述问题。

所谓“运行策略”,是用户为实现对系统运行流程自由控制所组态生成的一系列功能块的总称。MCGS 嵌入版为用户提供了进行策略组态的专用窗口和工具箱。运行策略的建立,使系统能够按照设定的顺序和条件,操作实时数据库,控制用户窗口的打开、关闭以及设备构件的工作状态,从而实现对系统工作过程精确控制及有序调度管理的目的。通过对 MCGS 嵌入版运行策略的组态,用户可以自行组态完成大多数复杂工程项目的监控软件,而不需要烦琐的编程工作。

二、运行策略的类型

根据运行策略的不同作用和功能,MCGS 嵌入版把运行策略分为启动策略、退出策略 、循环策略、用户策略、报警策略、事件策略及热键策略七种。每种策略都由一系列功能模块组成。

MCGS 嵌入版运行策略窗口中“启动策略”“退出策略”“循环策略”为系统固有的三个策略块,其余的则由用户根据需要自行定义。

启动策略为系统固有策略,在 MCGS 嵌入版系统开始运行时自动被调用一次。

退出策略为系统固有策略,在退出 MCGS 嵌入版系统时自动被调用一次。

循环策略为系统固有策略,也可以由用户在组态时创建,在 MCGS 嵌入版系统运行时按照设定的时间循环运行。在一个应用系统中,用户可以定义多个循环策略。

报警策略由用户在组态时创建,当指定数据对象的某种报警状态产生时,报警策略被系统自动调用一次。

事件策略由用户在组态时创建，当对应表达式的某种事件状态产生时，事件策略被系统自动调用一次。

热键策略由用户在组态时创建，当用户按下对应的热键时执行一次。

用户策略由用户在组态时创建，在 MCGS 嵌入版系统运行时供系统其他部分调用。

三、运行策略的构造方法

MCGS 嵌入版的七种类型运行策略的每种策略都可完成一项特定的功能。每种策略由多个策略行构成。每一个策略行由策略条件部件和策略构件组成。只有策略条件成立才能实现策略构件对应的功能。运行策略的这种结构形式类似于 PLC 系统的梯形图编程语言，但更加图形化，更加面向对象化，所包含的功能比较复杂，实现过程则相当简单。

四、策略构件

MCGS 嵌入版提供了“策略工具箱”，一般情况下，用户只需从策略工具箱中选用标准构件，配置到“策略组态”窗口内，即可创建用户所需的策略块。

目前，MCGS 嵌入版为用户提供了几种最基本的策略构件，它们是：

策略调用构件：调用指定的用户策略；

数据对象构件：数据值读写、存盘和报警处理；

设备操作构件：执行指定的设备命令；

退出策略构件：用于中断并退出所在的运行策略块；

脚本程序构件：执行用户编制的脚本程序；

定时器构件：用于定时；

计数器构件：用于计数；

窗口操作构件：打开、关闭、隐藏和打印用户窗口。

五、构件法实现定时器

MCGS 提供了一个定时器的构件，构件集成了设定值、当前值、计时状态等功能，定时器功能构件通常用于循环策略块的策略行中，在策略行中采用如添加脚本编辑器构件一样的方法来添加定时器构件，通过对策略行执行条件设置来控制定时器的使用，通过对设定值、当前值等属性设置来实现定时器的各种功能。定时器构件属性设置如图 5-2 所示。

各属性设置的含义如下。

设定值：定时器设定值对应于一个表达式，用表达式的值作为定时器的设定值。当定时器的当前值大于等于设定值时，本构件的条件一直满足。定时器的时间单位为秒(s)，但可以设置成小数，以处理 ms 级的时间。如设定值没有建立连接或把设定值设为 0，则构件的条件永远不成立。

当前值：当前值和一个数值型的数据对象建立连接，每次运行到本构件时，把定时器的当前值赋给对应的数据对象。如果没有建立连接则不处理。

计时条件：计时条件对应一个表达式，当表达式的值为非零时，定时器进行计时，为零时停

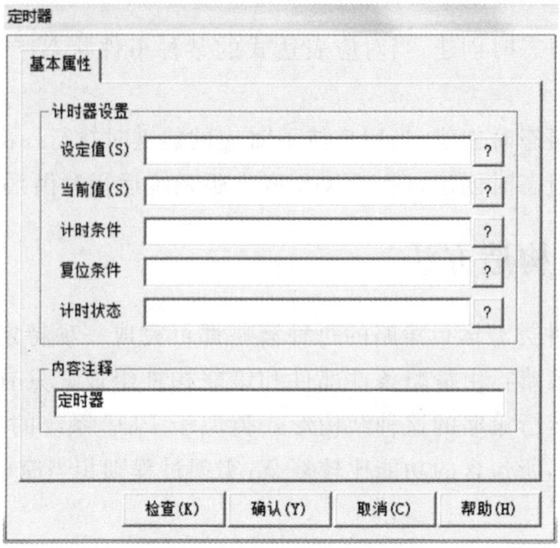

图 5-2　定时器构件属性设置

止计时。如没有建立连接则认为时间条件永远成立。

复位条件:复位条件对应一个表达式,当表达式的值为非零时,对定时器进行复位,使其从 0 开始重新计时,当表达式的值为零时,定时器一直累计计时,到达最大值 65535 后,定时器的当前值一直保持该数,直到复位条件成立。如复位条件没有建立连接则认为定时器计时到设定值、构件条件满足一次后,自动复位重新开始计时。

计时状态:计时状态和开关型数据对象建立连接,把计时器的计时状态赋给数据对象。当"当前值"小于"设定值"时,计时状态为 0,当"当前值"大于"设定值"时,计时状态为 1。

【任务实施】

1. 静态画面组态

见项目 4 之任务 1。

2. 建立数据对象

从任务可知,灯开和关引起的操作不一样,所以要定义两个开关型变量:"开""关";灯的亮和灭应当由一个变量来控制:"灯";定时器构件法中需要一个数值型变量作为时间值的输出变量:"T1"。还需要定义三个开关型的变量:"定时器复位""定时器启动""定时器时间到",作为构件法中的复位条件、计时条件、计时状态。如图 5-3 所示。

3. 动画连接

两个开关按钮的属性设置如图 5-4 所示。

指示灯的动画连接开关变量为"灯"。标签输出框的动画连接如图 5-5 所示。

4. 定时器构件的建立和设置

(1) 单击"工作台"窗口中的"运行策略"选项卡,进入"运行策略"页。选中"循环策略",单击右侧"策略属性"按钮,弹出"策略属性设置"窗口。在"定时循序执行,循环时间(ms)"一栏,将默认的 60000 改成 200。单击"确认"按钮。如图 5-6 所示。

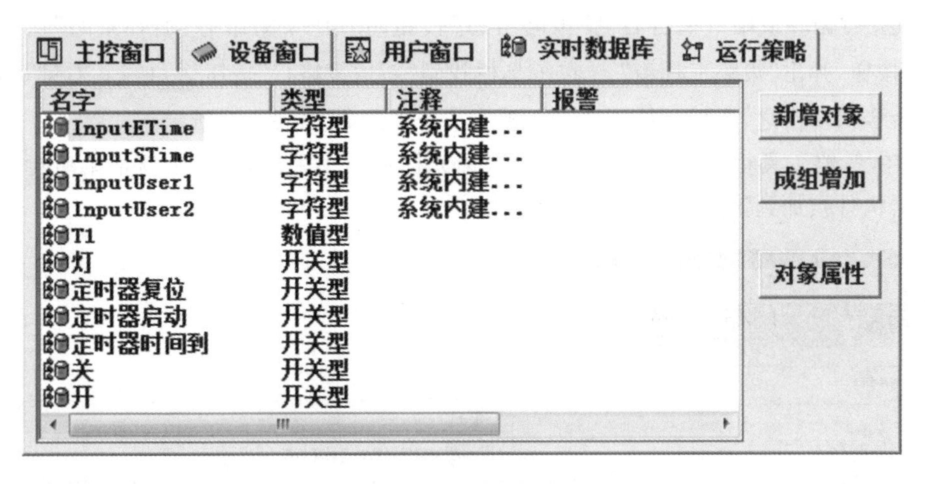

图 5-3 实时数据库

图 5-4 "开"和"关"按钮的属性设置

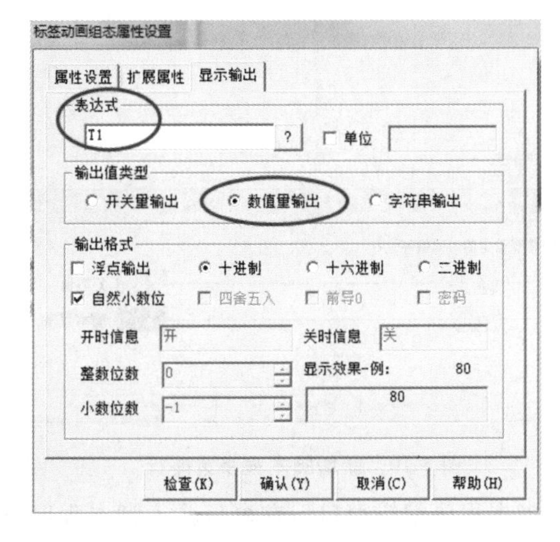

图 5-5 标签输出框的动画连接

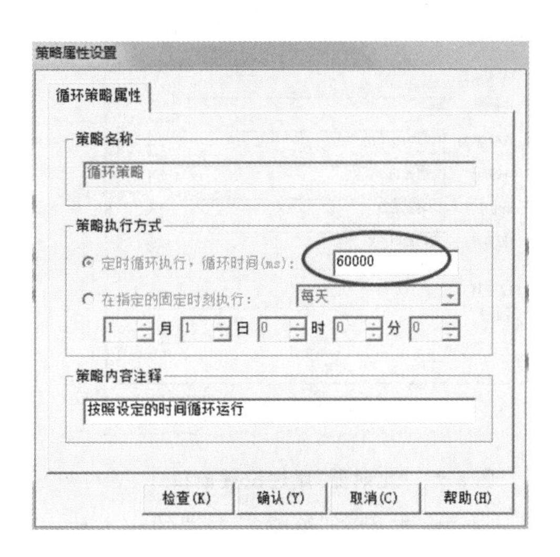

图 5-6 "策略属性设置"窗口

(2) 选中“循环策略”,单击右侧“策略组态”按钮,弹出“策略组态:循环策略”窗口。单击“工具箱”按钮,弹出“策略工具箱”。在工具栏找到“新增策略行”按钮(或者右键选择“新增策略行”命令),单击之,在循环策略窗口出现了一个新策略,如图5-7所示。

(3) 在“策略工具箱”中选择“定时器”,鼠标光标变为小手形状,单击新增策略行末端的方块,定时器构件被加到该策略行中。如图5-8所示。

图5-7 “新增策略行”操作画面

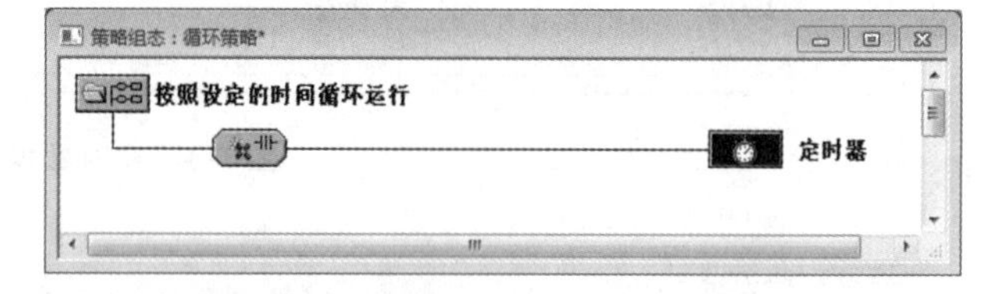

图5-8 加载定时器构件到新建策略行

(4) 双击新增策略行末端的定时器方块,出现定时器属性设置。

在“设定值”栏填入:44,代表设定时间为44 s。在“当前值”栏填入:T1。在“计时条件”一栏填入:定时器启动。则计时时间超过设定时间时,“定时器时间到”变量将为1,定时器开始计时;为0时,停止计时。在“复位条件”一栏填入:定时器复位。在“计时状态”一栏填入:定时器时间到。则计时时间超过设定时间时,“定时器时间到”变量将为1,否则为0。在“内容注释”一栏填入:定时器。单击“确认”按钮。如图5-9所示。

5. 使用脚本程序构件编写控制程序

单击工具栏“新增策略行”按钮,在定时器下增加一行新策略。选中策略工具箱的“脚本程序”,鼠标光标变为手形。单击新增策略行末端的小方块,脚本程序被加到该策略行中。如图5-10所示。

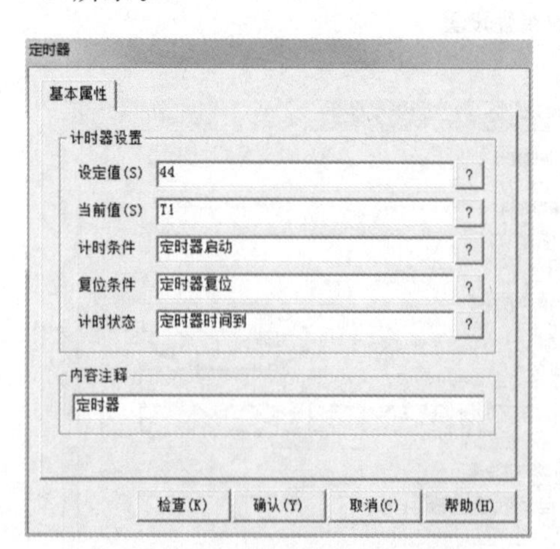

图5-9 “定时器”属性设置窗口

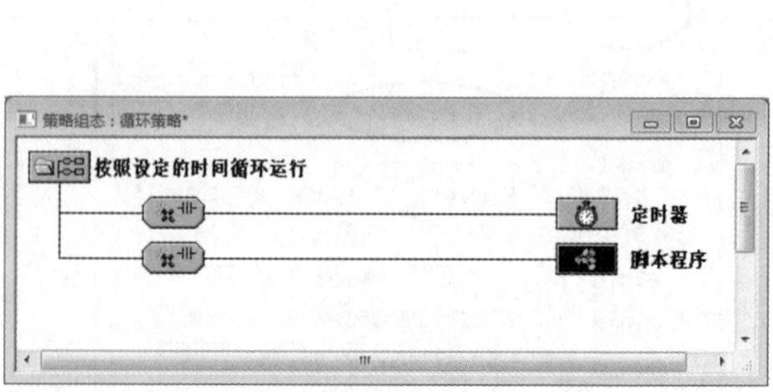

策略组态:循环策略*
按照设定的时间循环运行
定时器
脚本程序

图5-10 新增脚本程序策略行

双击“脚本程序”策略行末端的小方块,出现“脚本程序编辑窗口”,在窗口输入脚本程序,检查语法调试并下载到模拟环境后,可验证任务是否完成。

参考程序如下：

```
if 开=1  and 关=0 then
定时器复位=0
定时器启动=1
endif

if T1> 3 then
灯=1
开=0
endif
if 关=1 and 开=0 then
定时器启动=0
定时器复位=1
灯=0
else
关=0
endif
```

任务 2　工业搬运机械手组态的设计

【任务导入】

机械手是工业自动化领域中经常遇到的一种控制对象。近年来随着工业自动化的发展，机械手逐渐成为一门新兴学科，并得到了较快的发展。机械手广泛地应用于锻压、冲压、锻造、焊接、装配、机加、喷漆、热处理等各个行业，特别是在笨重、高温、有毒、危险、放射性、多粉尘等恶劣的劳动环境中，机械手由于其显著的优点而受到特别重视。总之，机械手是提高劳动生产率，改善劳动条件，减轻工人劳动强度和实现工业生产自动化的一个重要手段，国内外都十分重视它的应用和发展。

本设计通过 MCGS 组态软件对机械手进行监控，将机械手的动作过程进行了动画显示，使机械手的动作过程更加形象化。

【任务分析】

1. 工程框架

(1) 1 个用户窗口：机械手控制系统。

(2) 实时数据库窗口。

(3) 运行策略窗口：利用循环策略建立定时器构件和脚本程序构件。

2. 图形制作

机械手控制系统窗口中有以下图形：

(1) 机械手及其台架和工件；

(2) 启动和停止按钮;

(3) 上移、下移、左移、右移、夹紧、放松、启动、停止等指示灯;

(4) 动态计时器。

3. 流程控制

按“启动”按钮后,机械手下移 5 s→夹紧 2 s→上升 5 s→右移 10 s→下移 5 s→放松 2 s→上移 5 s→左移 10 s,最后回到原始位置,自动循环。

按下“停止”按钮后,机械手停在当前位置。按下“启动”按钮,继续运行。

【相关知识】

在 MCGS 嵌入版中,图形对象大小变化方式有如表 5-1 所示的七种。

表 5-1 图形对象大小变化方式

符 号	说 明
	以中心点为基准,沿 X 方向和 Y 方向同时变化
	以中心点为基准,只沿 X(左右)方向变化
	以中心点为基准,只沿 Y(上下)方向变化
	以左边界为基准,沿着从左到右的方向发生变化
	以右边界为基准,沿着从右到左的方向发生变化
	以上边界为基准,沿着从上到下的方向发生变化
	以下边界为基准,沿着从下到上的方向发生变化

改变图形对象大小的方法有两种:一是按比例整体缩小或放大,称为缩放方式;二是按比例整体剪切,显示图形对象的一部分,称为剪切方式。两种方式都是以图形对象的实际大小为基准的。图形对象的大小变化以百分比的形式来衡量,把组态时的图形对象初始大小作为基准(100%即为图形对象的初始大小)。

如图 5-11 所示,当表达式 data0 的值小于等于 0 时,最小变化百分比设为 0,即图形对象的大小为初始大小的 0%,此时,图形对象实际上是不可见的;当表达式 data0 的值大于等于 100 时,最大变化百分比设为 100%,则图形对象的大小与初始大小相同。不管表达式的值如何变化,图形对象的大小都在最小变化百分比与最大变化百分比之间变动。

在缩放方式下,是对图形对象的整体按比例缩小或放大,来实现大小变化的。当图形对象的变化百分比大于 100%时,图形对象的实际大小是初始状态放大的结果;当图形对象的变化百分比小于 100%时,是初始状态缩小的结果。

在剪切方式下,不改变图形对象的实际大小,只按设定的比例对图形对象进行剪切处理,显示整体的一部分。变化百分比等于或大于 100%,则把图形对象全部显示出来。采用剪切方式改变图形对象的大小,可以模拟容器充填物料的动态过程。具体步骤是:首先制作两个同样的图形对象,完全重叠在一起,使其看起来像一个图形对象;将前后两层的图形对象设置不同的背景颜色;定义前一层图形对象的大小变化动画连接,变化方式设为剪切方式。实际运行时,前一层图形对象的大小按剪切方式发生变化，只显示一部分，而另一部分显示的是后一层图形对象的背景颜色，前后层图形对象视为一个整体，在视觉上如同一个容器内物料按百分比填充，获得逼真的动画效果。

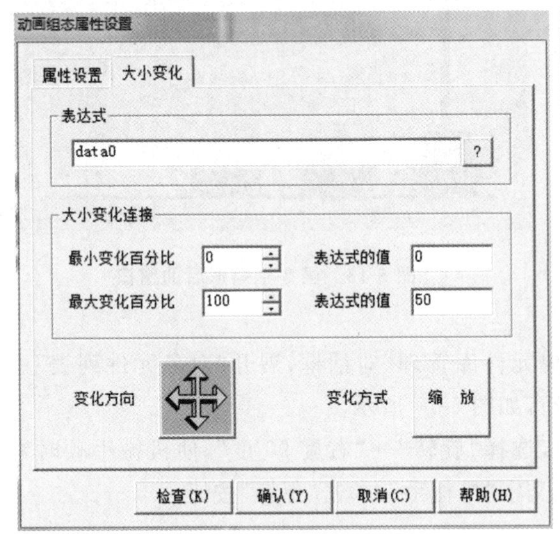

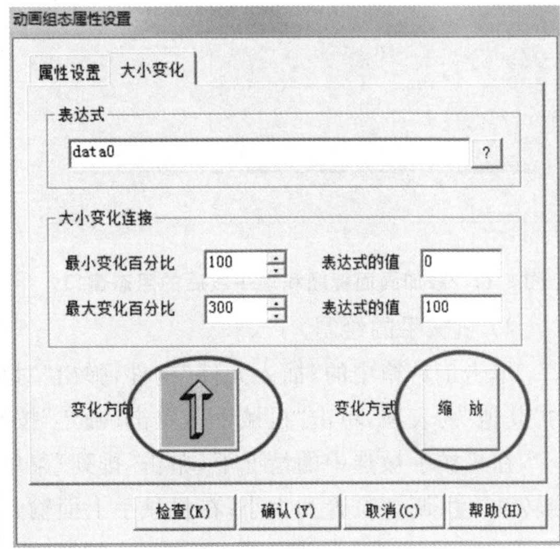

图 5-11　图形对象的“大小变化”对话框的设置

【任务实施】

1. 新建工程

新建一个工程：机械手。新建一个窗口：机械手控制系统。

2. 静态画面组态

选中“机械手控制系统”窗口图标，单击“动画组态”，进入动画组态窗口，开始编辑画面。

1）添加画面标题

单击工具箱中的“标签”构件，鼠标的光标变成“十”字后，在窗口上部位置拖曳鼠标，拉出一个一定大小的矩形。建立矩形框后，鼠标在其内闪烁，可直接输入“机械手控制系统”几个文字。选中文字，单击鼠标右键出现菜单后选“属性”命令，属性依次设置为：无填充、无边线、宋体、蓝色、26 号字。

2）画地平线

单击工具箱中的“直线”构件，拖曳出一条一定长度的直线，调整线的长度、位置、粗细，颜色为黑色，如图 5-12 所示。

3）画矩形

单击工具箱中的“矩形”构件，挪动鼠标光标，光标变成“十”字。在窗口适当位置按住鼠标左键并拖曳出一个大小合适的矩形。将其属性设置为：填充色蓝色、无边线。

单击窗口其他任何一个空白地方，结束第 1 个矩形的编辑；依次画出机械手画面的其他 7 个矩形部分(5 个蓝色，2 个红色)；单击“保存”按钮。如图 5-13 所示。

图 5-12 添加画面标题和地平线后的组态窗口

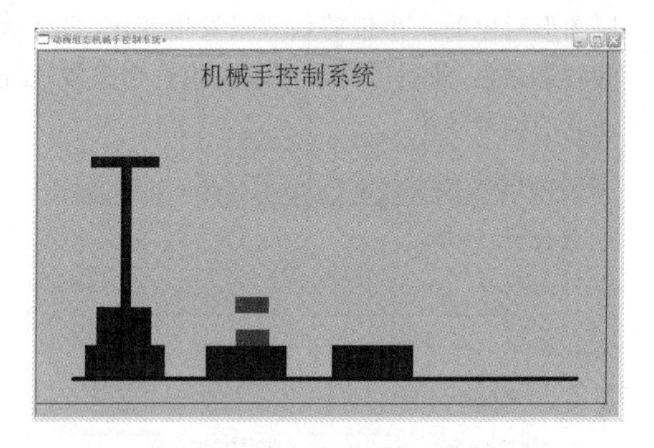

图 5-13 画 8 个矩形后的窗口

4）机械手的绘制

单击工具箱中的“插入元件”构件，弹出“对象元件库管理”对话框，展开“对象元件列表”中的“其他”列表项，单击“机械手”，单击“确定”按钮，如图 5-14 所示。

在机械手被选中的情况下，单击“排列”菜单，选择“旋转”→“右旋 90 度”，使机械手顺时针旋转 90 度；调整位置和大小；在机械手上面输入文字“机械手”，单击“保存”按钮。

5）画机械手左侧和下方的滑杆

步骤同 4)，在“对象元件列表”中选择“管道”元件库中的“管道 95”和“管道 96”，分别画出两个滑杆，将大小和位置调整好，如图 5-15 所示。

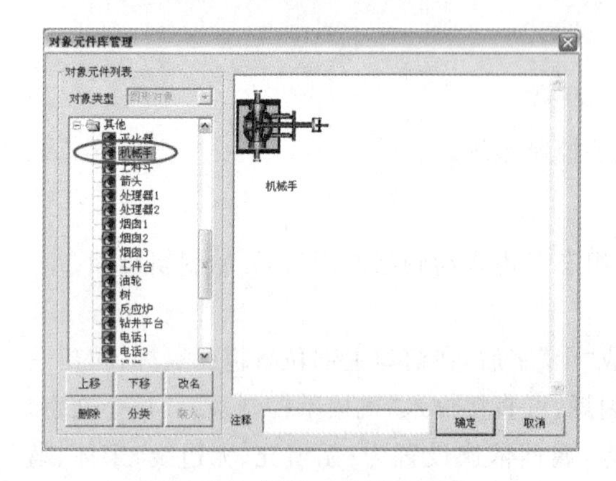

图 5-14 插入元件“机械手”

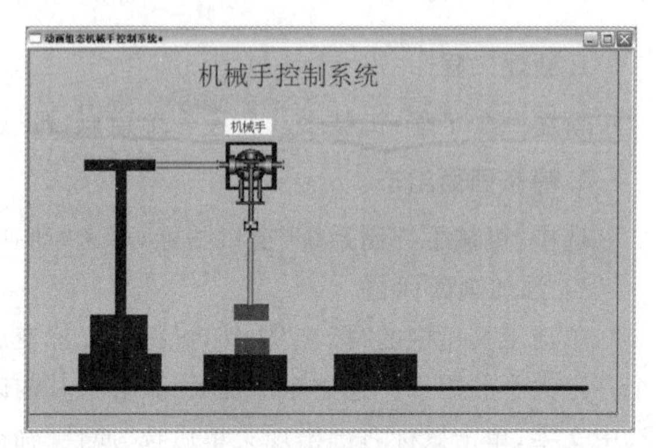

图 5-15 机械手左滑杆和下滑杆

6）画指示灯

需要上移、下移、左移、右移、夹紧、放松、启动、复位 8 个指示灯显示机械手的工作状态。

步骤同 4)，选用指示灯 2，单击“确定”按钮。然后选中指示灯，单击右键，选择菜单中的“排列”命令之“多重复制”，出现图 5-16 所示“多重复制构件”对话框，按图示设置。同时，在每个指示灯下，添加文本标签，如图 5-17 所示。

7）画按钮

单击工具箱中的“标准按钮”构件，在窗口中画出一定大小的按钮；调整其大小和位置；按钮的文本分别设置为“启动”和“停止”；背景色可选成不同颜色。

图 5-16　多重复制构件对话框图

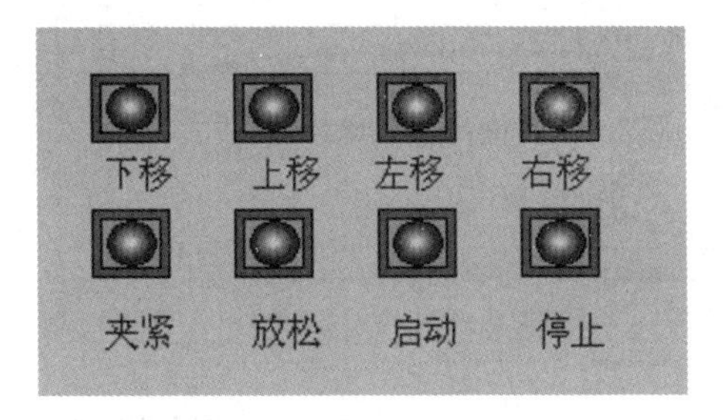

图 5-17　8 个指示灯及文本标签

3. 定义数据对象

需要定义的数据对象如下：

(1) 控制系统启动和停止的两个开关型变量："启动"和"停止"。

(2) 定时器构件需要的三个开关型变量："定时器启动""定时器复位"和"定时时间到"，还有一个用于输出时间值的数据型变量："计时时间"。

(3) 机械手移动的四个开关型变量："上移""下移""左移""右移"。

(4) 夹具动作的两个开关型变量："夹紧""放松"。

(5)表示机械手和工件移动的两个数值型变量："水平移动量""垂直移动量"。

数据对象的建立如图 5-18 所示。

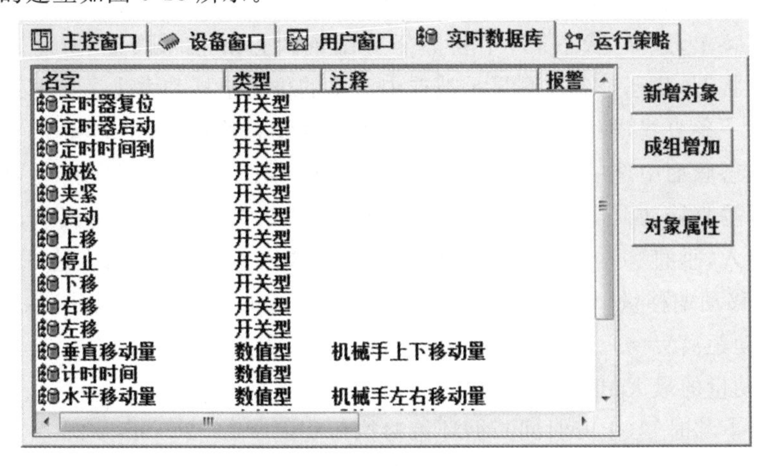

名字	类型	注释	报警
定时器复位	开关型		
定时器启动	开关型		
定时时间到	开关型		
放松	开关型		
夹紧	开关型		
启动	开关型		
上移	开关型		
停止	开关型		
下移	开关型		
右移	开关型		
左移	开关型		
垂直移动量	数值型	机械手上下移动量	
计时时间	数值型		
水平移动量	数值型	机械手左右移动量	

图 5-18　数据对象的建立

4. 动画数据连接

1）按钮的数据连接

“启动”和“停止”按钮按图 5-19 所示设置。

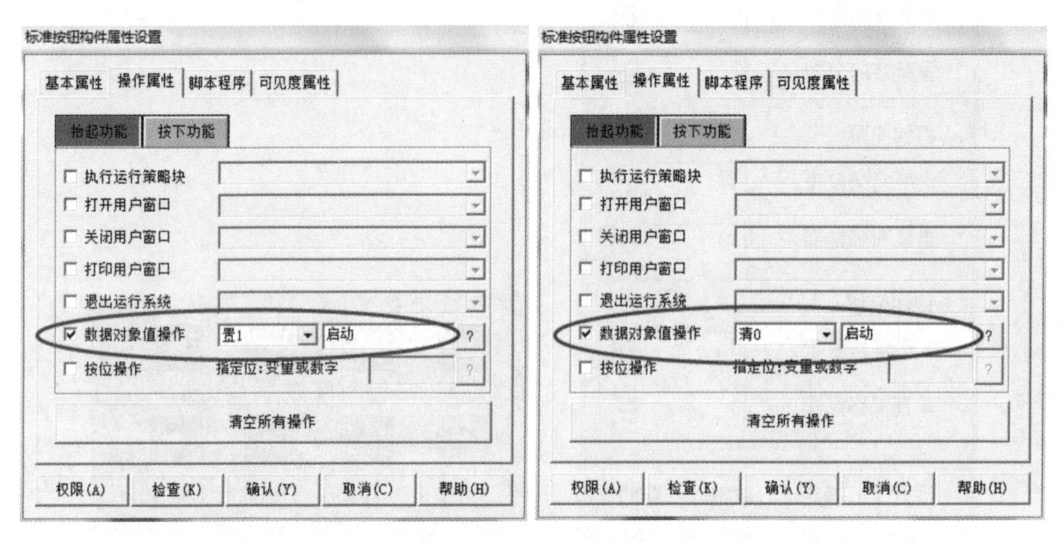

图 5-19　按钮的属性设置

2）指示灯的数据连接

启动、停止、下移、上移、左移、右移、夹紧、放松 8 个指示灯的数据连接对象分别是：启动、停止、下移、上移、左移、右移、夹紧、放松等 8 个变量。

3）上工件垂直移动动画连接

设置两个工件的思路：

从机械手和工件的运动特点分析，按一个循环 44 s 的时间来看，工件和机械手动作不一致的时间段有：第一个 5 s 的下移、30～34 s 之间的上移、35～44 s 之间的左移；其他时间段动作完全是一致的。如果只用一个工件来表示工件的动作，可能比较困难。因此根据上述分析，可用上下两个工件的可见度变化来显示工件的运动。上述时间段内下工件可见，上工件不可见。在其他时间段内正好相反：下工件不可见，上工件可见。

单击“查看”菜单，选择“状态条”，在屏幕下方出现状态条，如图 5-20 所示。状态条左侧文字代表当前操作状态，状态条最右侧显示被选中对象的位置坐标和大小。在上工件底边与下工件底边之间画出一条直线，根据状态条大小指示可知直线总长度，图 5-20 中为 44 个像素。

在机械手组态画面中选中并双击上工件，弹出“动画组态属性设置”窗口。在“位置动画连接”一栏中选中“垂直移动”，出现“垂直移动”选项卡。单击“垂直移动”选项卡，进入该页面，在“表达式”一栏填入：垂直移动量。在垂直移动连接栏填入各项参数：当表达式的值(垂直移动量)＝0 时，最小移动偏移量(向下移动距离)＝0；当表达式的值(垂直移动量)＝25 时，最大移动偏移量(向下移动距离)＝44。单击“确认”按钮，存盘，如图 5-21 所示。

注：垂直移动量的最大值＝循环次数×变化率＝25×1＝25。

循环次数＝下移时间(上升时间)/循环策略执行间隔＝5 s/200 ms＝25 次。变化率为每执行一次脚本程序垂直移动量的变化，本例中为 1。

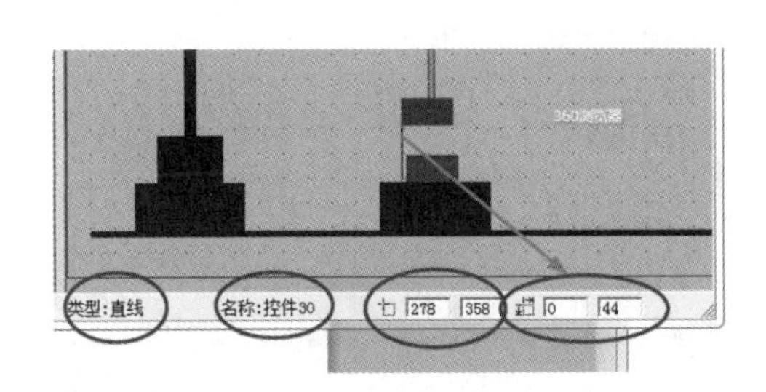

图 5-20　MCGS 窗口中的状态条

图 5-21　上工件垂直移动量的动画设置

4）下工件移动动画的连接

双击下工件，在弹出的“动画组态属性设置”对话框的“属性设置”选项卡中勾选“特殊动画”中的“可见度”选项，然后在“可见度”选项卡中，表达式一栏填入“夹紧”；当表达式非零时，选择“对应图符不可见”。其意思是：当工件夹紧标志＝1 时，下工件不可见；工件夹紧标志＝0 时，下工件可见。如图 5-22 所示。选中并双击上工件，将其可见度属性设置为与下工件相反，即当工件夹紧标志非零时，对应图符可见。存盘调试。

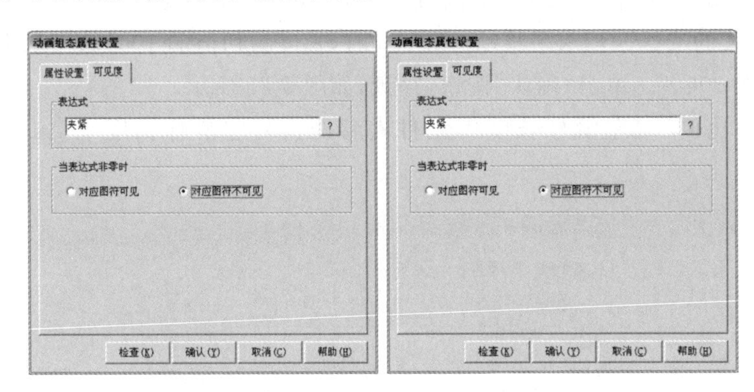

图 5-22　下工件可见度属性设置

5)下滑杆垂直缩放动画连接

选中下滑杆，测量其长度。在下滑杆顶边与下工件顶边之间画直线，观察长度。选中并双击下滑杆，弹出“动画组态属性设置”对话框，在“位置动画连接”一栏中选中“大小变化”选项，然后在“大小变化”选项卡中进行如图 5-23 所示的设置。“表达式”连接“垂直移动量”、“大小变化连接”中输入参数的意义：当垂直移动量＝0 时，长度为初值的 100％；当垂直移动量＝25 时，长度为初始值的 135％。选择“变化方向”的箭头图标为向下，选择“变化方式”为“缩放”。

注：垂直缩放比例＝直线长度/下滑杠长度＝(135/100)×100％＝135％。

6）水平移动动画连接

在工件初始位置和移动目的地之间画一条直线，记下状态条大小指示，此参数即为总水平移动距离,假设移动距离为200。脚本程序执行次数=左移时间(右移时间)/循环策略执行间隔=10s/200ms=50次。水平移动量的最大值=循环次数×变化率=50×1=50,当水平移动量=50时,水平移动距离为200。按图对右滑杆、机械手、上工件分别进行水平移动动画连接。参数设置的意义是:当水平移动量=0时,向右移动距离为0;当水平移动量=50时,向右移动距离为200,如图5-24所示。

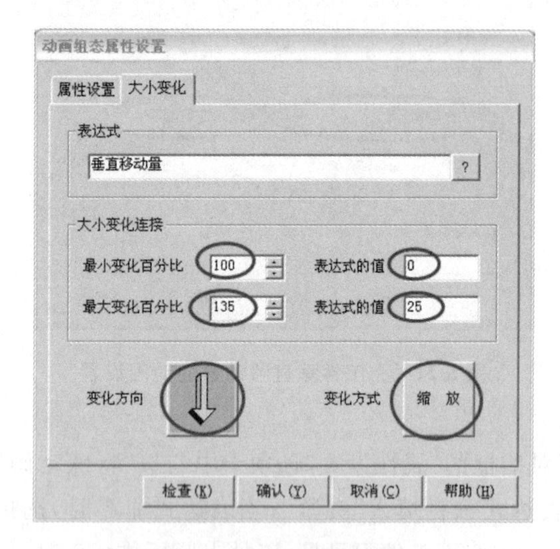

图 5-23 下滑杆垂直缩放动画设置

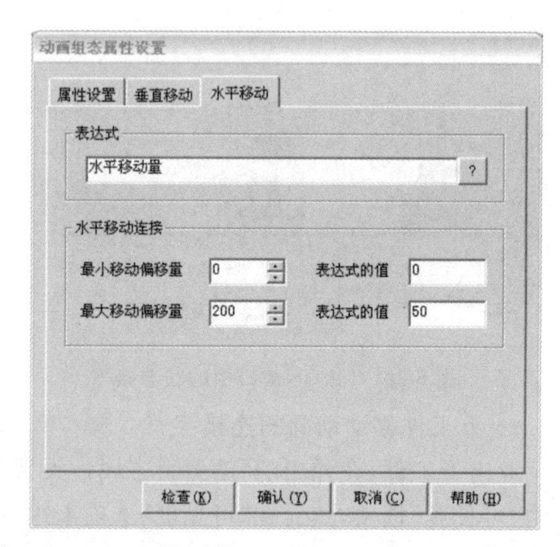

图 5-24 右滑杆、机械手、上工件水平移动动画设置

7)左滑杆水平缩放动画连接

估计或画线计算左滑杆水平缩放比例,假设为300。设定参数。填入各个参数,并注意变化方向和变化方式的选择。当水平移动参数=0时,长度为初值的100%;当水平移动参数=50时,长度为初值的300%。单击"确认"按钮,存盘,如图5-25所示。

注:水平缩放比例=(左滑杆长度+工件右移距离)/左滑杆长度=[(135+270)/135×100%]=300%

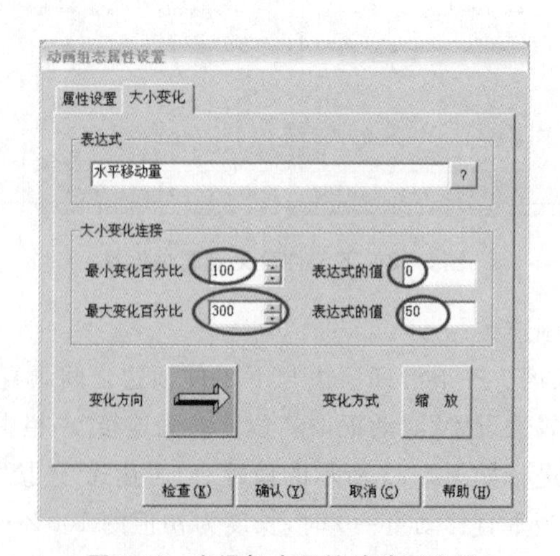

图 5-25 左滑杆水平缩放动画设置

5. 控制程序的编写

用本项目的任务1中的方法构造一个定时器。然后单击工具栏"新增策略行"按钮,在定时

器下增加一行新策略。选中策略工具箱的“脚本程序”，鼠标光标变为手形。单击新增策略行末端的小方块，脚本程序被加到该策略行中，如图 5-26 所示。

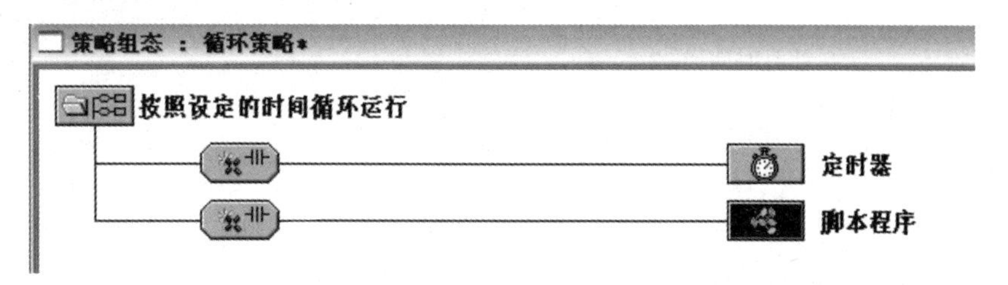

图 5-26　新增脚本程序策略行

脚本程序参考如下：

```
if 下移=1 then
垂直移动量= 垂直移动量+ 1
endif

if 上移=1 then
垂直移动量=垂直移动量-1
endif

if 右移=1 then
水平移动量=水平移动量+1
endif

if 左移=1 then
水平移动量=水平移动量-1
endif

if 启动=1   then
定时器启动=1
定时器复位=0
endif

if 启动=0  or 计时时间> 44  then
定时器启动=0
endif

if 定时器启动=1 and  计时时间<5 then
下移=1
endif

if 计时时间> 5  and  计时时间<=7 then
下移=0
```

```
夹紧=1
endif

if 计时时间> 7  and 计时时间<=12 then
工件夹紧信号=1
上移=1
endif

if 计时时间> 12  and 计时时间<=22 then
右移=1
上移=0
endif

if 计时时间> 22  and 计时时间< =27 then
右移=0
下移=1
夹紧=1
endif

if 计时时间> 27  and 计时时间<=29 then
放松=1
下移=0
夹紧=0
endif

if 计时时间> 29  and 计时时间<=34 then
放松=0
上移=1
夹紧=0
工件夹紧信号=0
endif

if 计时时间> 34  and  计时时间<=44 then
左移=1
上移=0
夹紧=0
endif

if 计时时间> 44 then
左移=0
定时器复位=1
垂直移动量=0
水平移动量=0
```

```
endif

if 定时器启动=0 then
下移=0
上移=0
左移=0
右移=0
endif
```

程序输入完成后,下载到模拟环境观察,调试完成任务。

【思考与实践】

(1) 设计一个在水平线上从左到右运动且从小到大的圆球的组态动画工程。

(2) 设计三个不同色彩半径相同的小球分别围绕一个等腰三角形作三边循环运动。

(3) 请用定时器函数法实现机械手的定时控制。

项目 6
三层电梯模拟控制系统

学习目标

1. 知识目标

（1）通过自制呼梯按钮和楼层显示图形掌握自制元件的方法。

（2）掌握新建循环策略的方法。

2. 能力目标

（1）掌握自制元件的通用方法。

（2）掌握新建循环策略的使用。

（3）掌握较复杂控制要求编程的能力。

项目描述

模拟一个三层电梯模拟控制系统，如图 6-1 所示，当按下一层的厅外呼梯按钮时，电梯能自动打开门，在人工按下关门按钮时，轿厢门关闭，然后在轿厢内按下选层按钮，电梯轿厢上升到相应楼层，自动开门。当按下 2 层或 3 层的厅外呼梯按钮时电梯轿厢上升到相应楼层，自动开门。当按下轿厢内的任一选层按钮时轿厢会自动运行到相应的楼层并自动开门。各个按钮动作时按钮指示灯会有对应的变化，在各层厅外有轿厢运行方向和所在楼层的显示。

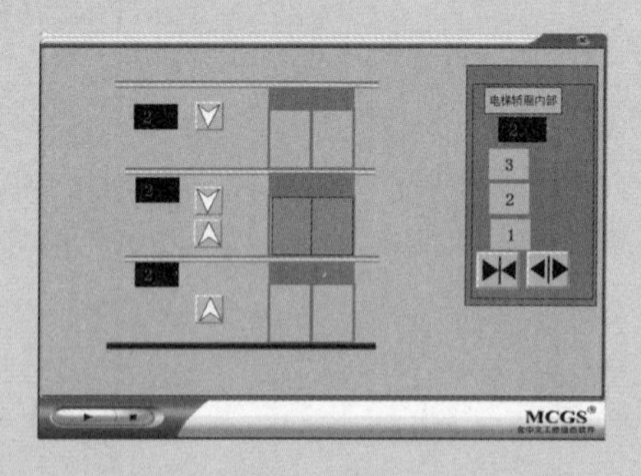

图 6-1　三层电梯模拟控制系统

任务 1　用户界面图形元件的创建

【任务导入】

在用户界面动画中，电梯的呼梯按钮和轿厢内的按钮有多种实现方法，但最佳的图形应当和目前流行的实际电梯的设计相同。目前在 MCGS 的元件库中没有可以直接使用的电梯的各种组合功能的按钮，需要自行设计。

【任务分析】

常用的电梯上行和下行呼梯按钮都是按钮上要有上下箭头，且箭头的图案随着按钮的动作会亮灯提醒，这个功能正好可利用动画构件中的“填充颜色”动画功能来实现，同样“开门”和“关门”按钮也可以用相同的方法实现。另外在电梯使用中往往既要显示轿厢所达楼层也要指示运行的方向，这个图元也需要用标签和图形的“填充颜色”动画功能来设计。

【任务实施】

1. 制作厅外呼梯按钮

新建一个动画窗口，从工具箱中单击“插入元件”构件，弹出“对象元件库管理”对话框，如图 6-2 所示，选择“按钮 1”，单击“确定”按钮。则动画窗口的左上角出现一个箭头向左指示的按钮，如何将向左箭头按钮改成向上箭头的按钮呢？其方法如下。

(1) 在此按钮上右击，依次选择“排列”→“分解单元”命令，将该按钮进行分解。

(2) 选中该按钮中的箭头图形并拖至别处，可以看出该按钮其实是由两个“箭头”图形和按钮组合而成，如图 6-3 所示。

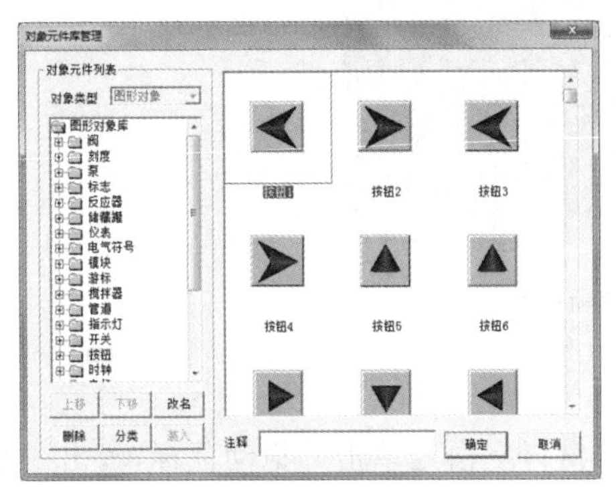

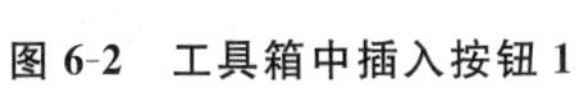
图 6-2　工具箱中插入按钮 1

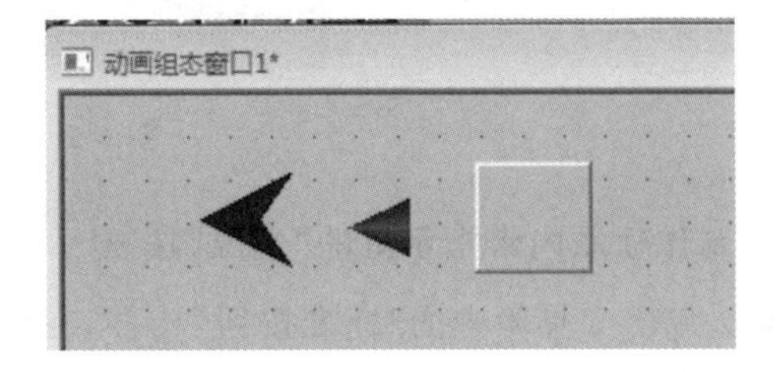

图 6-3　分解后的按钮

(3) 删除小箭头图形，在大箭头图形上右击，依次选择“排列”→“旋转”→“右旋 90 度”命令，即可改变箭头图形的方向。

(4) 双击大箭头图形，弹出“动画属性设置”窗口，在“颜色动画连接”选项组中选中“填充颜色”复选框，单击“填充颜色”选项卡，确定分段点为 0 和 1 时对应的颜色，单击“确认”按钮。

(5) 双击“按钮”，打开“标准按钮构件属性设置”对话框，单击“脚本程序”选项卡，删除里面的“@数值量=@数值量+1”,如图 6-4 所示;由此可见,原按钮是用于类似设置温度或速度或音量等操作的。当然也可将此“按钮”删除,重新用工具箱中的“标准按钮”新建一个备用。

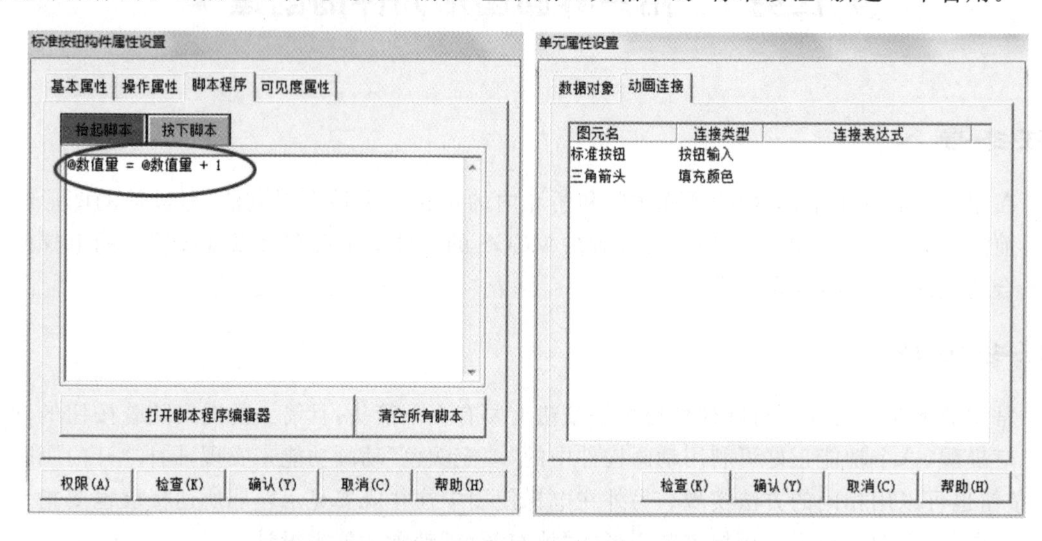

图 6-4 标准按钮构件属性设置之“脚本程序”选项卡

(6) 仔细地将改变了方向的“箭头”图形叠加到分解后的“按钮”上,在该按钮的左上角空白处单击并向右下角空白处拖动,框选该按钮,再右击,依次选择“排列”→“合成单元”命令,一个外呼上行按钮制作完成。其完成后的属性对话框应当如图 6-5 所示。使用同样方法可制作外呼下行按钮。

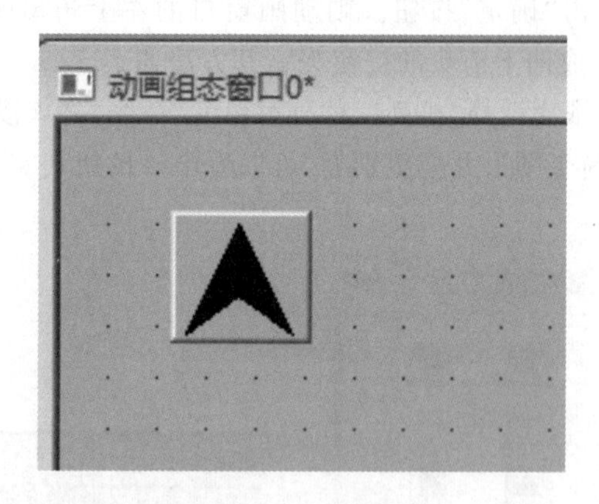

图 6-5 合成新按钮

2. 制作轿厢内带指示灯的“选层”按钮

(1) 单击工具箱中的“标准按钮”构件,在用户窗口空白处单击并拖动鼠标,画出一个大小合适的按钮,双击该按钮,进入“标准按钮构件属性设置”对话框,在“基本属性”选项卡中,“文本”框内填入阿拉伯数字“1”,再选择“文本颜色”“字体”“字形”“大小”,单击“确认”按钮完成。

(2) 单击工具箱中的“椭圆”构件,在用户窗口空白处单击并拖动鼠标,画出一个较小的圆形,双击该圆形,弹出其属性设置对话框,在“动画组态属性设置”选项卡中,“填充颜色”不变,“边线颜色”设为“没有边线”,在“颜色动画连接”选项组中选中“填充颜色”复选框,单击“填充颜色”选项卡,确定分段点为 0 和 1 时对应的颜色,单击“确认”按钮,如图 6-6 所示。

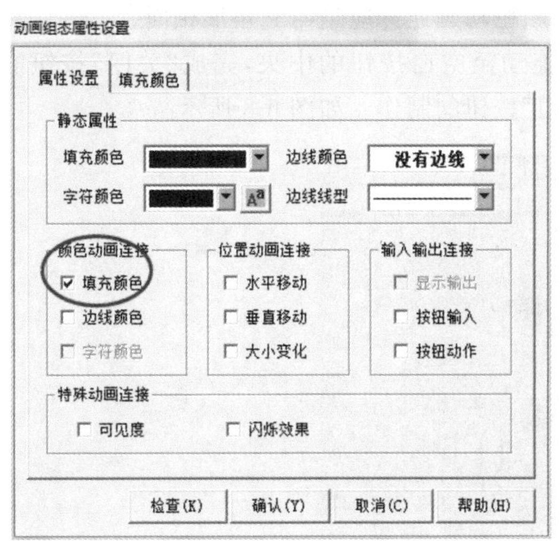

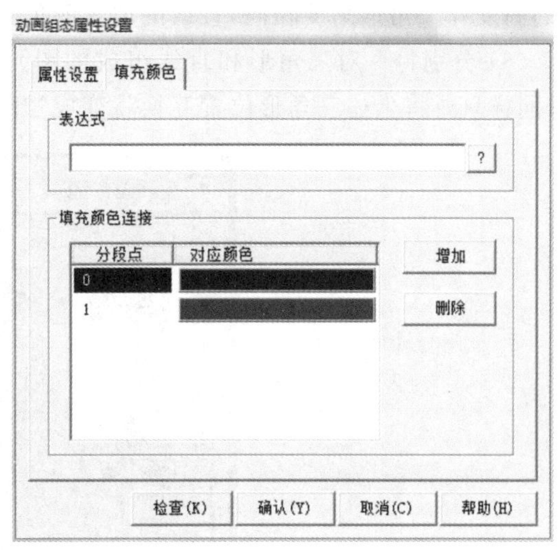

图 6-6 “椭圆”构件动画组态属性设置

(3) 将刚制作的“圆形”拖动至“一层呼叫按钮”的左上角，并调整“圆形”至合适的大小，框选整个按钮，依次选择“排列”→“合成单元”命令，这样带指示灯的“一层呼叫按钮”制作完成，如图 6-7 所示。

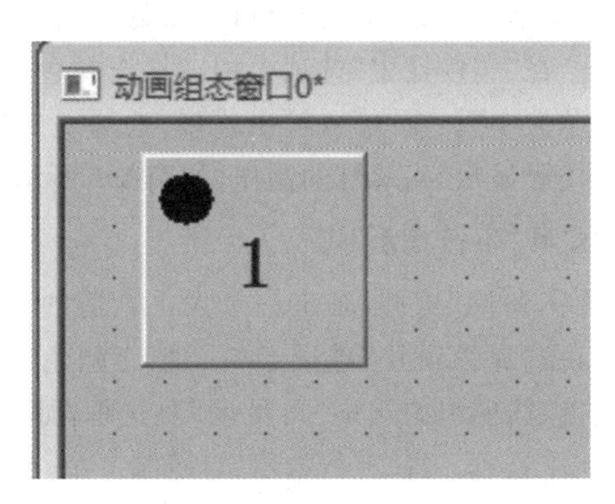

图 6-7 一层呼叫按钮

将“一层呼叫按钮”复制两次，分别双击，修改其中的“文本”框内数字，分别填入阿拉伯数字“2”“3”，完成其他楼层带指示灯呼叫按钮的制作。

3. 轿厢内“开门”按钮和“关门”按钮的制作

(1) 单击工具箱中的“标准按钮”构件，在用户窗口空白处单击并拖动鼠标，画出一个大小合适的空白按钮。

(2) 单击常用图符中的“等腰三角形”构件，画出一个大小合适的三角形，双击该三角形，弹出其属性设置对话框，在属性设置选项卡中，“填充颜色”为“深蓝”，“边线颜色”设为“没有边线”，在“颜色动画连接”选项组中选中“填充颜色”复选框，单击“填充颜色”选项卡，确定分段点为 0 和 1 时对应的颜色，单击“确认”按钮完成。在“三角形”上右击，依次选择“排列”→“旋转”→“右旋 90 度”命令，即可改变箭头图形的方向；将刚建立的“三角形”再复制一个，依次选择“排列”→“旋转”→“左右镜像”，获得另一个方向的箭头图形。再画两根宽度稍宽的竖直线，并使直线的高度和三角形高度相同,直线的填充颜色和颜色动画连接应当与三角形相同。

(3) 分别将一对三角形和直线组成的图元拖动至空白按钮的中央,完成“关门”按钮的制作;同样只要将上述三角形位置互换就变成“开门”按钮的制作。如图 6-8 所示。

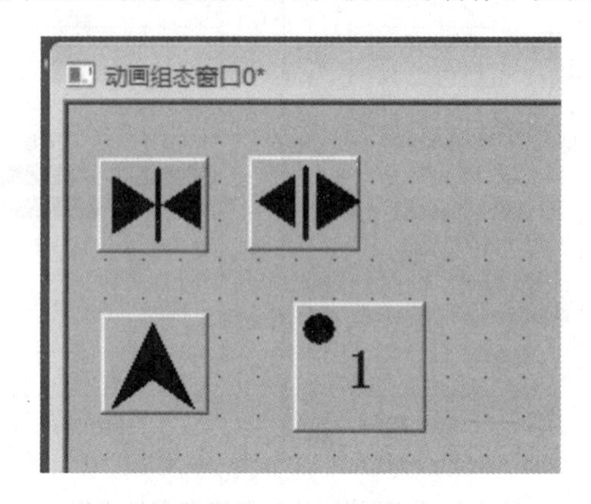

图 6-8　制作完成的“关门”按钮和“开门”按钮

4. 制作“楼层显示”指示灯

单击工具箱中的“标签”构件,在用户窗口空白处单击并拖动鼠标,画出一个大小合适的灰色标签矩形框,输入标签初始显示字符为“0”,在窗口空白处单击后,再双击该矩形框,弹出“标签动画组态属性设置”对话框,在“属性设置”选项卡中,“填充颜色”为“黑色”,“字符颜色”设为“红色”,再选择“字体”“字形”“大小”。在“输入输出连接”选项组中选中“显示输出”复选框,单击“确认”按钮,即完成一个“楼层显示”指示灯的制作,如图 6-9 所示。

5. 制作电梯“上行指示”灯和“下行指示”灯

单击常用图符中的“等腰三角形”构件,画出一个大小合适的三角形,双击该三角形,弹出“动画组态属性设置”对话框,在“属性设置”选项卡中,“填充颜色”为“红色”,“边线颜色”设为“没有边线”,在“特殊动画连接”选项组中选中“可见度”复选框,如图 6-10 所示,单击“确认”按钮,一个红色“上行指示”灯制作完成。将“上行指示”灯复制一个,然后右击,依次选择“排列”→“旋转”→“上下镜像”命令,即可完成“下行指示”灯的制作,如图 6-11 所示。

图 6-9　制作完成的“楼层显示”指示灯

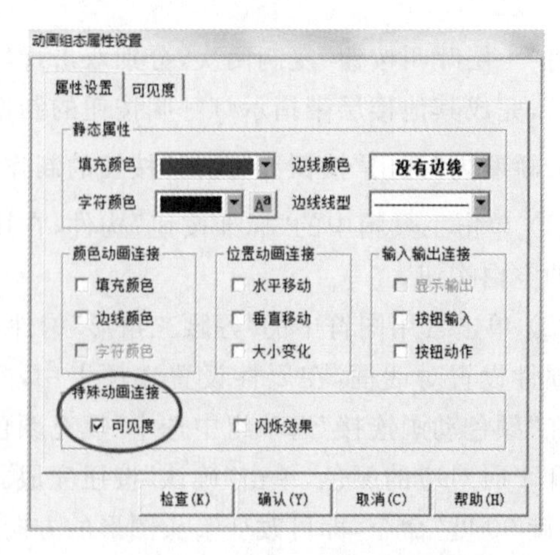

图 6-10　“等腰三角形”构件属性设置对话框

6. 制作电梯“楼层显示”、“上行指示”和“下行指示”组合图元

(1) 单击工具箱中的“标签”构件，在用户窗口空白处单击并拖动鼠标，画出一个大小合适的灰色标签矩形框，不填任何文字，在窗口空白处单击后，再双击该矩形框，弹出“标签动画组态属性设置”对话框，在“属性设置”选项卡中，“填充颜色”为“黑色”，单击“确认”按钮，再在该黑色标签框上右击，依次选择“排列”→“最后面”命令，将排列层设为最后面，一个黑色标签框就制作完成了。

(2) 按住【Ctrl】键，在先前制作好的“楼层显示”指示灯上单击并拖动到空白处，按住【Ctrl】键不放，单击黑色标签框，松开【Ctrl】键，再在黑色标签框上右击，依次选择“排列”→“对齐”→“图元等高”命令，使得“楼层显示”指示灯与黑色标签框等高，在窗口空白处单击，再拖动“楼层显示”指示灯使之与黑色标签框并排拼接，框选这两个图元，并在其上右击，依次选择“排列”→“对齐”→“上对齐”命令，使这两个图元上对齐。

(3) 将先前制作好的“上行指示”灯和“下行指示”灯拖动到右边黑色标签框上，并适当调整右边黑色标签框的宽度，一个电梯“楼层显示”、“上行指示”和“下行指示”组合模块即制作完成，如图 6-12 所示。

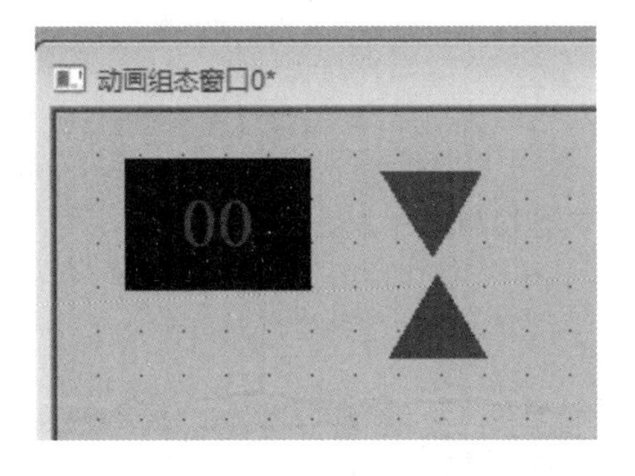

图 6-11 制作完成的“上行指示”灯和“下行指示”灯

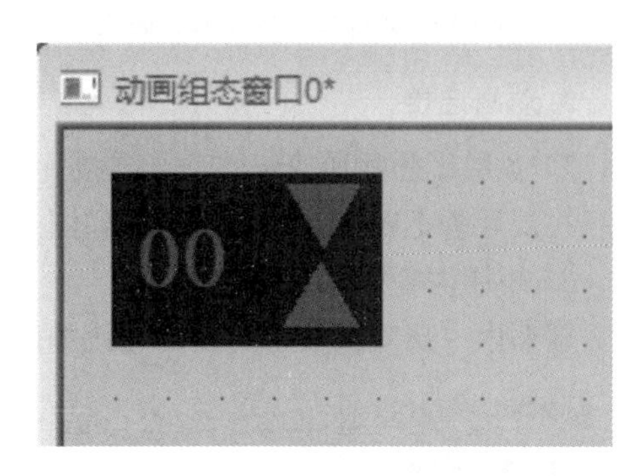

图 6-12 组合好的楼层显示和上下行指示模块

任务 2 电梯模拟控制系统组态的建立

【任务导入】

有了任务 1 的基础图元我们就可以根据项目描述来设计三层电梯的动画组态。同时根据电梯的运行要求来创建数据对象和编程。

【任务分析】

根据项目的描述组态动画里应当直观表示电梯工作的模拟场景：有三层的厅外呼梯按钮、楼层显示灯及电梯运行方向灯，当然还应当有轿厢里的呼梯按钮和开关门按钮；另外还应有动画显示轿厢的运动。数据对象应当有厅外呼梯信号、轿厢内选层信号和开关门信号对应的变量。而控制程序就相对复杂一些：门的水平移动和轿厢的垂直运动、轿厢的位置判断、选层和呼梯信号逻辑的响应。

【任务实施】

1. 建立电梯模拟控制系统画面

利用任务 1 创建的图形元件,建立如图 6-13 所示的电梯模拟控制系统画面。

2. 定义数据对象

需要定义的数据对象如图 6-14 所示。

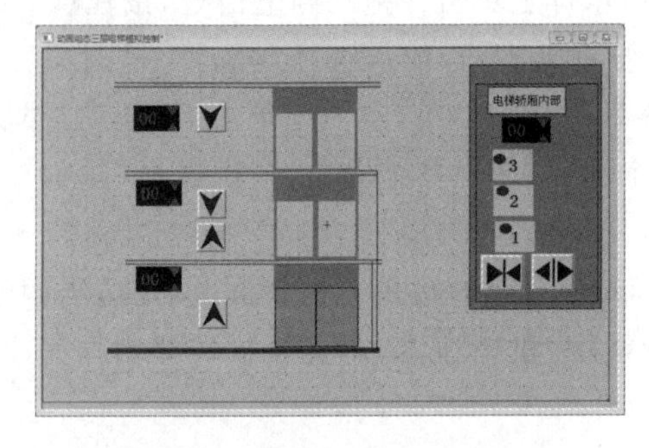

图 6-13　电梯模拟控制系统画面

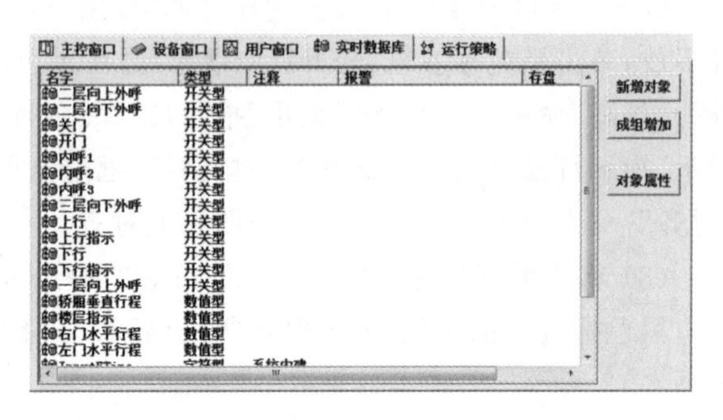

图 6-14　需要定义的数据对象

3. 动画连接

1）各层厅外呼梯按钮的动画连接

一层厅外上呼按钮的动画连接如图 6-15 所示。其他层用同样方法可以完成。

2）轿厢内呼梯按钮的动画连接

轿厢内一层呼梯按钮的动画连接如图 6-16 所示。

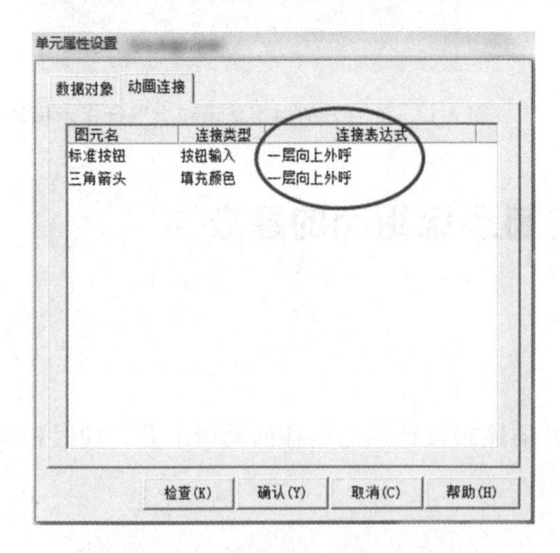

图 6-15　一层厅外上呼按钮的动画连接

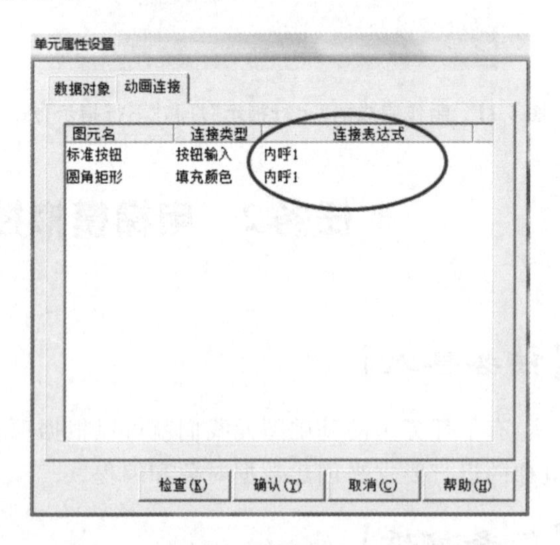

图 6-16　轿厢内一层呼梯按钮的动画连接

轿厢内其他层的呼梯按钮的动画连接方法同上。

3）轿厢内开门和关门按钮的动画连接

轿厢内开门关门按钮的动画连接如图 6-17 所示。

4）楼层指示及上下行指示灯组合图的动画连接

楼层指示及上下行指示灯组合图的动画连接如图 6-18 所示。

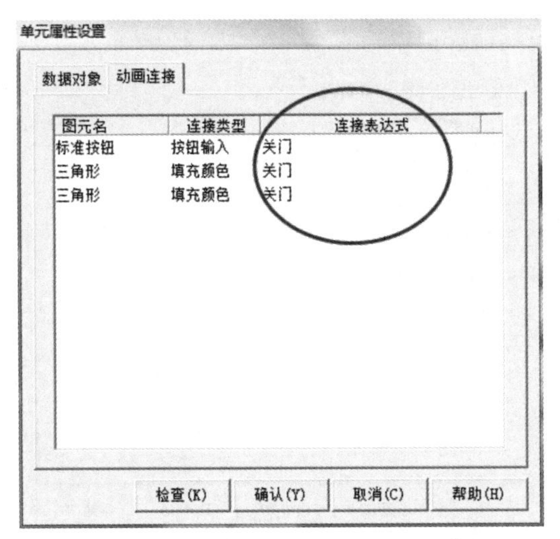

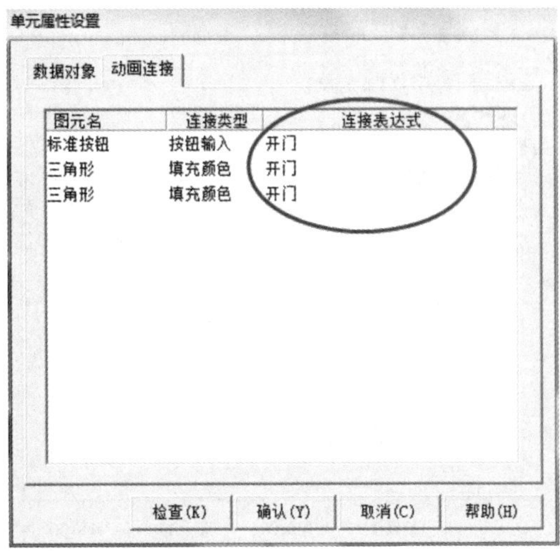

图 6-17　轿厢内开门关门按钮的动画连接

5）轿厢门的动画连接

由于考虑用两个长方形的图片作为门来代表轿厢，那么开关门的水平运动和轿厢的垂直运动就需要相应的动画来演示。双击左门，弹出“动画组态属性设置”对话框，在“属性设置”选项卡中勾选“位置动画连接”中的“水平移动”和“垂直移动”，如图 6-19 所示；左轿厢门的“水平移动”选项卡和“垂直移动”选项卡中的动画连接如图 6-20 所示，其“轿厢垂直行程”就是图中每层的高度，“左门水平行程”就是门的宽度。

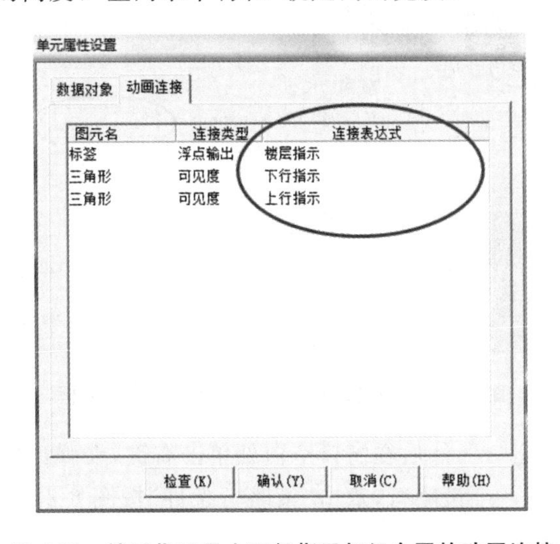

图 6-18　楼层指示及上下行指示灯组合图的动画连接

图 6-19　左轿厢门“动画组态属性设置”对话框

4. 控制程序的编写

由于开门和关门的动画在很多情况下都要重复出现，可以像 C 语言中的函数一样，单独用一段程序封装起来反复调用，这一功能在 MCGS 中是通过新建循环策略来实现的。

1）新建“开门”策略和“关门”策略

打开“运行策略”窗口，单击“新建策略”按钮，弹出“选择策略的类型”对话框，如图 6-21 所示，选择“循环策略”类型，单击“确定”按钮，则在“运行策略”窗口增加了一个名为“策略 1”的循

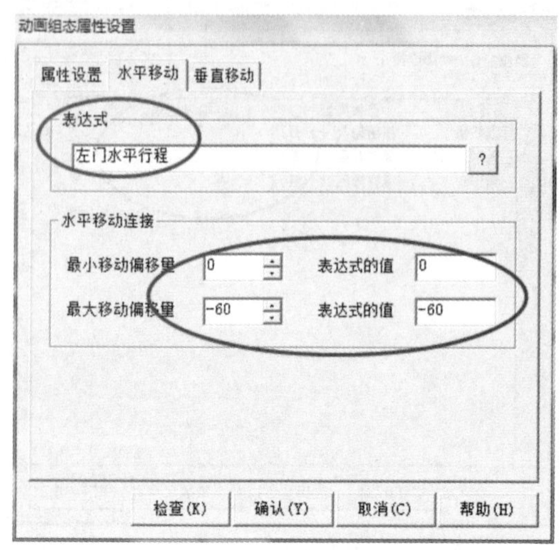

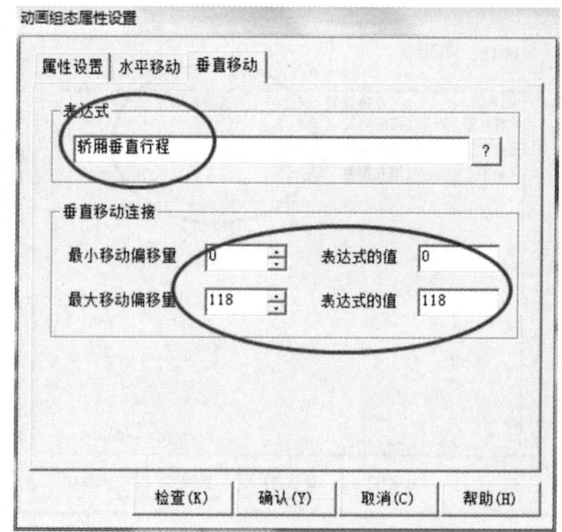

图 6-20　左轿厢门的“水平移动”和“垂直移动”选项卡中的动画连接

环策略，然后右键单击，在弹出的菜单中选择“属性”命令，打开“策略属性设置”对话框，按图 6-22所示设置，策略命名为“开门”，循环时间设为 100 ms。

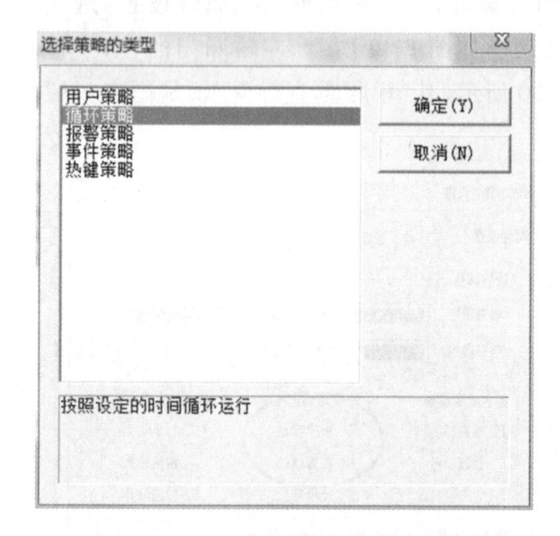

图 6-21　“选择策略的类型”对话框

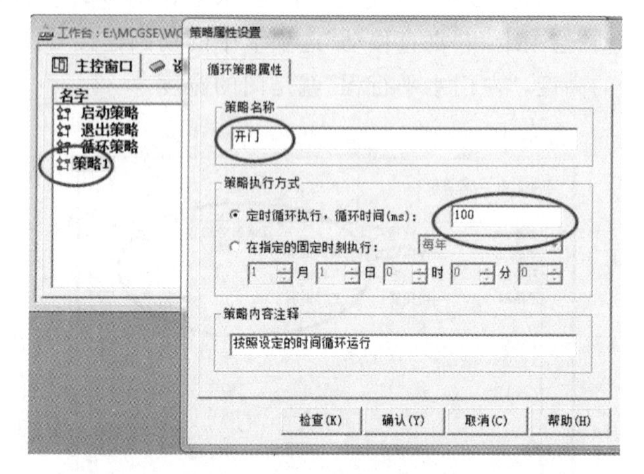

图 6-22　新建策略的“策略属性设置”对话框

双击刚才建立的“开门”策略，弹出“策略组态窗口”，然后在窗口空白处单击右键，在弹出的菜单中选择“新增策略行”命令，则窗口中自动增加一个策略行，双击“策略行条件”按图 6-23 所示设置。

再在窗口空白处单击右键，在弹出的菜单中选择“策略工具箱”命令，调出策略工具箱；在策略工具箱中，用左键单击“脚本程序”命令，移动鼠标至窗口空白处，则鼠标指针变为一只手，移到新建策略行的最右边的灰色方块上，则右边的图标增加了“脚本程序”构件。

双击“脚本程序”图标，弹出“脚本程序”对话框，输入如图 6-24 所示的脚本程序。

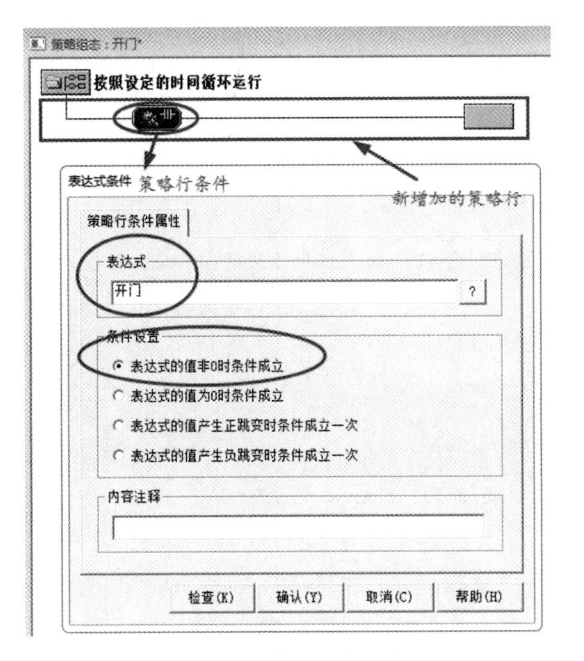

图 6-23 设置策略行的运行条件

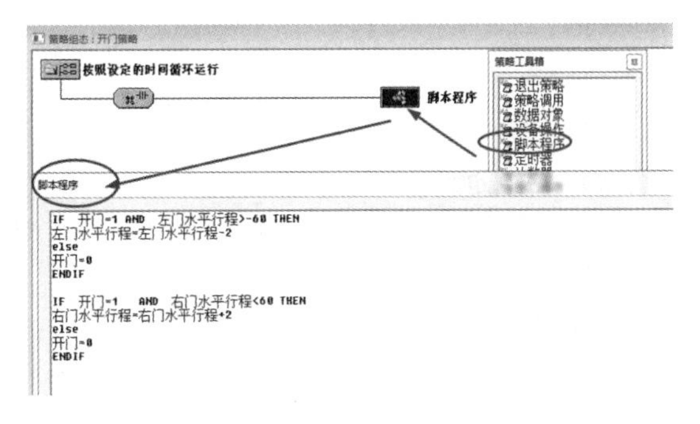

图 6-24 “开门”策略的脚本程序

用同样的方法，再新建“关门”策略，参考的程序如下：

```
if 关门=1 and  左门水平行程<=0 then
左门水平行程=左门水平行程+2
else
关门=0
endif

if 关门=1  and  右门水平行程>=0 then
右门水平行程= 右门水平行程-2
else
关门=0
endif
```

2）电梯的主控程序

打开“运行策略”窗口，双击“循环策略”构件，弹出“策略组态窗口”，然后用前述方法增加一个策略行和“脚本程序”构件，然后编辑电梯的主控程序，检查语法调试并下载到模拟环境后可验证任务。

参考程序如下：

```
if 轿厢垂直行程>-110  then
楼层指示=1
endif

if 轿厢垂直行程<-105  and 轿厢垂直行程>-220 then  楼层高度是 110
楼层指示=2
```

```
endif

if 轿厢垂直行程<-230 then
楼层指示=3
endif

if 轿厢垂直行程=0 and （一层向上外呼=1  or 二层向上外呼=1  or 二层向下外呼=1  or  三层向下
外呼=1  or  内呼 2=1 or  内呼 3=1) then
上行=1
上行指示=1
endif

if 轿厢垂直行程=-120 and  (三层向下外呼=1  or  内呼 3=1)  then
上行=1
上行指示=1
endif

if 轿厢垂直行程=-240 and （一层向上外呼=1  or 二层向上外呼=1  or 二层向下外呼=1  or  三层
向下外呼=1  or 内呼 1=1  or  内呼 2=1) then
下行=1
下行指示=1
endif

if 轿厢垂直行程<-110 and  (一层向上外呼=1  or  内呼 1=1)  then
下行指示=1
下行=1
endif

if 上行=1 then
if 一层向上外呼=1  and 关门=0    then
开门=1
else
一层向上外呼=0
endif

if 上行=1  and (内呼 2=1  or 二层向上外呼=1  or 二层向下外呼=1) and 轿厢垂直行程>-120 then
轿厢垂直行程= 轿厢垂直行程-1
endif

if 上行=1  and (内呼 2=1  or 二层向上外呼=1  or 二层向下外呼=1) and 轿厢垂直行程=-120 then
内呼 2=0
二层向上外呼=0
二层向下外呼=0
```

```
上行=0
上行指示=0
开门=1
endif

if 上行=1 and  (三层向下外呼=1  or 内呼 3=1 ) and 轿厢垂直行程>-240 then
轿厢垂直行程=轿厢垂直行程-1
endif

if 上行=1 and  轿厢垂直行程=-240 then
三层向下外呼=0
二层向上外呼=0
二层向下外呼=0
一层向上外呼=0
内呼 2=0
内呼 3=0
上行=0
上行指示=0
开门=1
endif

if 下行=1 then
if (内呼 2=1 or 二层向上外呼=1 or 二层向下外呼=1) and 轿厢垂直行程<-120 then
轿厢垂直行程=轿厢垂直行程+1
endif

if (内呼 2=1  or 二层向上外呼=1 or 二层向下外呼=1) and 轿厢垂直行程=-120  then
二层向下外呼=0
二层向上外呼=0
内呼 2=0
下行=0
下行指示=0
开门=1
endif

if (内呼 1=1  or  一层向上外呼=1) and 轿厢垂直行程<0 then
轿厢垂直行程=轿厢垂直行程+1
endif

if 轿厢垂直行程=0 then
二层向上外呼=0
二层向下外呼=0
一层向上外呼=0
```

```
下行=0
下行指示=0
内呼 2=0
内呼 1=0
开门=1
endif
```

项目 7
双液位控制系统

学习目标

1. 知识目标

(1) 液体组态工程的建立过程和方法。

(2) 模拟设备的相关知识。

(3) 软件的报警、报表、实时曲线、历史曲线。

(4) MCGS 的工程安全管理。

2. 能力目标

(1) 掌握液体组建工程的操作方法和步骤。

(2) 掌握流动块、旋转仪表、滑动输入器等构件的使用。

(3) 掌握连接模拟设备的方法。

(4) 掌握报警、报表、实时曲线、历史曲线窗口和功能的建立。

(5) 掌握 MCGS 的工程安全管理的设置。

项目描述

某居民楼顶有一水箱向全楼用户供水,早晚高峰时用水量大,其余时间用水量不确定。用户负载由一出水阀控制,水箱进水由一台进水泵负责。现系统存在问题如下:如果水泵一直工作,则用水量减少时会导致水箱水位过高甚至溢出,而且也不利于节能减排;如果水泵由定时开关控制,在正常的早晚用水高峰时定时工作,则在用水非高峰时段突发水量需求增大时,系统无法提供足够的水压,降低用户用水体验满意度。基于以上原因,可设计一个恒水位控制系统,增加一个贮罐,一般情况下,水泵恒流量工作,只有当其水位超过一定高度才停止工作,在新增加的贮罐和水箱之间增加一个调节阀,用于对水箱水位进行恒定控制,使得水箱水位可以在 0 到 x 米范围内进行控制,水箱的液位高度用水压变送器间接算出。

用 MCGS 建立一个监控系统,控制要求:

(1) 组态画面能直观显示两个水位高度,通过仪表、数值显示等多种方式显示。

(2) 当水位超过某限值或低于某值后能提示报警,能显示历史报警数据、实时报警数据,能修改报警限值。

(3) 能对一定期间内的水位、阀的流量数据产生历史和实时报表,对存盘的数据进行浏览报表。

(4) 能对一定期间内的水位数据产生历史和实时曲线,便于进行直观的观察。

(5) 对操作系统的工作人员进行多级别的授权,对组态工程的源文件进行密码保护。

任务1　双液位控制系统工程的组建

【任务导入】

在工业生产过程中,液体贮槽设备如进料罐、成品罐、中间缓冲容器、水箱等应用十分普遍,为保证生产正常进行,物料进出需均衡,以保证过程的物料平衡,因此工艺要求贮槽内的液位维持在某个给定值上下。从本项目的描述来看,本水箱的水位控制也属于恒值控制。

【任务分析】

1. 图形制作

(1) 水泵、储罐、调节阀、出料阀。

(2) 启动和停止按钮。

(3) 水泵、调节阀、出料阀的状态指示灯。

2. 流程控制

按相应元件的“启动”按钮后,元件工作状态指示灯亮,元件的颜色发生变化,对应的流动块产生流动效果。

按下“停止”按钮后,元件工作状态指示灯灭,元件的颜色恢复原样,流动块停止流动。

【相关知识】

一、设备窗口的概念和作用

设备窗口是 MCGS 嵌入版系统的重要组成部分,在设备窗口中建立系统与外部硬件设备的连接关系,使系统能够从外部设备读取数据并控制外部设备的工作状态,实现对工业过程的实时监控。

在 MCGS 嵌入版中,实现设备驱动的基本方法是:在设备窗口内配置不同类型的设备构件,并根据外部设备的类型和特征,设置相关的属性,将设备的操作方法如硬件参数配置. 数据转换. 设备调试等都封装在构件之中,以对象的形式与外部设备建立数据的传输通道连接。系统运行过程中,设备构件由设备窗口统一调度管理。通过通道连接,它既可以向实时数据库提供从外部设备采集到的数据,供系统其它部分进行控制运算和流程调度,又能从实时数据库查询控制参数,实现对设备工作状态的实时检测和过程的自动控制。

MCGS 嵌入版的这种结构形式使其成为一个“与设备无关”的系统,对于不同的硬件设备,只需定制相应的设备构件,放置到设备窗口中,并设置相关的属性,系统就可对这一设备进行操作,而不需要对整个系统结构作任何改动。

在 MCGS 嵌入版中,一个用户工程只允许有一个设备窗口。运行时,由主控窗口负责打开设备窗口,而设备窗口是不可见的,在后台独立运行,负责管理和调度设备构件的运行。

二、设备构件

设备构件是 MCGS 嵌入版系统对外部设备实施设备驱动的中间媒介，通过建立的数据通道，在实时数据库与测控对象之间，实现数据交换，达到对外部设备的工作状态进行实时检测与控制的目的。

MCGS 嵌入版系统内部设立有“设备工具箱”，工具箱内提供了与常用硬件设备相匹配的设备构件。如果需要在工具箱中添加新的设备构件，可用鼠标单击工具箱上部的“设备管理”按钮，弹出设备管理窗口，设备窗口的“可选设备”栏 内列出了已经完成登记的、系统目前支持的所有设备，找到需要添加的设备构件，选中它，双击鼠标，或者单击“增加”按钮，该设备构件就添加到右侧的“选定设备”栏中。

三、设备构件的属性设置

在设备窗口内配置了设备构件之后，接着应根据外部设备的类型和性能，设置设备构件的属性。不同的硬件设备，属性内容大不相同，但对大多数硬件设备而言，其对应的设备构件应包括如下各项组态操作。

(1) 设置设备构件的基本属性。

(2) 建立设备通道和实时数据库之间的连接。

(3) 设备通道数据处理内容的设置。

(4) 硬件设备的调试。

详细步骤见任务实施。

【任务实施】

1. 新建工程

(1) 按照项目 5 中新建工程的步骤，将新建的工程保存为“双液位控制系统”。

(2) 新建窗口，将“窗口 0”改名为“双液位控制系统”，完成工程的建立。

2. 组态画面设计

(1) 插入储藏罐。在“双液位控制系统”窗口中单击工具箱中的“插入元件”按钮，打开“对象元件库管理”对话框，选择“对象元件列表”中的“储藏罐”，选择“罐 15”，单击“确定”按钮，如图 7-1 所示，则所选中的罐出现在画面的左上角，用鼠标改变其大小及位置。

(2) 插入其他元件。按照同样的方法，在“储藏罐”中再选择“罐 53”，在“阀”中选择 2 个阀(阀 44 和阀 58)，选择 1 个泵(泵 40)，按图 7-2 所示放置。

(3) 插入流动块。选中工具箱中的“流动块”按钮，鼠标的光标呈“十”字形，移动鼠标到窗口的预定位置。单击鼠标左键并移动，则在光标后形成一条虚线，拖动一定距离后，单击鼠标左键，生成一段流动块。再拖动鼠标(可沿原来方向，也可垂直原来方向)，生成下一段流动块并调整大小和相应的位置，双击鼠标左键结束绘制，如图 7-3 所示。

(4) 选中流动块，单击鼠标右键，在弹出的快捷菜单中选择“属性”命令，打开“流动块构件属性设置”对话框，按图 7-4 所示设置属性。

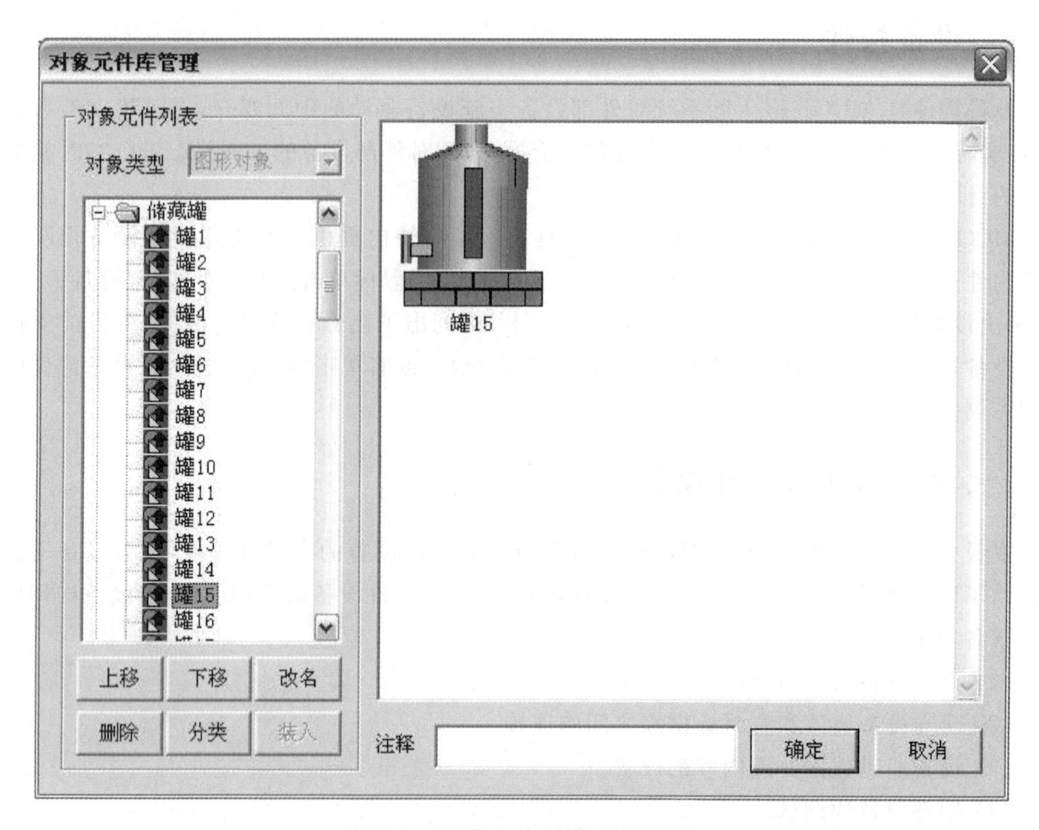

图 7-1 “对象元件库管理”对话框

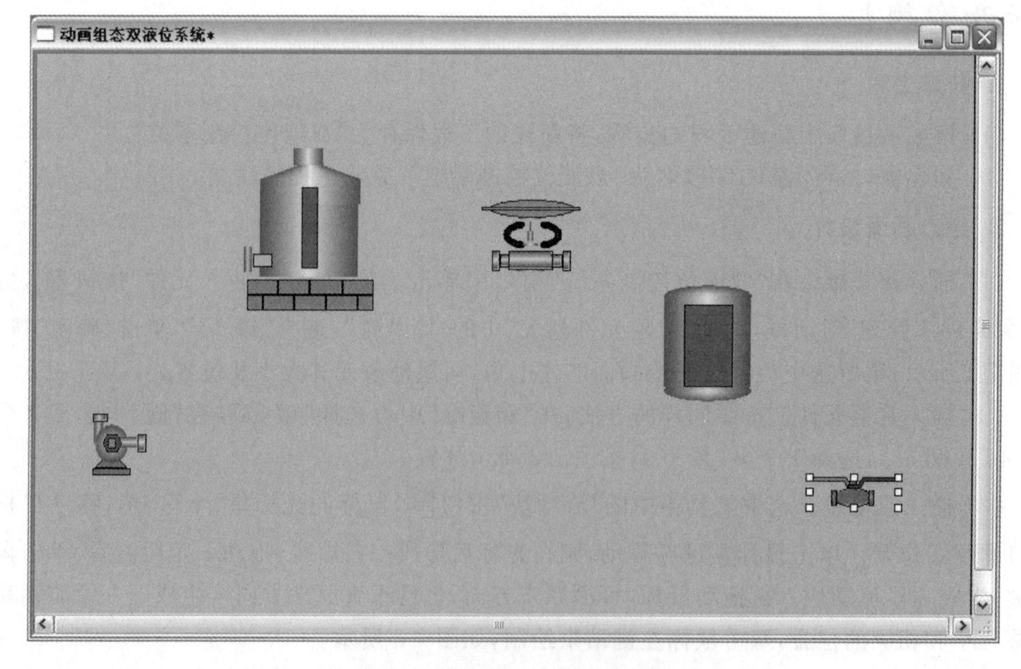

图 7-2 储藏罐、阀、泵的布置图

动画组态双液位系统*

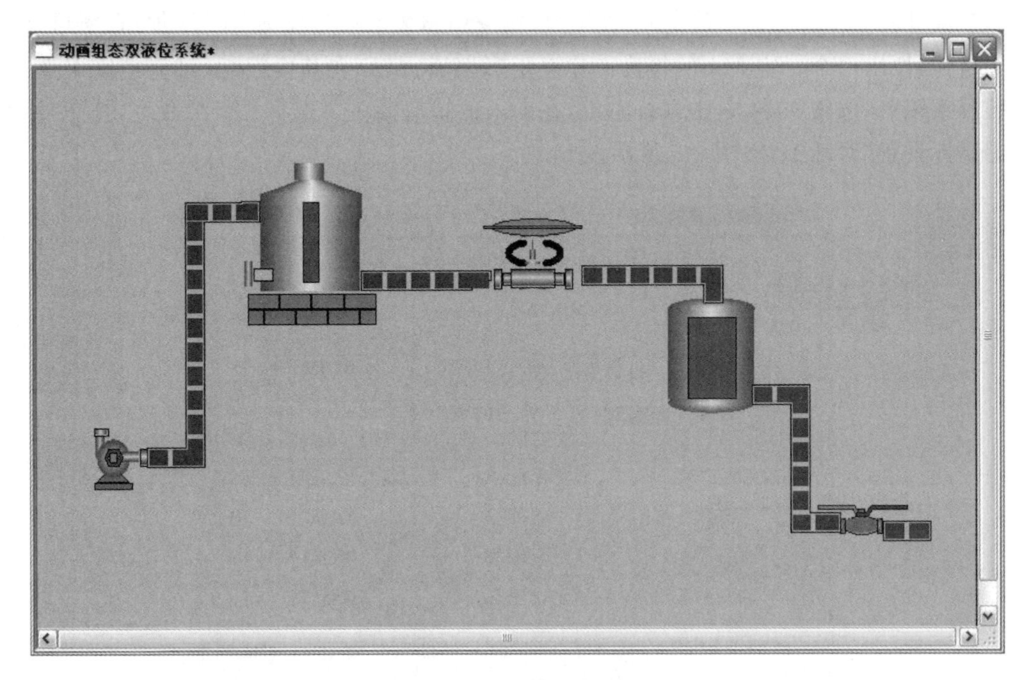

图 7-3 流动块的布置

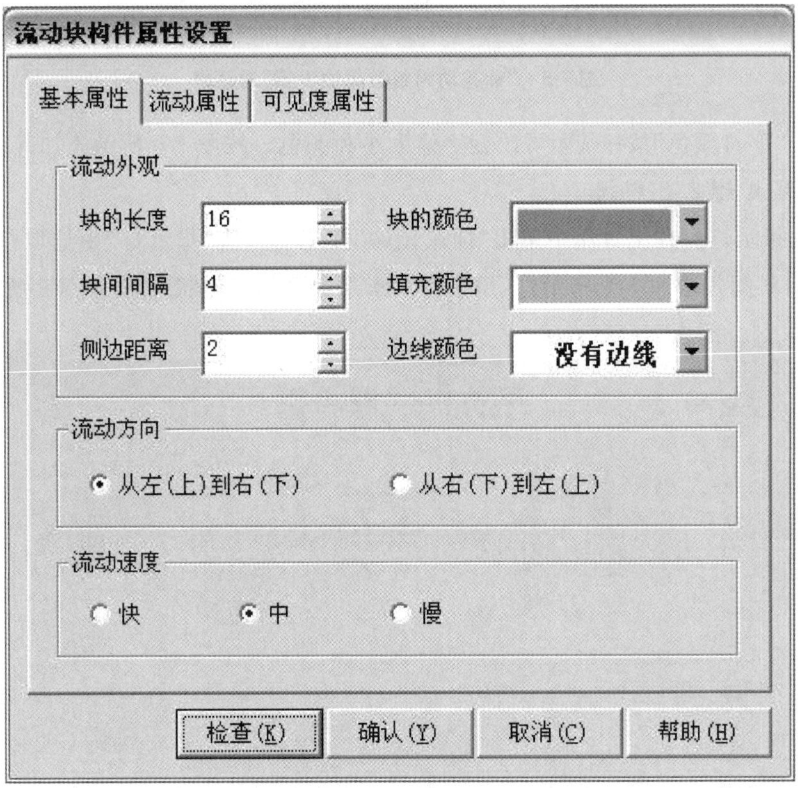

流动块构件属性设置
基本属性
流动属性
可见度属性
流动外观
块的长度
16
块的颜色
块间间隔
4
填充颜色
侧边距离
2
边线颜色
没有边线
流动方向
从左(上)到右(下)
从右(下)到左(上)
流动速度
快
中
慢
检查(K)
确认(Y)
取消(C)
帮助(H)

图 7-4 “流动块构件属性设置”对话框

(5) 添加文字。选中工具箱中的“标签”按钮 A,鼠标的光标变为“十”字形,在窗口任意位置拖曳鼠标,拉出一个一定大小的矩形。建立矩形框后,鼠标在其内闪烁,可直接输入文字“双液位控制系统”。选中文字,单击鼠标右键,在弹出的快捷菜单中选择“属性”命令,打开“标签动画组态属性设置”对话框,按图 7-5 所示设置。

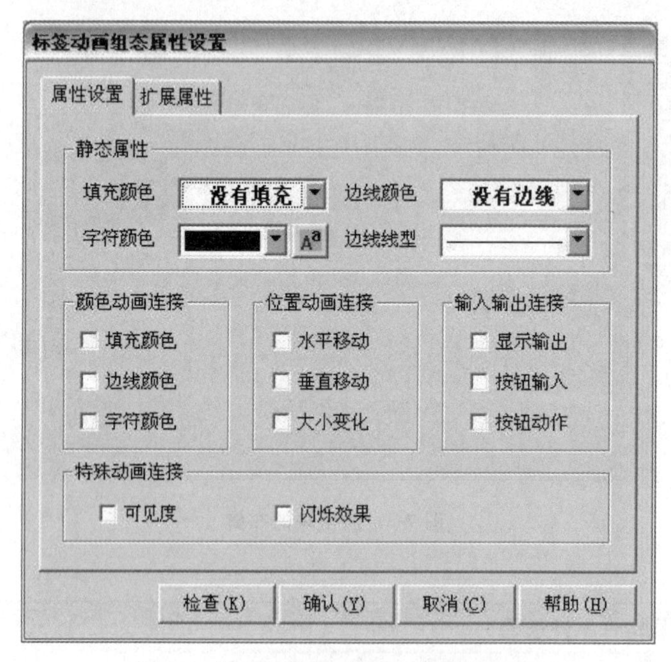

图 7-5 “标签动画组态属性设置”对话框

(6) 单击“字符颜色”按钮,可改变字体大小和颜色。按图 7-6 所示添加其他文字:水泵、贮罐 1、调节阀、贮罐 2、出料阀。

(7) 插入指示灯。在工具箱中单击“插入元件”按钮,从“指示灯”中选取指示灯 3,为水泵、调节阀、出料阀各增加 1 个指示灯,用于指示水泵和阀的工作状态,如图 7-6 所示。

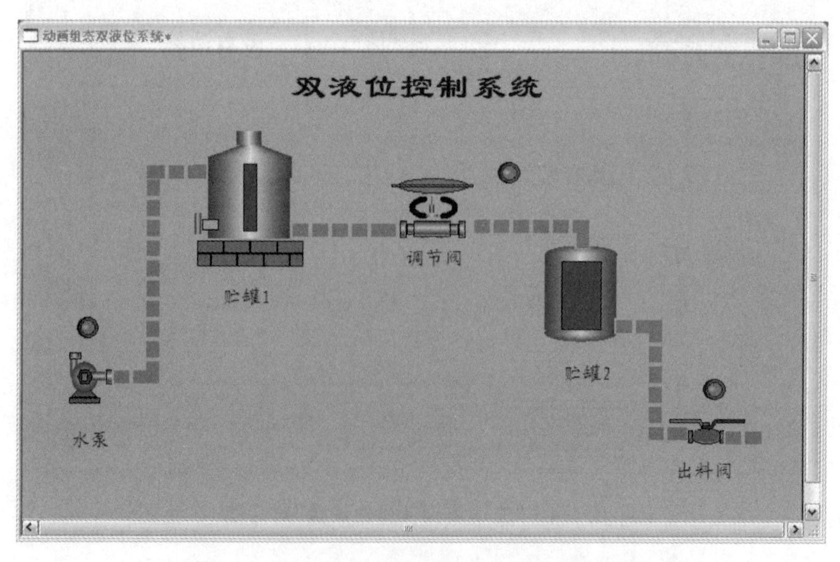

图 7-6 添加了文字标签和指示灯的组态画面

(8) 插入标准按钮。在工具箱中单击“标准按钮”，移动鼠标到动画窗口，鼠标变为“十”字形，然后按住左键从左到右拖动，则画出一个按钮，然后双击按钮，打开“标准按钮构件属性设置”对话框，单击“基本属性”选项卡，如图7-7所示，将“文本”区域的“按钮”2字改为“开”，背景色选为绿色，然后单击“确认”按钮，完成“开”按钮的动画。使用同样的方法可画“关”按钮，背景色选为红色。用复制的方法给水泵、调节阀、出料阀各增加2个按钮，用于控制水泵和阀的工作状态。

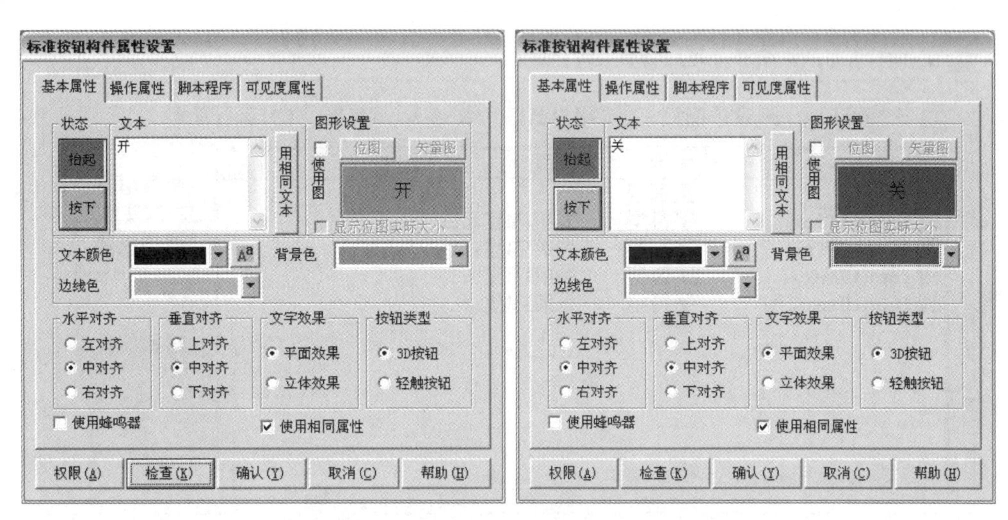

图7-7 “标准按钮构件属性设置”对话框

通过对窗口画面的设置，最后生成的整体画面如图7-8所示。保存画面：选择“文件”菜单中的保存窗口选项进行保存。

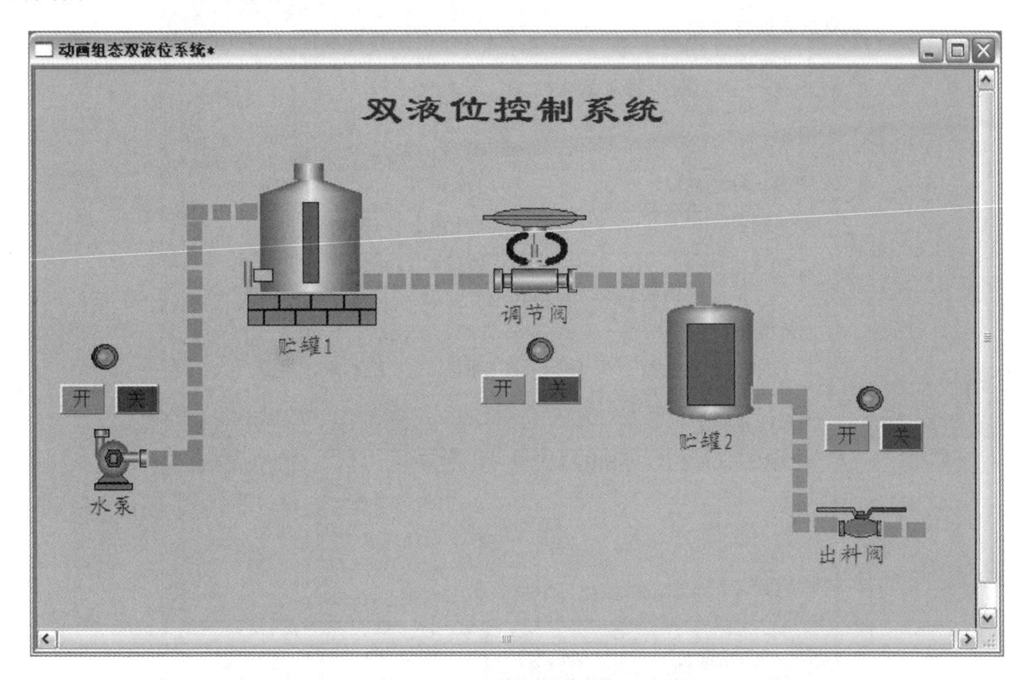

图7-8 完成后的“双液位控制系统”组态画面

3. MCGS 数据对象设置

(1) 增加数据对象。单击工作台“实时数据库”选项卡,进入实时数据库界面。单击“新增对象”按钮,在窗口的数据对象列表中,就会增加新的数据对象。默认名字是 Data1,类型是数值型,如图 7-9 所示。如果选中系统内建的数据对象 InputUser,然后单击“新增对象”按钮,则新增加的数据对象名称就会变成“InputUser3”,多次单击“新增对象”按钮则增加多个,名字依次为“InputUser4”,“InputUser5”等。

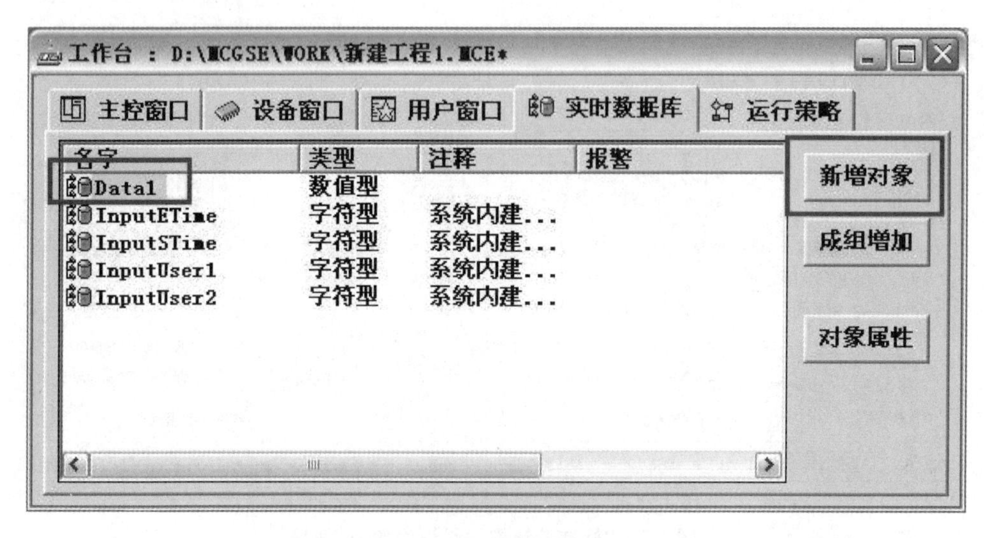

图 7-9 实时数据库页面

(2) 双击选中对象,打开“数据对象属性设置”对话框,按图 7-10 所示设置数据对象属性。

图 7-10 “数据对象属性设置”对话框

(3) 新增和设置其他数据对象,按照图 7-11 所示设置其他数据对象属性。

名字	类型	注释	报警
InputETime	字符型	系统内建数据对象	
InputSTime	字符型	系统内建数据对象	
InputUser1	字符型	系统内建数据对象	
InputUser2	字符型	系统内建数据对象	
InputUser3	字符型		
出料阀	开关型	控制“出料阀”的“打开”、“关闭”的变量	
调节阀	开关型	控制“调节阀”的“打开”、“关闭”的变量	
水泵	开关型	控制水泵“启动”、“停止”的变量	
液位1	数值型	贮罐1的液位高度,用来控制贮罐1的液位变化	
液位1上限	数值型	用来设定贮罐1的报警上限值	
液位1下限	数值型	用来设定贮罐1的报警下限值	
液位2	数值型	贮罐2的液位高度,用来控制贮罐2的液位变化	
液位2上限	数值型	用来设定贮罐2的报警上限值	
液位2下限	数值型	用来设定贮罐2的报警下限值	

图 7-11 系统新建的数据对象列表

4. 动画连接

1) 贮罐动画连接

(1) 在“用户窗口”中,双击“双液位控制系统”,进入画面后双击贮罐 1,弹出“单元属性设置”对话框,如图 7-12 所示。单击“动画连接”选项卡,选中图元名则会出现 > 。单击 > 按钮,进入“动画组态属性设置”对话框,此对话框有两个选项卡。选中“属性设置”选项卡,由于贮罐中的液位变化动画设计是矩形中颜色的大小变化,这也是“动画连接”选项卡中贮罐的图元名是“矩形”、连接类型是“大小变化”的含义,所以在“属性设置”选项卡中“位置动画连接”区域中“大小变化”前打对钩,当然“静态属性”的内容也是可选的,一般默认选择就可以了。单击“大小变化”选项卡,单击“表达式”区域右边的 ? ,打开“变量选择”对话框,如图 7-13 所示,选择对话框下方的“对象名”列表中的“液位 1”,单击“确认”按钮,或直接在“表达式”区域输入“液位 1”即可,其他各项设置如图 7-14 所示,单击“确认”按钮后,贮罐 1 的对象变量连接就成功了。

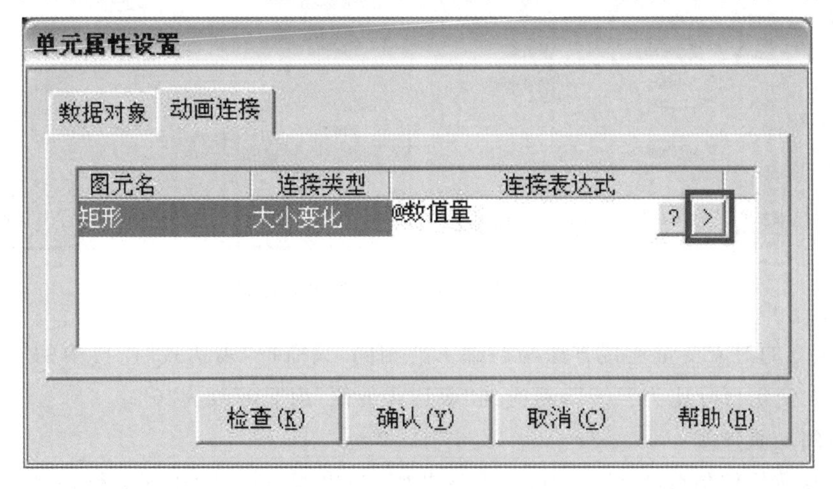

图 7-12 贮罐 1 的“单元属性设置”对话框

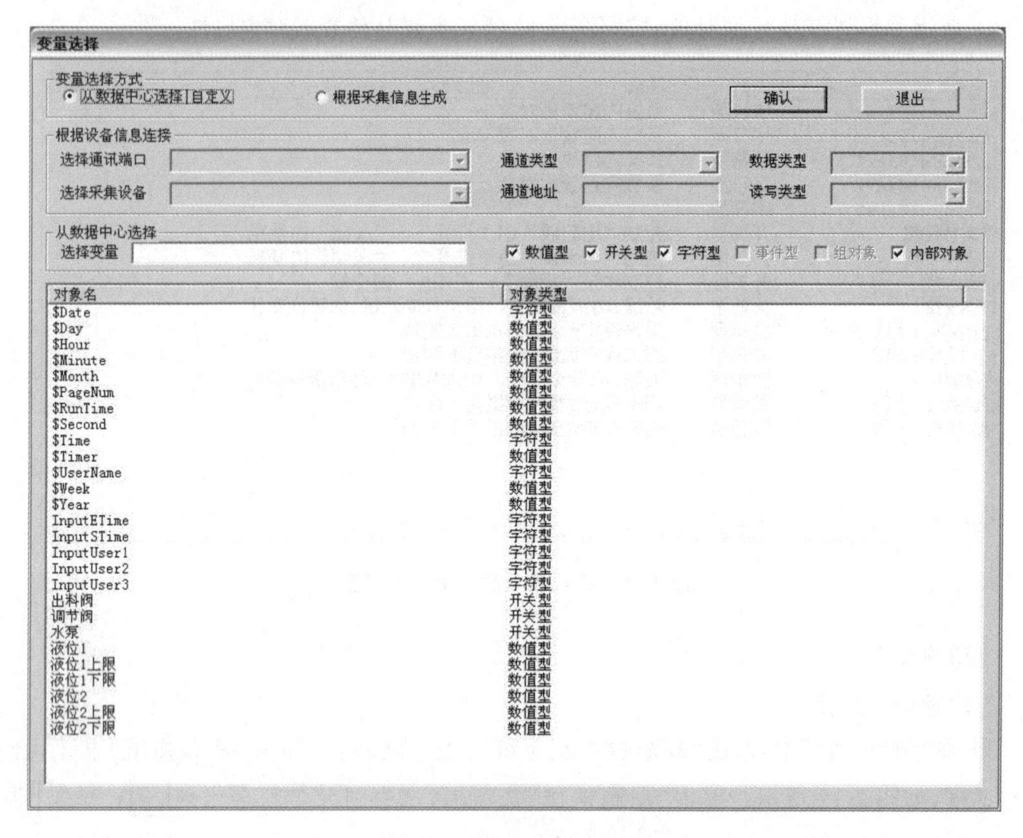

图 7-13 “变量选择”对话框

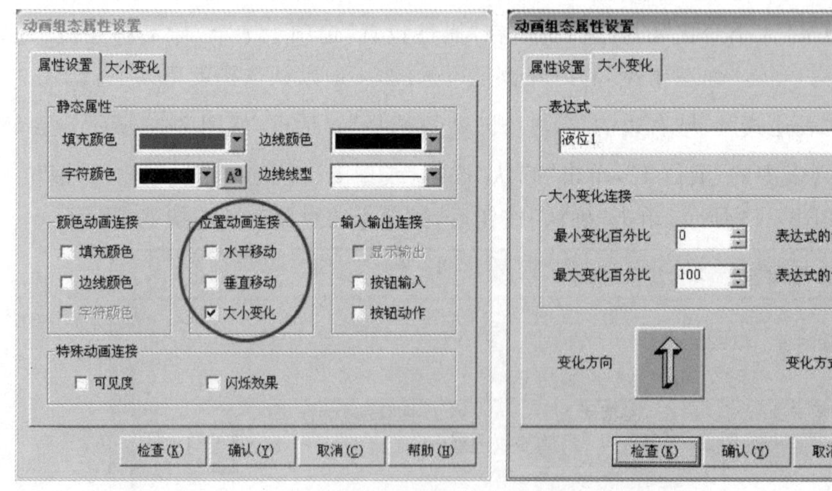

图 7-14 贮罐 1 的动画组态设置窗口

(2) 贮罐 2 的对象变量连接方法与贮罐 1 的相同,只需把“表达式”连接中的“液位 1”改成“液位 2”,最大变化百分比为“100”,对应的“表达式的值”由“10”改为“6”。

2) 调节阀动画连接

(1) 在“双液位控制系统”窗口中,双击调节阀,弹出调节阀的“单元属性设置”对话框。单击“动画连接”选项卡,如图 7-15 所示。“图元名”下的第一个和第二个“组合图符”是指阀门的上部的圆形调节部分，第三个“组合图符”是指阀门的下部的管道部分；“连接类型”下的两个“按钮输入”是指运行时单击阀门的这两个区域就可以打开和关闭阀门，“连接类型”下的“填充颜色”，是指该阀门在开和关时所呈现出的颜色。

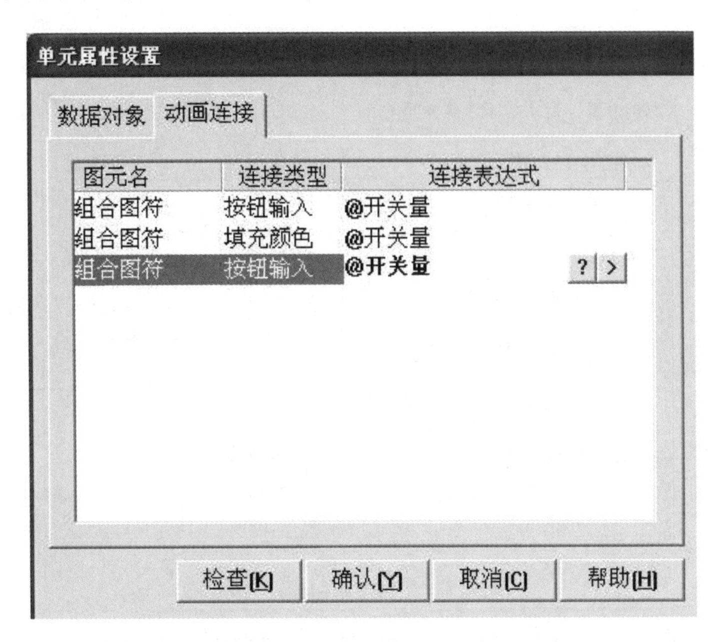

图 7-15 调节阀的“单元属性设置”对话框

（2）单击最下端“组合图符”的 > 按钮，打开“动画组态属性设置”对话框，按图 7-16 所示进行设置。

图 7-16 调节阀的“动画组态属性设置”对话框（“填充颜色”标签）

(3) 表达式连接设置好后,单击图7-16中的“按钮动作”选项卡,进入按钮动作属性设置页面。选中“数据对象值操作”,单击“?”按钮,连接对象变量选中“调节阀”,执行“取反”操作,如图7-17所示。

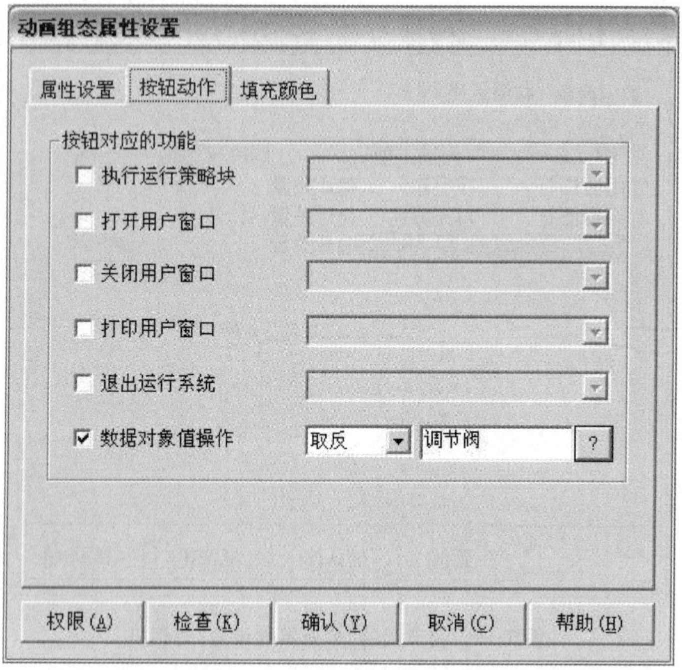

图7-17 调节阀的“动画组态属性设置”对话框(“按钮动作”选项卡)

3) 出料阀动画连接

本工程选用的出料阀具有两个把手,绿色把手代表阀门打开,红色把手代表阀门关闭。

(1) 双击出料阀,进入出料阀的“单元属性设置”对话框,如图7-18所示。

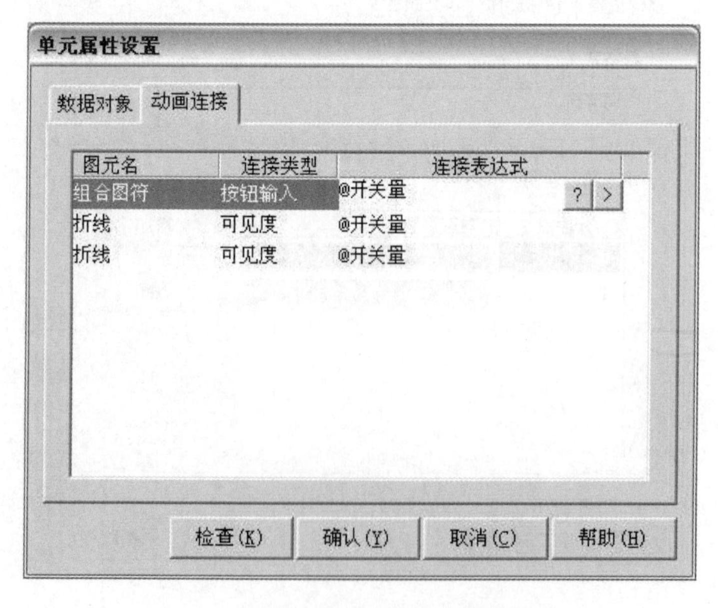

图7-18 出料阀的“单元属性设置”对话框

"图元名"下的"组合图符"是指阀门下部的管道部分,"连接类型"下的"按钮输入"是指运行时单击阀门的这个区域就可以打开和关闭阀门。"图元名"下的"折线"是指阀门上部的把手图案,"连接类型"下的"可见度",是指该阀门在开和关时是否要显示把手图案。

(2) 选中"组合图符",单击 > 进入"动画组态属性设置"对话框,按图 7-19 所示进行按钮动作属性设置。

动画组态属性设置
属性设置 按钮动作
按钮对应的功能
执行运行策略块
打开用户窗口
关闭用户窗口
打印用户窗口
退出运行系统
数据对象值操作 取反 出料阀 ?
权限(A) 检查(K) 确认(Y) 取消(C) 帮助(H)

图 7-19 出料阀的按钮动作属性设置

(3) 单击"确认"按钮,返回图 7-18。选择上面的"折线",单击 >,进入"动画组态属性设置"对话框,按图 7-20 所示进行可见度属性设置。

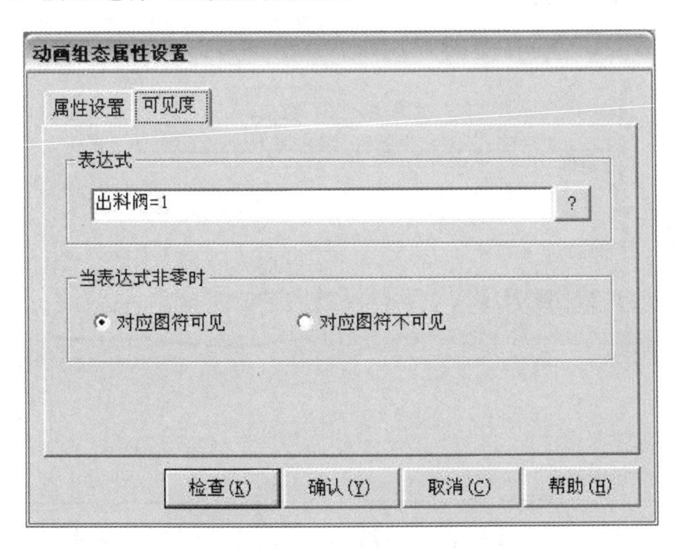

图 7-20 出料阀的可见度属性设置(出料阀=1)

(4) 在图 7-20 的"属性设置"选项卡下,设置此时的填充颜色为绿色,如图 7-21 所示,单击"确认"按钮。

图 7-21 出料阀的属性设置(填充颜色为绿色)

(5) 单击图 7-18 最下端的"折线",单击 > ,进入"动画组态属性设置"对话框,按图 7-22 所示进行可见度属性设置。

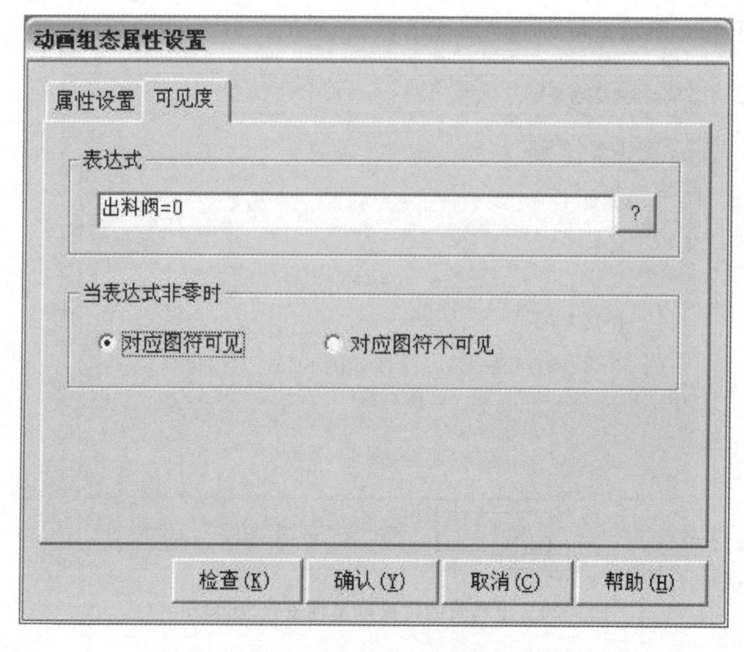

图 7-22 出料阀的可见度属性设置(出料阀=0)

(6) 在图 7-22 中的“属性设置”选项卡下，设置此时的填充颜色为红色，如图 7-23 所示，单击“确认”按钮。

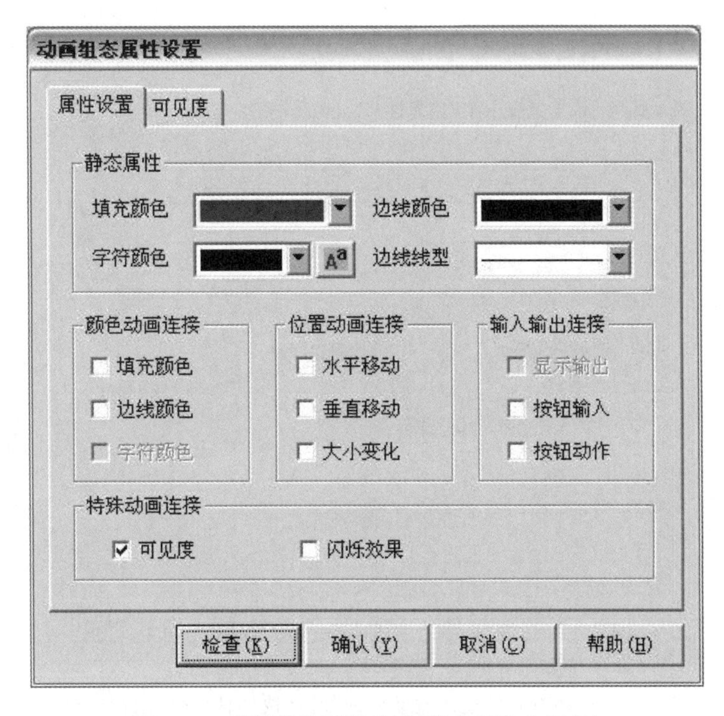

图 7-23　出料阀的属性设置(填充颜色为红色)

4) 流动块动画连接

(1) 在“双液位控制系统”窗口中，双击水泵右侧的流动块，弹出“流动块构件属性设置”对话框，按图 7-24 所示设置。

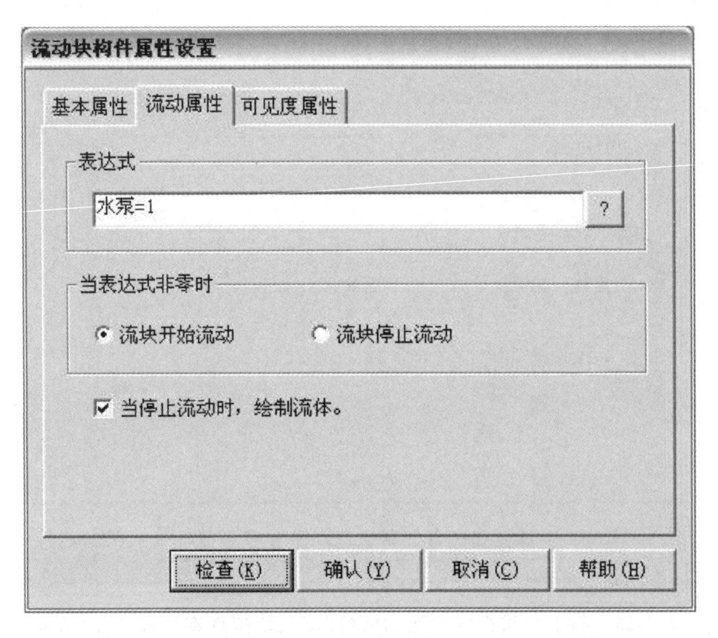

图 7-24　水泵右侧的流动块的“流动块构件属性设置”对话框

(2) 与调节阀相连的流动块在“流动块构件属性设置”对话框中,只需把“表达式”改为“调节阀=1”即可,如图 7-25 所示。

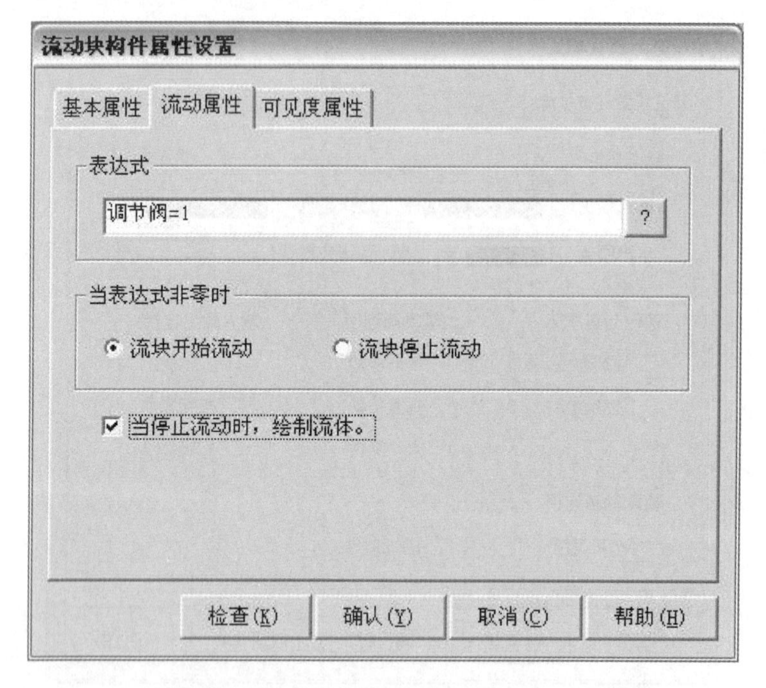

图 7-25　与调节阀相连的流动块的“流动块构件属性设置”对话框

(3) 与出水阀相连的流动块在“流动块构件属性设置”对话框中,只需把“表达式”相应改为“出料阀=1”即可,如图 7-26 所示。

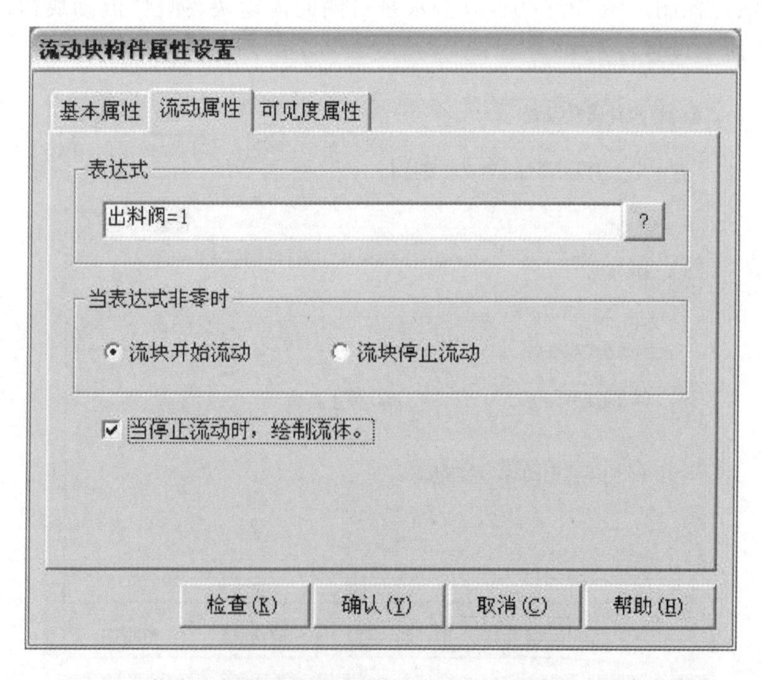

图 7-26　与出水阀相连的流动块的“流动块构件属性设置”对话框

5）水泵“开”“关”按钮的设置

双击水泵“开”按钮，打开“标准按钮构件属性设置”对话框，单击“操作属性”选项卡，如图 7-27 所示，按图示设置，“数据对象值操作”选择“置 1”。使用同样的方法设置“关”按钮，不同的是“数据对象值操作”选择“清 0”。

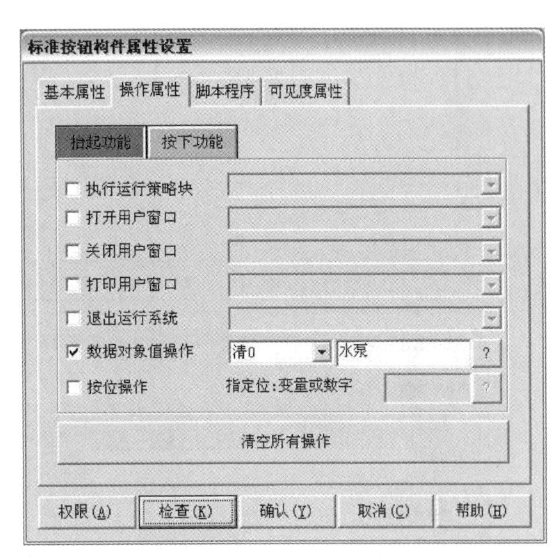

图 7-27 水泵“开”“关”按钮的设置

6）调节阀和出料阀的“开”“关”按钮的设置

调节阀和出料阀的“开”“关”按钮的设置方法与水泵的“开”“关”按钮的设置方法相同，不过其各自“操作属性”中“数据对象值操作”的连接变量是“调节阀”和“出料阀”。

7）水泵指示灯的设置

水泵指示灯动画效果为单击“开”按钮时灯为绿色，单击“关”按钮时灯为红色。

双击水泵指示灯，打开“单元属性设置”对话框，选择“动画连接”选项卡，选中第一个图元名“组合图符”，则会出现 > 。单击 > 按钮进入“动画组态属性设置”对话框，此对话框有两个选项卡。选中“属性设置”选项卡，由于指示灯 3 的动画设计是灯颜色的变化，所以连接类型是“可见度”，“属性设置”选项卡中“特殊动画连接”区域中“可见度”前默认打了对钩。单击“可见度”选项卡，单击“表达式”区域右边的 ? ，打开“变量选择”对话框，选择对话框下方的“对象名”列表中的“水泵”，单击“确认”按钮，或直接在“表达式”区域输入“水泵”即可，“当表达式为非零时”选择“对应图符不可见”，如图 7-28 所示，单击“确认”按钮。用同样的方法在“动画连接”选项卡继续设置第二个图元名“组合图符”，除了“当表达式为非零时” 选择“对应图符不可见”外，其余都一样，这样水泵指示灯的变量连接就成功了。

8）调节阀和出料阀指示灯的设置

调节阀和出料阀指示灯的设置方法与水泵指示灯的设置方法基本相同，不同的是连接变量分别是“调节阀”和“出料阀”。

5. 连接模拟设备

(1) 加入“模拟设备”：在“设备窗口”中单击工具条上的“工具箱”按钮，打开“设备工具箱”对话框。单击“设备管理”按钮，打开“设备管理”对话框，在“可选设备”框的“通用设备”中打

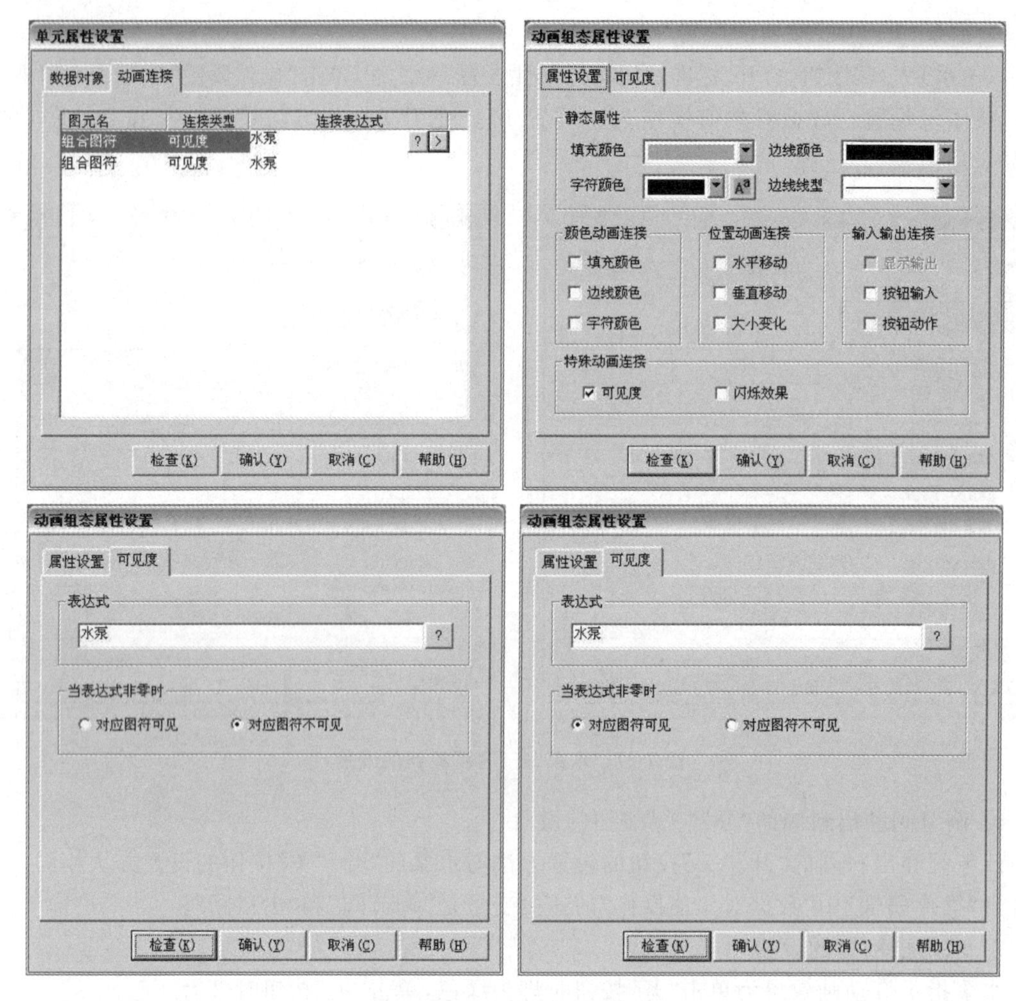

图 7-28　水泵指示灯的设置

开“模拟数据设备”,双击“模拟设备”,单击“确认”按钮后,在“选定设备”中就会出现“模拟设备”,如图 7-29 所示。双击“模拟设备”,则会在“设置组态:设备窗口 * ”对话框中加入模拟设备,如图 7-30 所示。

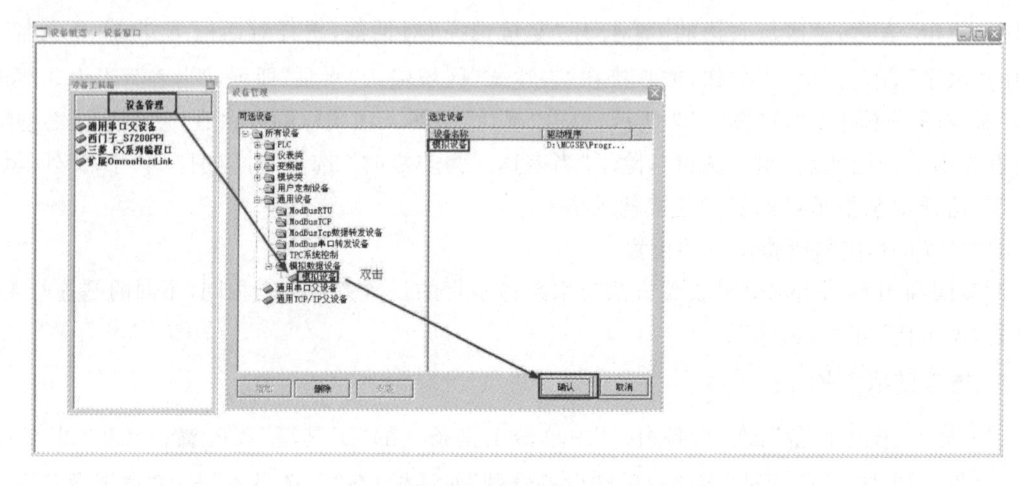

图 7-29　加入“模拟设备”的步骤 1

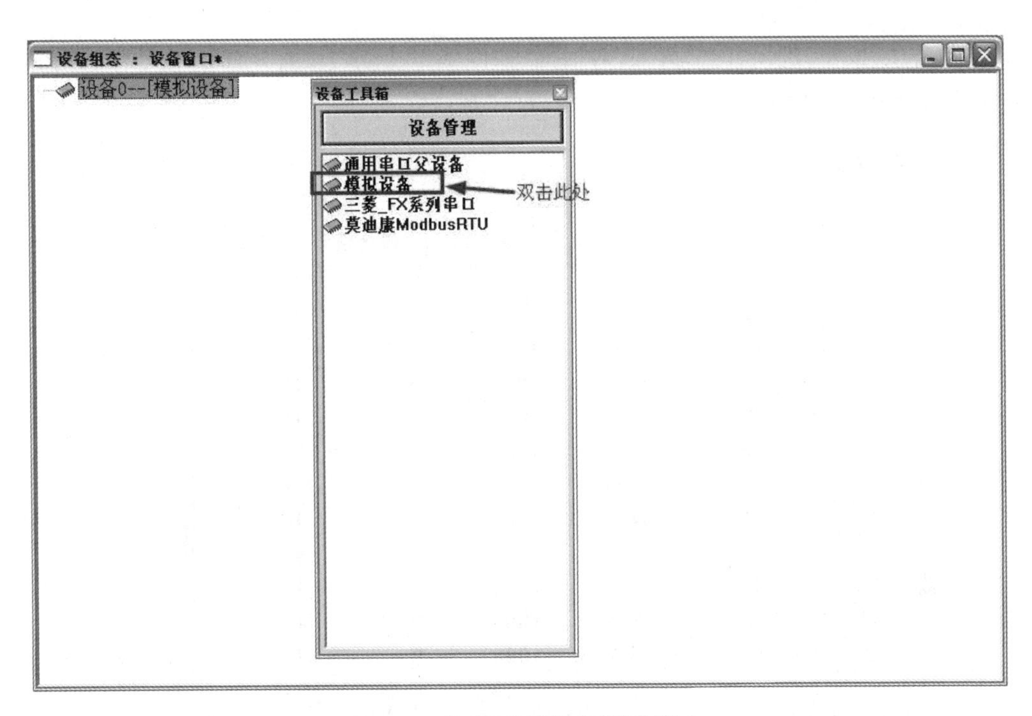

图 7-30 加入"模拟设备"的步骤 2

(2) 双击设备窗口中的 设备0--[模拟设备] ,进入"设备编辑窗口"对话框,按图 7-31 所示设置,单击"[内部属性]",就会出现 ... 。

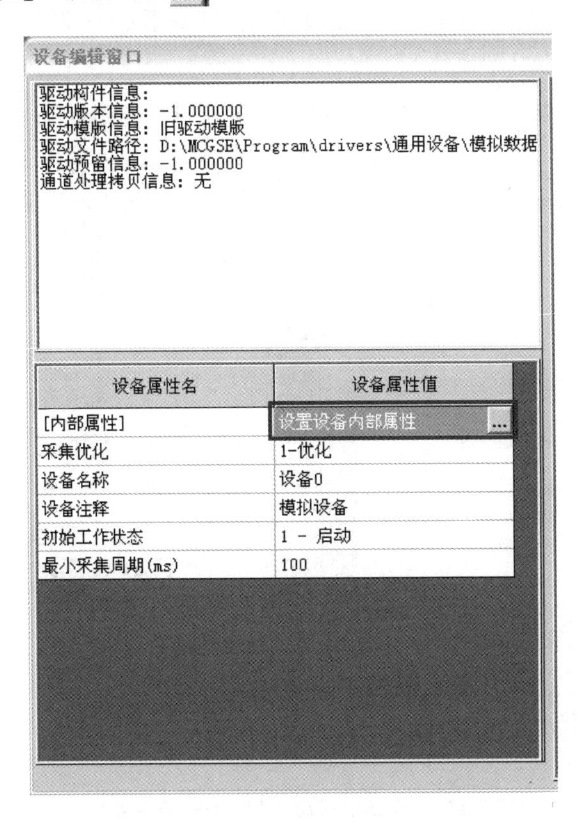

图 7-31 "设备编辑窗口"对话框

(3) 单击 ... 按钮,进入“内部属性”对话框,如图 7-32 所示,设置好曲线的运行周期和最大值、最小值,单击“确定”按钮,回到“设备编辑窗口”对话框。

内部属性

通道	曲线类型	数据类型	最大值	最小值	周期(秒)
1	0 - 正弦	1 - 浮点	10	0	10
2	0 - 正弦	1 - 浮点	8	0	10
3	0 - 正弦	1 - 浮点	1000	0	10
4	0 - 正弦	1 - 浮点	1000	0	10
5	0 - 正弦	1 - 浮点	1000	0	10
6	0 - 正弦	1 - 浮点	1000	0	10
7	0 - 正弦	1 - 浮点	1000	0	10
8	0 - 正弦	1 - 浮点	1000	0	10
9	0 - 正弦	1 - 浮点	1000	0	10
10	0 - 正弦	1 - 浮点	1000	0	10
11	0 - 正弦	1 - 浮点	1000	0	10
12	0 - 正弦	1 - 浮点	1000	0	10

曲线条数: 16　拷到下行　确定　取消　帮助

图 7-32 “内部属性”对话框

(4) 连接变量。如图 7-33 所示,在“设备编辑窗口”对话框中双击“连接变量”,打开变量选择窗口,选择变量,如“液位 1”“液位 2”。

图 7-33 “设备编辑窗口”对话框(连接变量)

6. 下载

下载工程，进入运行环境，分别单击水泵、调节阀、出料阀的“开”按钮，就会发现所做的“双液位控制系统”自动运行起来了。

任务2 双液位控制系统工程的优化

【任务导入】

上个任务我们完成了双液位系统的基本动画制作。贮罐中的液位可以自动运行起来了，阀门也能开关。但是贮罐中的液位没有直观的数字显示，也没有形象的仪表指示，不方便操作和使用人员观察。另外，阀门不会根据贮罐中的液位自动开启或关闭。这些不足都需要进行优化和完善。

【任务分析】

水位高度通过工具箱中的滑动输入器、旋转仪表等构件可以形象地指示，其数字显示可通过标签的显示输出功能来完成任务要求。

【任务实施】

1. 添加滑动输入器

(1) 进入双液位控制系统组态窗口，在工具箱中单击“滑动输入器”按钮，当鼠标变成“+”后，拖动鼠标到适当位置，如图7-34所示。

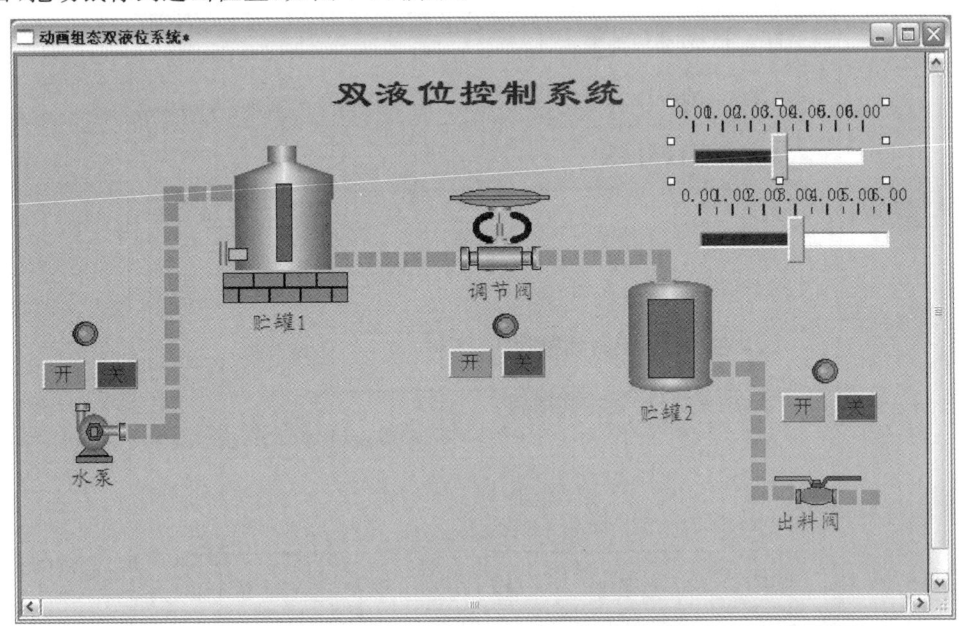

图7-34 双液位控制系统组态窗口

(2) 双击滑动输入器,进入"滑动输入器构件属性设置"对话框,如图 7-35 所示。

图 7-35 "滑动输入器构件属性设置"对话框

(3) 以对象变量液位 1 为例,在"滑动输入器构件属性设置"对话框的"操作属性"中,把"对应数据对象的名称"改为"液位 1","滑块在最左(下)边时对应的值"为 0,"滑块在最右(上)边时对应的值"为 10,如图 7-36 所示。

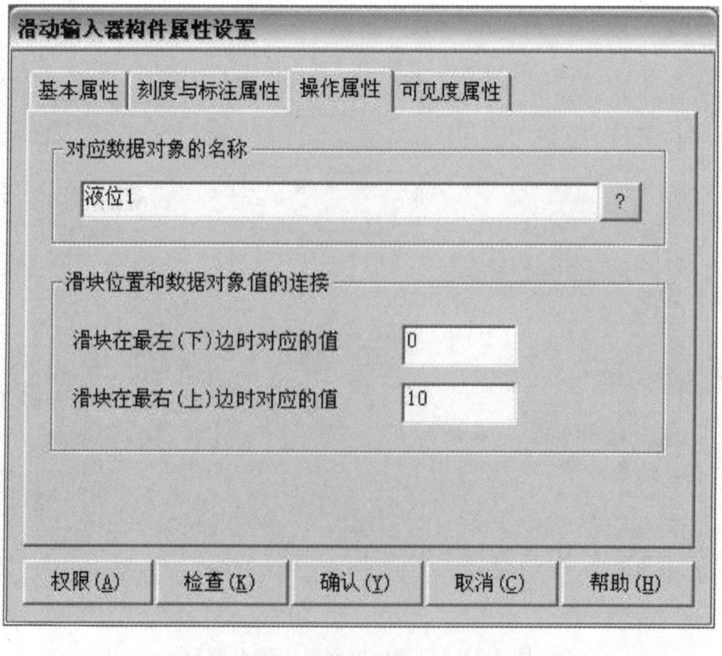

图 7-36 "滑动输入器构件属性设置"对话框之操作属性设置

(4) 在“滑动输入器构件属性设置”对话框的“刻度与标注属性”中，把“主划线　数目”改为“5”，“小数位数”置 0，如图 7-37 所示。

图 7-37 “滑动输入器构件属性设置”对话框之刻度与标注属性设置

(5) 使用同样的方法设置液位 2。

2. 水罐显示标签的添加

(1) 在工具箱中单击“标签”按钮 A，在贮罐 1 下面放置标签并调整大小，如图 7-38 所示。

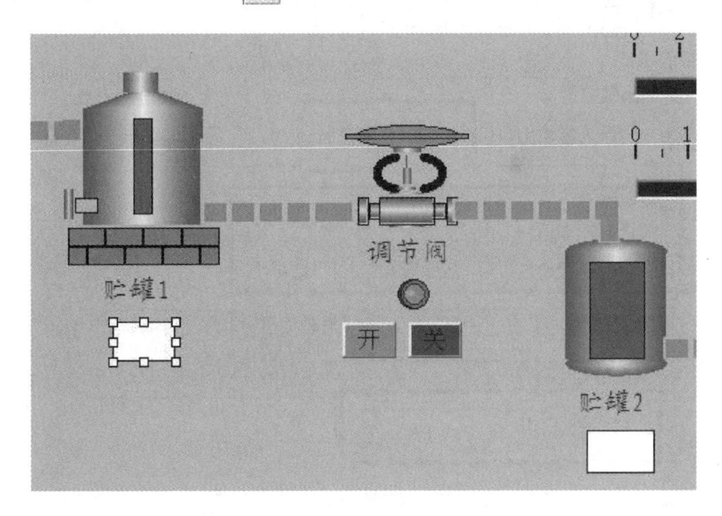

图 7-38 在贮罐 1 下添加标签

(2) 双击贮罐 1 下面的标签，打开“标签动画组态属性设置”对话框，进入属性设置页面，按图 7-39 所示设置填充颜色，勾选“显示输出”。

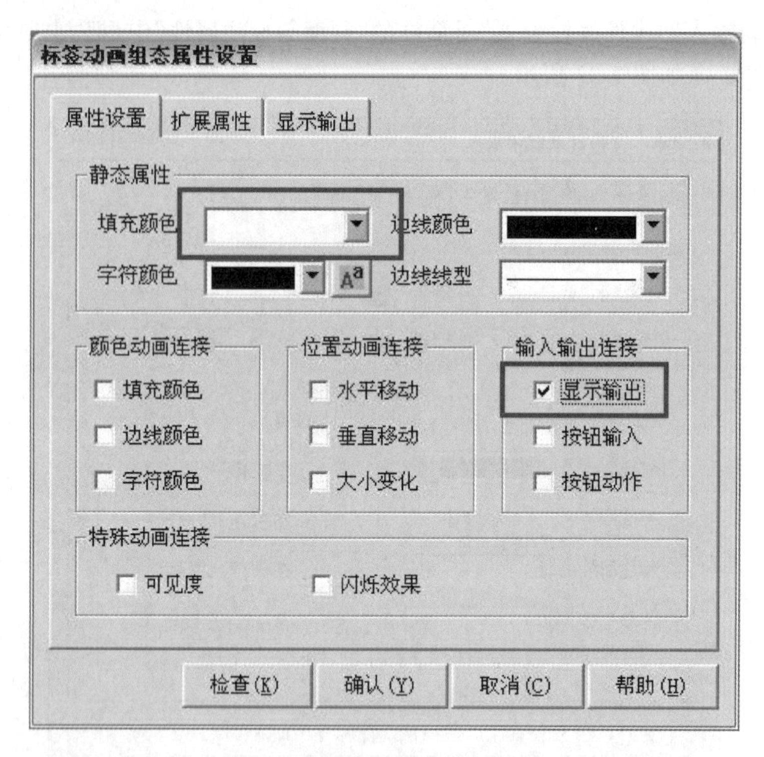

图 7-39 “标签动画组态属性设置”对话框之属性设置

(3) 进入“显示输出”选项卡,按图 7-40 所示进行设置。

标签动画组态属性设置
属性设置 扩展属性 显示输出
表达式
液位1 ? 单位
输出值类型
开关量输出 数值量输出 字符串输出
输出格式
浮点输出 十进制 十六进制 二进制
自然小数位 四舍五入 前导0 密码
开时信息 开 关时信息 关
整数位数 0 显示效果-例: 80.345678
小数位数 1 80.3
检查(K) 确认(Y) 取消(C) 帮助(H)

图 7-40 “标签动画组态属性设置”对话框之显示输出

(4) 使用同样的方法设置贮罐 2。

3. 添加旋转仪表

(1) 在双液位控制系统组态窗口的工具箱中单击按钮，调整旋转仪表的大小后放在贮罐 1 的下面，如图 7-41 所示。

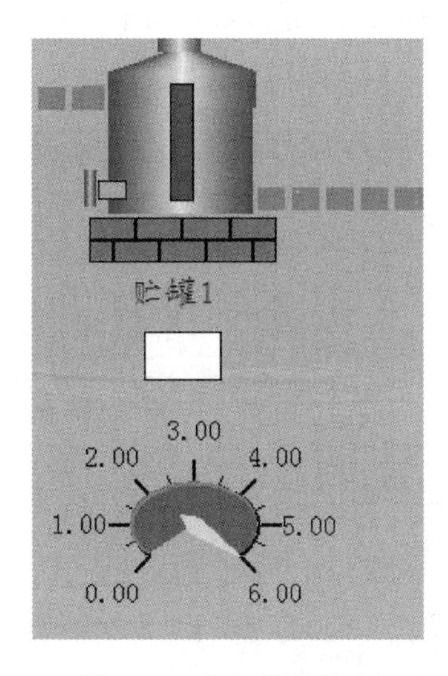

图 7-41　添加旋转仪表

(2) 双击旋转仪表，进行仪表的属性设置，如图 7-42 所示。

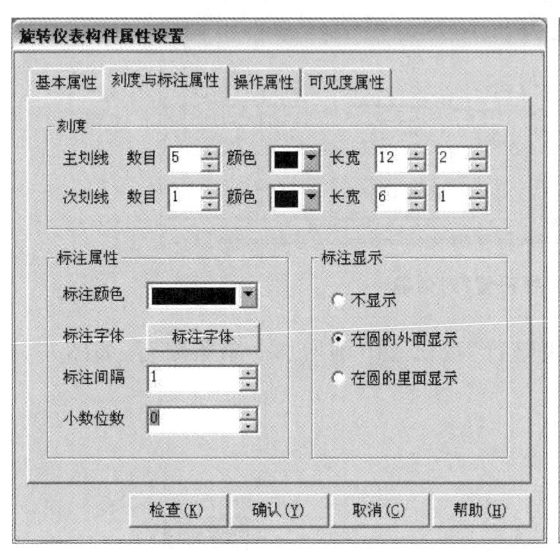

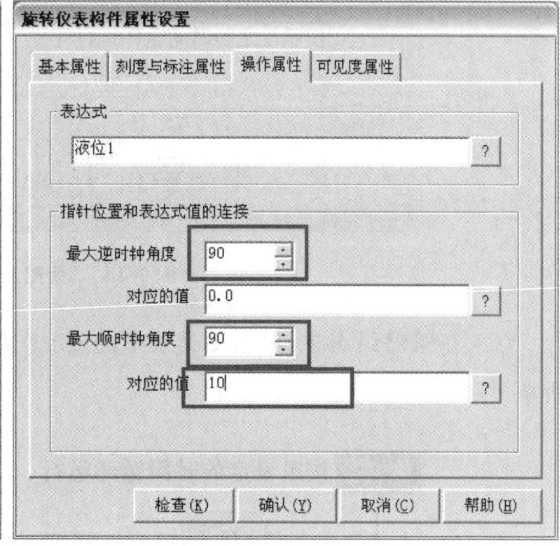

图 7-42　“旋转仪表构件属性设置”对话框

(3) 液位 2 对应的旋转仪表设置同液位 1，最大对应值为 6。

4. 编写控制流程

1) 分析控制流程

(1) 当贮罐 1 的“液位 1”达到 9 m，“水泵”关闭；否则就要打开“水泵”。

(2) 当贮罐 2 的“液位 2”不足 1 m 时，关闭“出料阀”，否则打开“出料阀”。

(3) 当贮罐1的“液位1”大于1 m,同时贮罐2的“液位2”小于6 m时,打开“调节阀”,否则关闭“调节阀”。

2) 编写脚本程序

(1) 打开工作台窗口,选择“运行策略”选项卡,单击“循环策略”,双击图标进入“策略属性设置”对话框,如图7-43所示,将“策略执行方式”中的循环时间设为200 ms,单击“确认”按钮。

图7-43 “策略属性设置”对话框

(2) 在策略组态中,单击工具条中的“新增策略行”按钮,则增加一条策略行,如图7-44所示。

图7-44 新增策略行

(3) 在策略组态中,单击工具条中的“工具箱”按钮,弹出“策略工具箱”对话框。单击“策略工具箱”对话框中的“脚本程序”,把鼠标移出“策略工具箱”对话框,会出现一个小手,把小手放在图7-44中的上,单击鼠标,则显示如图7-45所示。

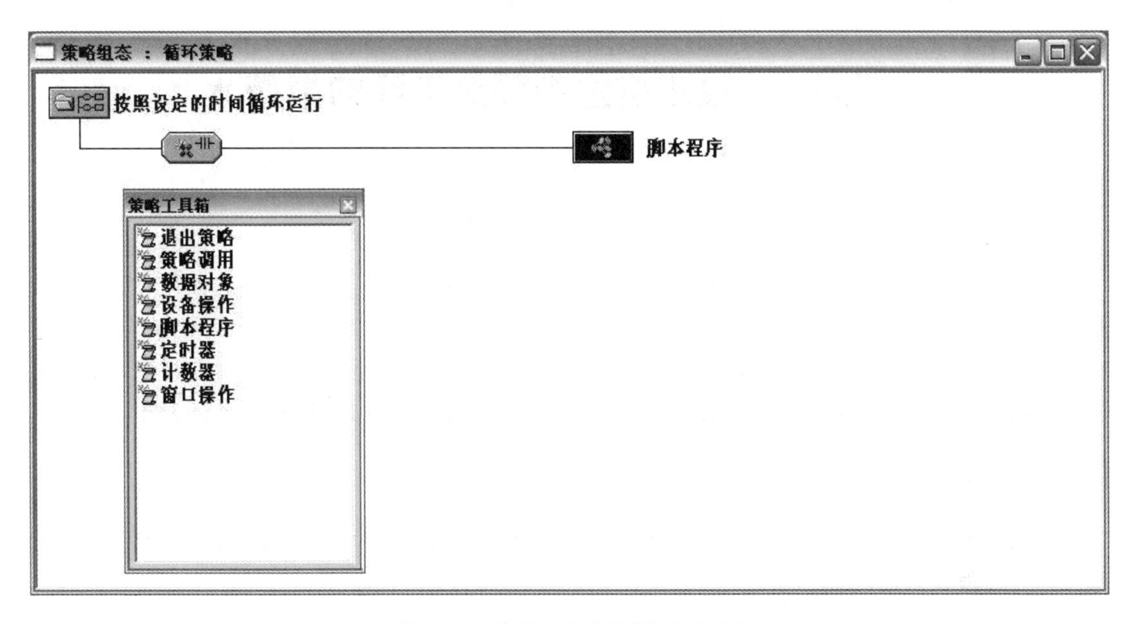

图 7-45　策略组态中的“脚本程序”

(4) 双击　　　按钮，进入脚本程序编辑环境，输入程序如图 7-46 所示。

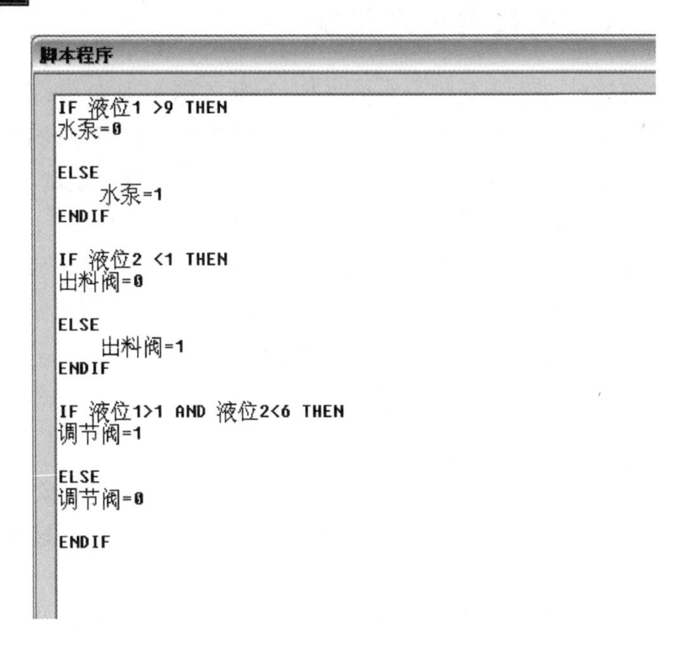

图 7-46　脚本程序代码

脚本程序编写完成后，单击“检查”按钮，检查脚本程序语法是否正确，语法正确后，单击“确定”按钮完成设置，退出运行策略窗口。

(5) 这时再进入模拟运行环境运行本工程，工程会按照设计的控制流程，出现相应的动画效果。

任务 3　双液位控制系统工程的报警

【任务导入】

任务 1、任务 2 我们完成了双液位控制系统工程的动画设计。如果系统的液位在正常的范围内,整个系统就一直循环进行。但从实际工程的角度看,难免会出现一些特殊的情况,使控制变量偏离正常值,从而导致产品质量或设备或人身等出现事故。因此,在控制变量超出正常值较多、达到危险值之前要发出报警信号,让值班人员警觉并进行处理,避免事故的发生。

【任务分析】

利用“工具箱”对话框中的报警浏览构件和报警显示构件来完成报警显示功能,利用输入框构件来完成报警限值功能。

【相关知识】

一、MCGS 嵌入版的报警处理机制

MCGS 嵌入版把报警处理作为数据对象的属性,封装在数据对象内,由实时数据库在运行时自动处理。当数据对象的值或状态发生改变时,实时数据库判断对应的数据对象是否发生了报警或已产生的报警是否已经结束,并把所产生的报警信息通知给系统的其它部分,同时,实时数据库根据用户的组态设定,把报警信息存入指定的存盘数据库文件中。

实时数据库只负责关于报警的判断.通知和存储三项工作,而报警产生后所要进行的其它处理操作(即对报警动作的响应),则需要设计者在组态时制定方案,例如希望在报警产生时,打开一个指定的用户窗口,或者显示和该报警相关的信息等。

二、定义报警

在处理报警之前必须先定义报警。MCGS 对报警的定义在数据对象的属性页中进行的。首先要选中“允许进行报警处理”复选框,使实时数据库能对该对象进行报警处理;其次是要正确设置报警限值或报警状态。

数值型数据对象设计有 6 种报警:下下限、下限、上限、上上限、上偏差、下偏差。用户可根据不同的控制设备和要求进行不同的设置。如图 7-47 所示。

开关型数据对象有 4 种报警方式,如图 7-48 所示:开关量报警,开关量跳变报警,开关量正跳变报警和开关量负跳变报警。

事件型数据对象不进行报警限值或状态设置,当对应的事件产生时报警也就产生,事件型数据对象报警的产生和结束是同时完成的。

字符型数据对象和组对象不能设置报警属性,但对组对象而言,所包含的成员可以单个设置报警。组对象一般可以用来对报警进行分类管理,以方便系统其他部分对同类报警进行处理。当报警信息产生时,可以设置报警信息是否需要自动存盘,设置操作需要在数据对象的存

盘属性中完成。

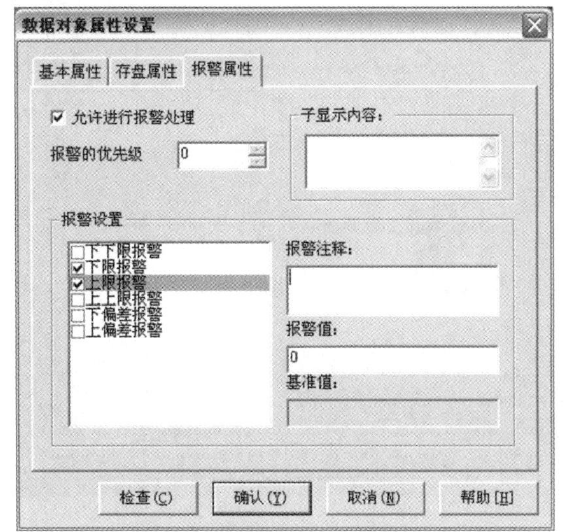

图 7-47 数值型数据对象报警属性设置窗口

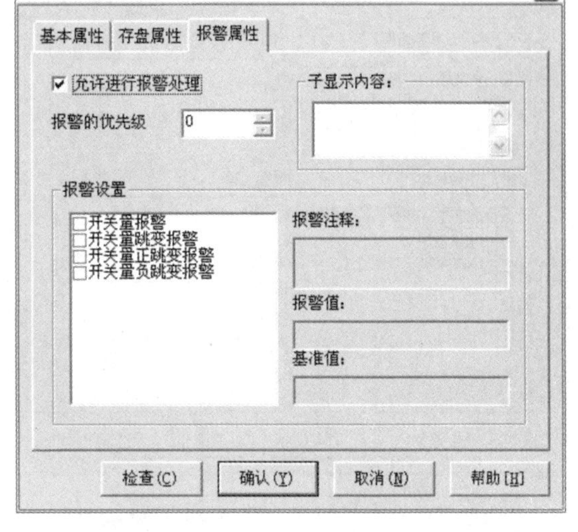

图 7-48 开关型数据对象报警属性设置窗口

三、数据组对象

数据组对象是 MCGS 引入的一种特殊类型的数据对象，类似于一般编程语言中的数组和结构体，用于把相关的多个数据对象集合在一起，作为一个整体来定义和处理。例如：描述一个锅炉控制系统的工作状态有温度、压力、液位三个物理量，为便于处理，定义“锅炉参数”为一个组对象，用来表示锅炉的工作状态；其内部成员则由上述物理量对应的数据对象组成，这样，在对“锅炉”对象进行处理(如进行组态存盘、曲线显示、报警显示)时，只需指定组对象的名称“锅炉”，就包括了对其所有成员的处理。

数据组对象是单一数据对象的集合，一般包含两个以上的数据对象，但不能包含其他的数据组对象。一个数据对象可以是多个不同组对象的成员。把一个对象的类型定义成组对象后，还必须定义组对象所包含的成员。组对象没有工程单位、最大值、最小值属性，组对象本身没有报警属性。

【任务实施】

1. 贮罐液位报警属性的设置

由于双液位控制系统的控制变量是两个贮罐的液位，而液位的定义是数值型数据对象，由前述可以进行如下设置。

以“液位 1”数据对象为例来说明定义数据对象报警信息的过程。

打开“实时数据库”选项卡，双击“液位 1”，打开“数据对象属性设置”对话框，单击“报警属性”选项卡，选中“允许进行报警处理”复选框，报警的优先级默认为 0；在“报警设置”中选中“上限报警”，把报警值设为 9 m，报警注释设为“水满了”，在“报警设置”中选中“下限报警”，把报警值设为 1 m，报警注释设为“水没了”，如图 7-49 所示。在“存盘属性”选项卡中，选中“自动保存产生的报警信息”选项，如图 7-50 所示，单击“确认”按钮后完成数据对象的属性设置。

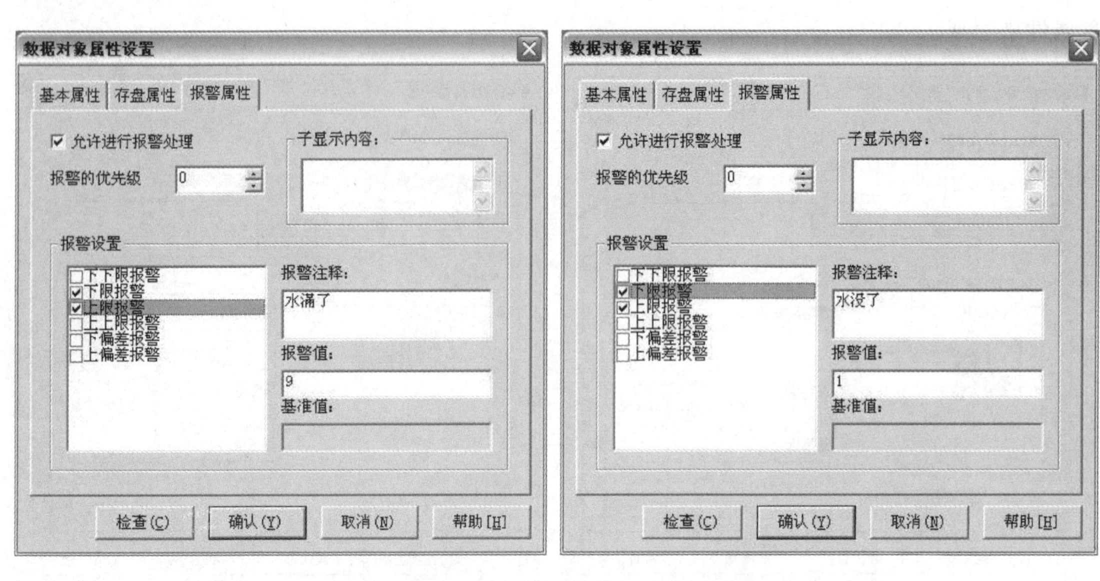

图 7-49 “数据对象属性设置”对话框(报警属性)

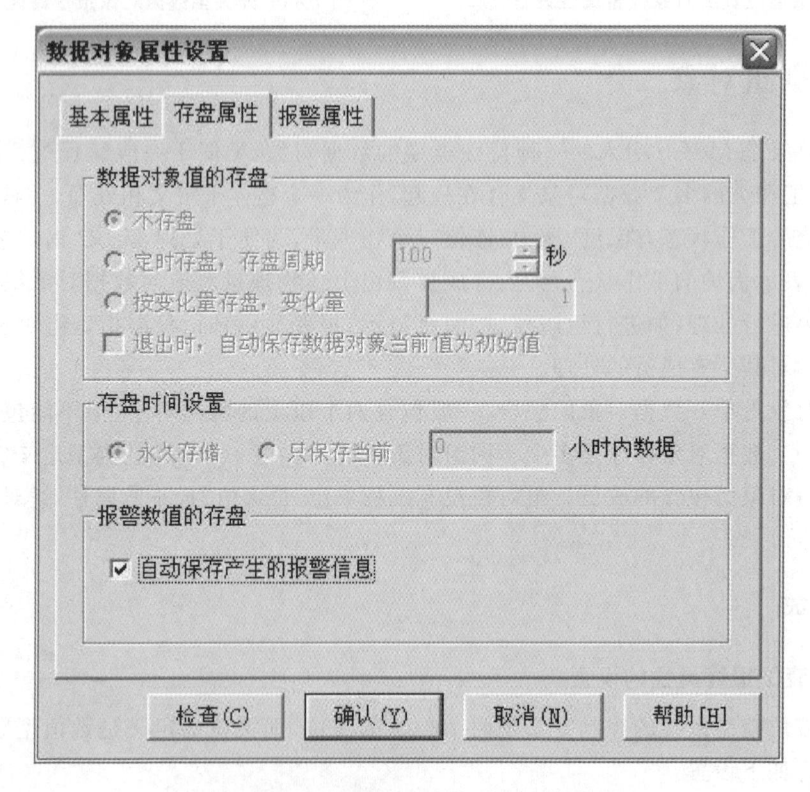

图 7-50 “数据对象属性设置”对话框(存盘属性)

对于数据对象“液位 2”,需要把“上限报警”的报警值设为 6 m。

2. 报警组态的设置

实时数据库只负责报警的判断、通知和存储三项工作,而报警产生后所要进行的其他处理操作需要用户在组态过程中实现。

1）报警窗口的建立和设置

打开“用户窗口”，新建窗口后右击该窗口，在弹出的快捷菜单中单击“属性”命令，打开“用户窗口属性设置”对话框，在该对话框中设置窗口属性，将窗口标题和窗口名称都设为“报警”。双击“报警”窗口，打开“动画组态报警＊”对话框，在工具箱中选择“标签”图标A，光标变成“十”字后用鼠标拖动到适当大小后松开，完成一个文本框的绘制。在文本框里输入“实时报警数据”，字体为红色，背景为白色。使用同样的方法再绘制另外两个文本框，分别输入“历史报警数据”“修改报警限值”，如图7-51所示。

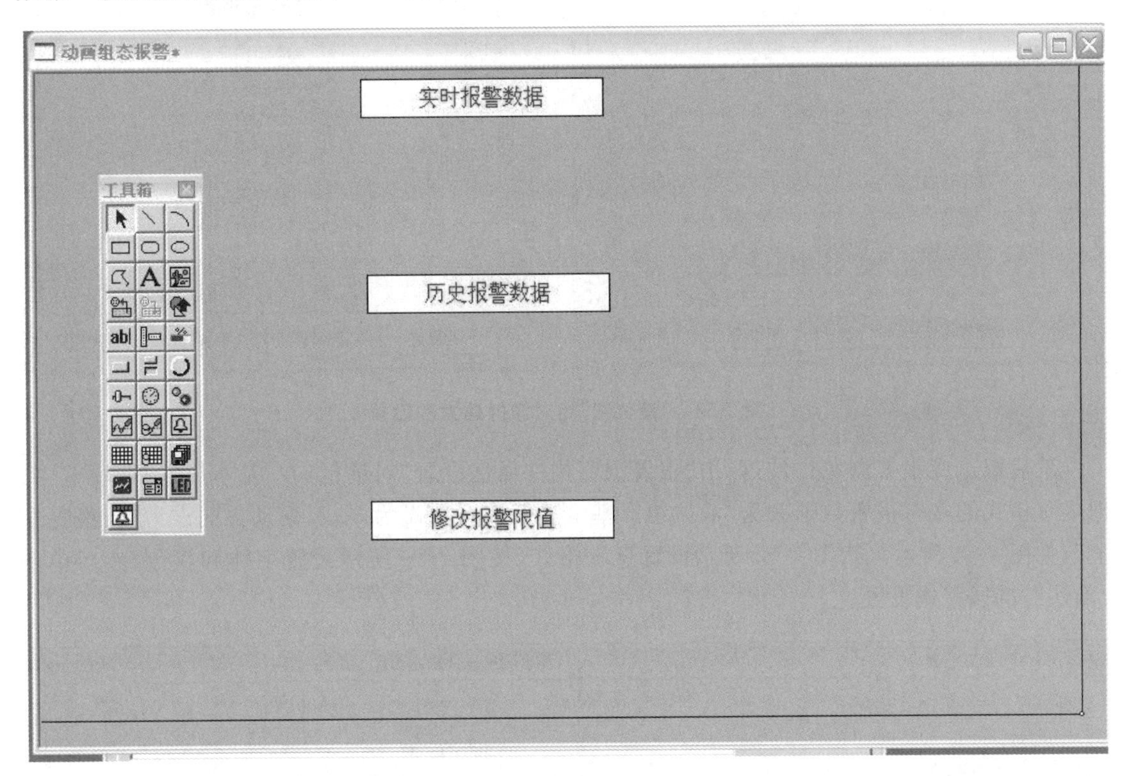

图7-51 报警窗口的建立

2）报警浏览构件设置

从工具箱中选择“报警浏览”图标，光标变成“十”字后用鼠标拖动到适当大小后松开（在“实时报警数据”文本框下面），如图7-52所示。

日期	时间	对象名	当前值	报警描述

图7-52 报警浏览构件的使用效果

报警浏览构件的作用是显示实时的报警信息，而且是要同时显示两个液位的数据，故下面要在“实时数据库”选项卡中加入一个组对象。

打开“实时数据库”选项卡，新建对象，右击该对象，在弹出的快捷菜单中单击“属性”命令，打开“数据对象属性设置”对话框，在“基本属性”选项卡中，选择对象类型为“组对象”，对象名称为“液位组”，在“组对象成员”选项卡中选择左边“数据对象列表”中的“液位 1”，按“增加>>”按钮，将其增加到右边“组对象成员列表”中，使用同样的方法再增加“液位 2”，如图 7-53 所示。

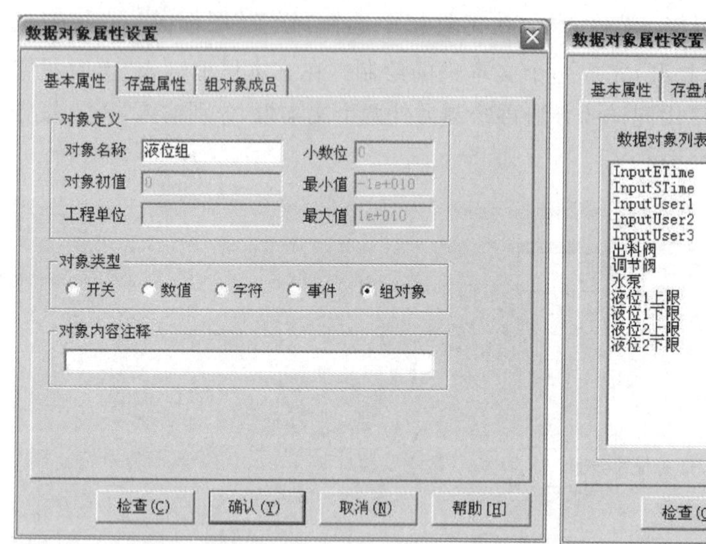

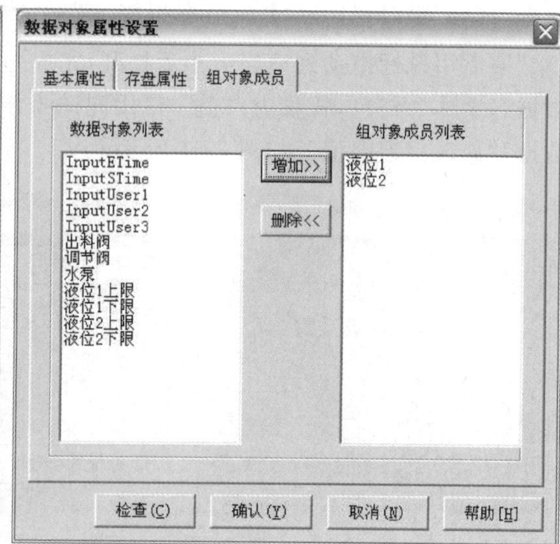

图 7-53 “液位组”组对象的建立和设置

然后双击此报警浏览构件，弹出“报警浏览构件属性设置”对话框，在“基本属性”选项卡中，把显示模式的实时报警数据改为“液位组”，基本显示的行数设为 3 行，滚动方向设为“新报警在上”，如图 7-54 所示。按图 7-55 所示设置显示格式，按图 7-56 所示设置字体和颜色，然后单击“确认”按钮，完成设置。

图 7-54 报警浏览构件基本属性设置

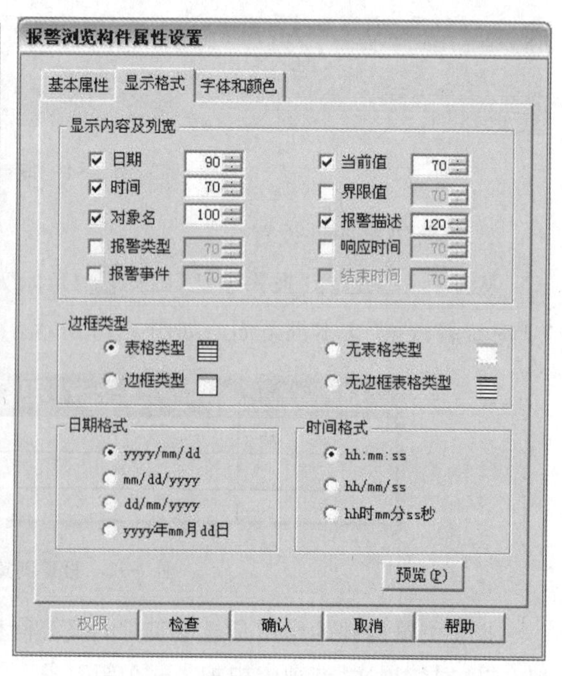

图 7-55 报警浏览构件显示格式设置

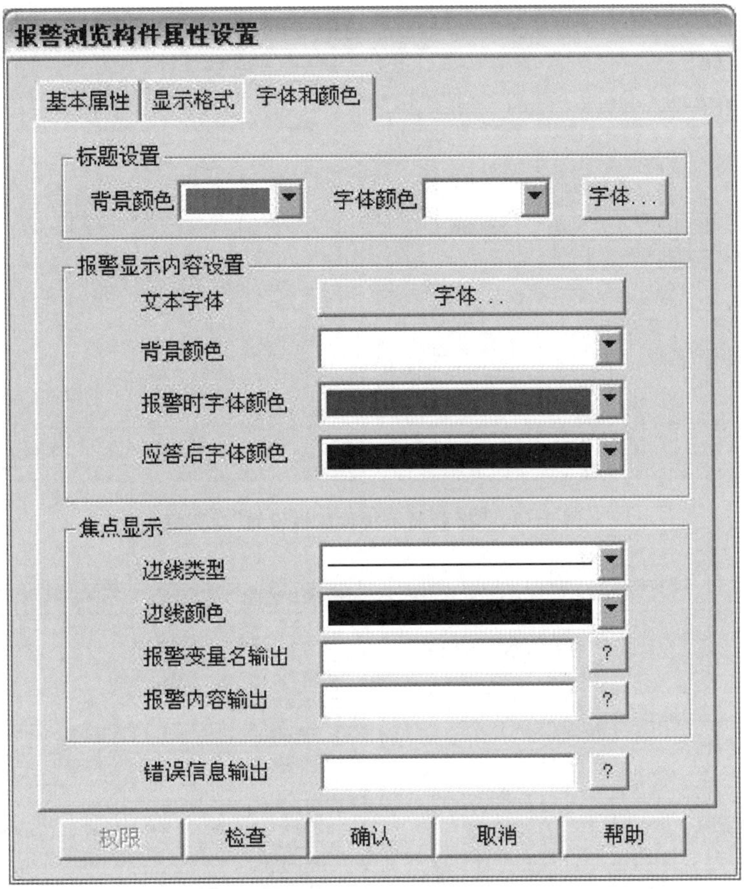

图 7-56　报警浏览构件字体和颜色设置

3）报警显示构件设置

从工具箱中选择“报警显示”图标，光标变成“十”字后用鼠标拖动到适当大小后松开，如图 7-57 所示。然后放到“历史报警数据”文本框下面。

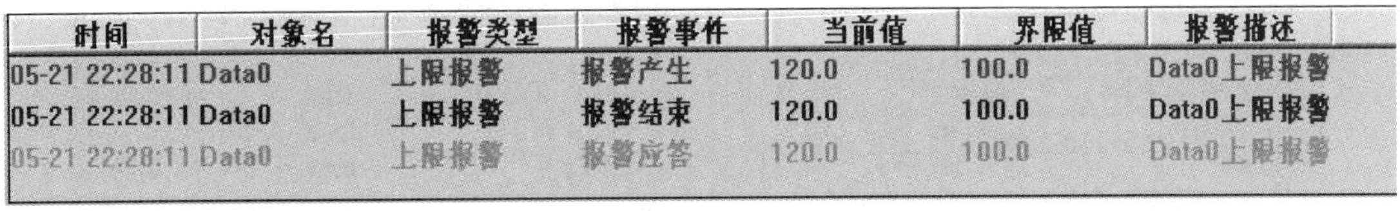

时间	对象名	报警类型	报警事件	当前值	界限值	报警描述
05-21 22:28:11	Data0	上限报警	报警产生	120.0	100.0	Data0上限报警
05-21 22:28:11	Data0	上限报警	报警结束	120.0	100.0	Data0上限报警
05-21 22:28:11	Data0	上限报警	报警应答	120.0	100.0	Data0上限报警

图 7-57　报警显示构件的使用效果

报警显示构件的作用是显示历史的报警信息，双击报警显示构件，弹出“报警显示构件属性设置”对话框，在“基本属性”选项卡中，把对应的数据对象的名称改为“液位组”，最大记录次数设为“6”，并且勾选“运行时，允许改变列的宽度”，其他设置如图 7-58 所示，单击“确认”按钮，完成设置。

3. 修改报警限值

（1）打开“实时数据库”选项卡，分别双击“液位 1 上限”“液位 1 下限”“液位 2 上限”“液位 2 下限”4 个变量，进行图 7-59 所示的设置。

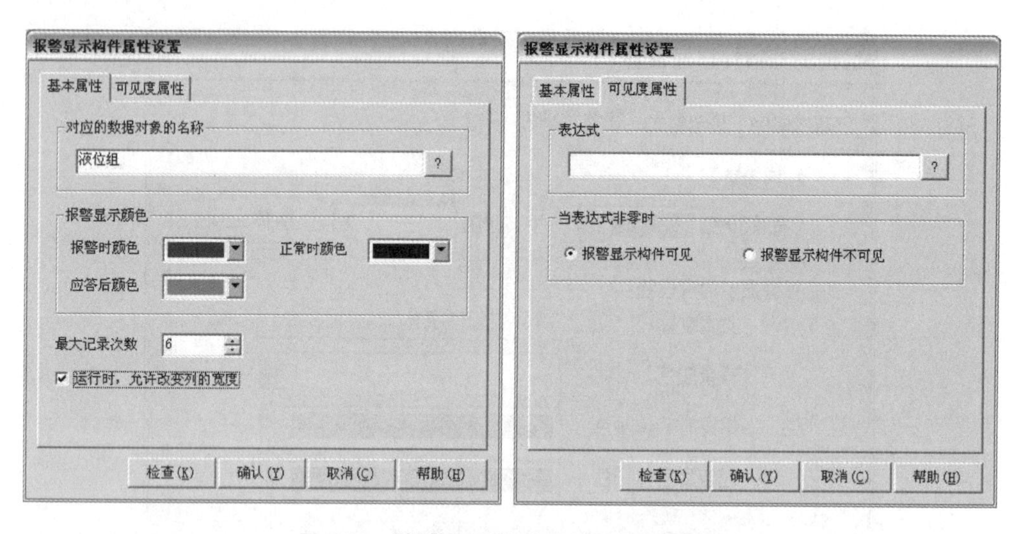

图 7-58 “报警显示构件属性设置”对话框

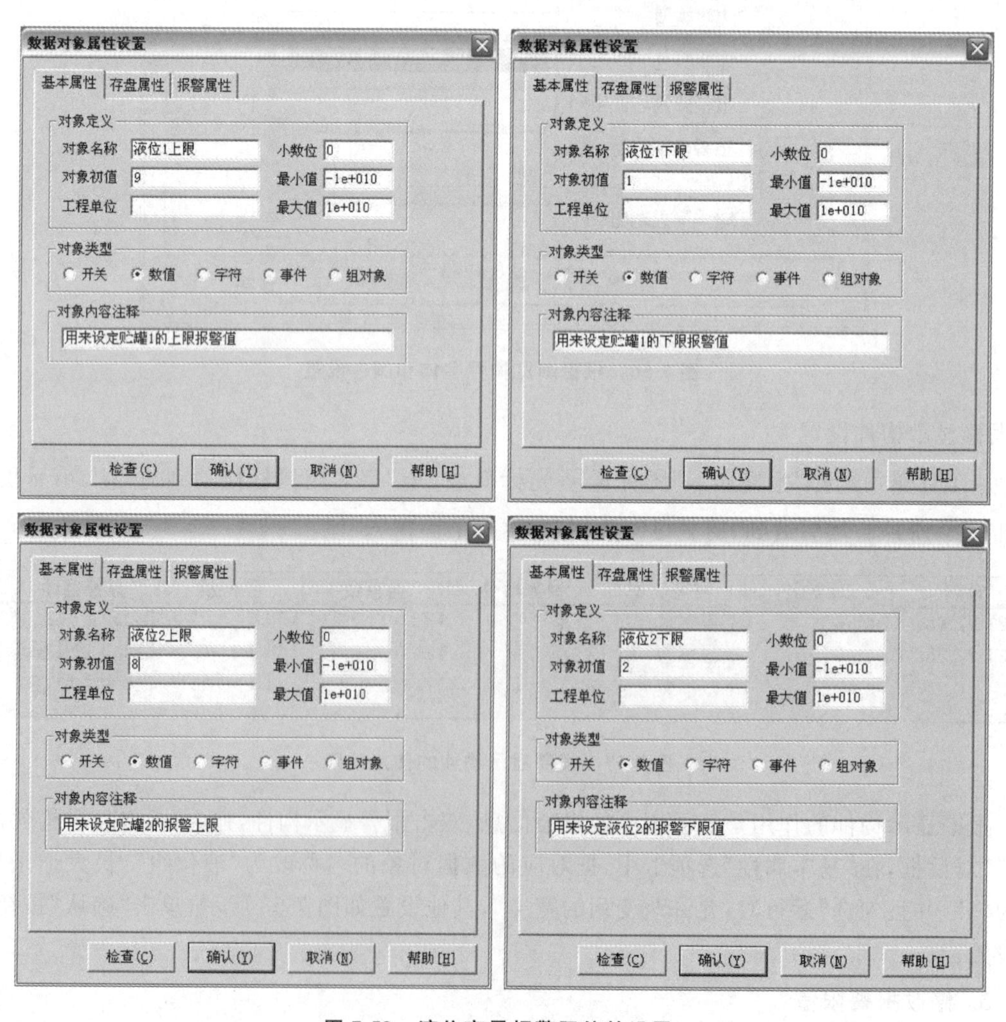

图 7-59 液位变量报警限值的设置

(2) 打开"报警"窗口,在工具箱中选择"标签"图标 A,光标变成"十"字后用鼠标拖动到适当大小再松开,将其放置到"修改报警限值"文本框下面。在文本框里输入"上限值",字体为蓝色,背景为白色。使用同样的方法处理"下限值""液位 1""液位 2"。在工具箱中选择"输入框"图标 abl,光标变成"十"字后用鼠标拖动到适当大小再松开,放到图 7-60 所示位置,用于在运行时输入液位上、下限值,共画出 4 个。

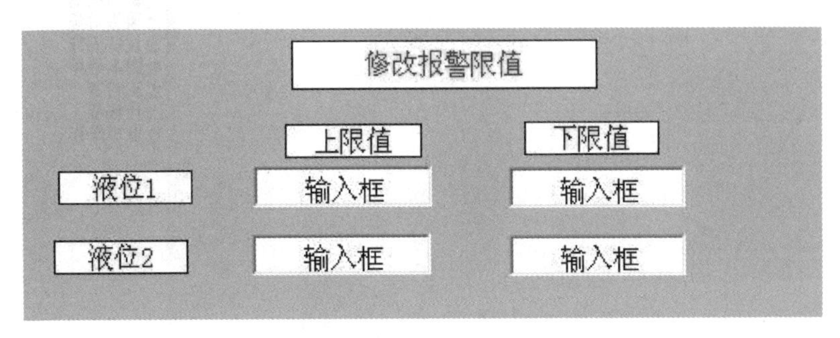

图 7-60 报警组态画面中的"输入框"布置

(3) 以"液位 1"和"上限值"交叉对应的"输入框"的设置为例说明。双击 输入框 图标,打开"输入框构件属性设置"对话框,在设置属性过程中只需要设置"操作属性"选项卡中的参数,把对应数据对象的名称改为"液位 1 上限",其他设置如图 7-61 所示,单击"确认"按钮。使用同样的方法,设置另外三个输入框分别为"液位 1 下限""液位 2 上限""液位 2 下限"。

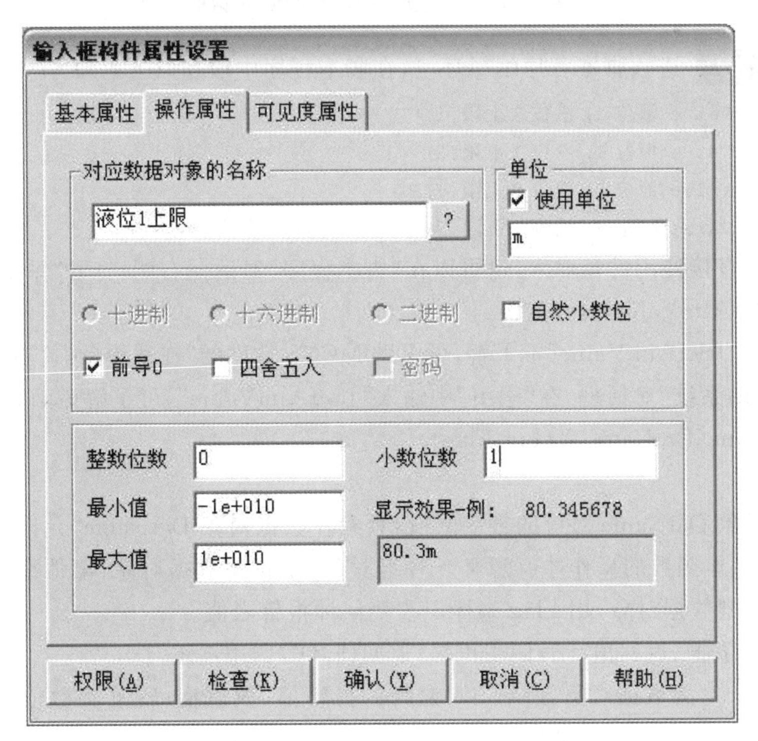

图 7-61 "输入框构件属性设置"对话框

4. 脚本程序编写

(1) 以上的组态画面设置完成后进入 MCGS 组态环境工作台,打开"运行策略"选项卡,双击“循环策略”,打开“策略组态:循环策略”对话框,如图 7-62 所示。

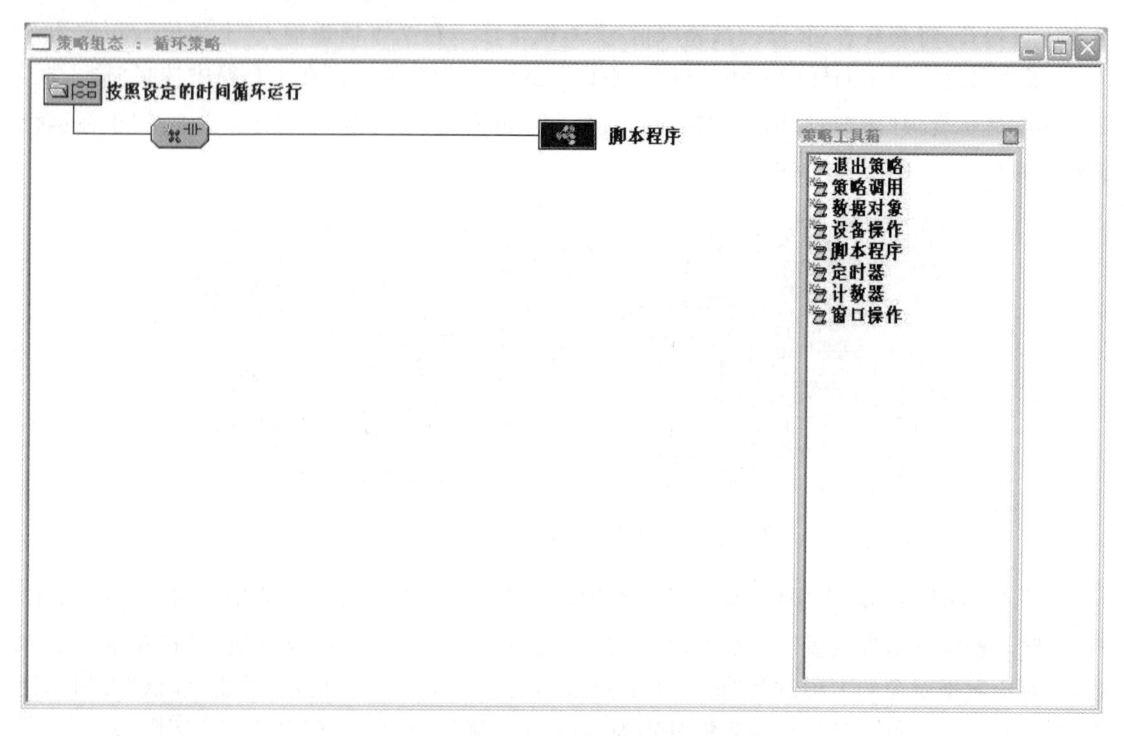

图 7-62 “策略组态:循环策略”对话框

(2) 双击[图标],进入脚本程序编辑环境,在脚本程序中增加以下语句:

```
!SetAlmValue(液位 1, 液位 1 上限,3)
!SetAlmValue(液位 1, 液位 1 下限,2)
!SetAlmValue(液位 2, 液位 2 上限,3)
!SetAlmValue(液位 2, 液位 2 下限,2)
```

此语句可以直接使用键盘输入,也可以在“脚本程序”对话框右侧,打开“系统函数”→“数据对象操作”→!SetAlmValue( )(双击)。

如果对函数“!SetAlmValue”不了解,可求助 MCGS 软件的“在线帮助”。单击“帮助”按钮,弹出“MCGS 帮助系统”对话框,在“索引”中输入“!SetAlmValue”,可了解该函数定义。

!SetAlmValue(DatName,Value,Flag)

函数意义:

设置数据对象 DatName 对应的报警限值,只有在数据对象 DatName“允许进行报警处理”的属性被选中后,本函数的操作才有意义。对组对象、字符型数据对象、事件型数据对象,本函数无效。对数值型数据对象,用 Flag 来标识改变何种报警限值。

返 回 值:数值型,返回值=0,调用正常;返回值≠0,调用不正常。

参数:DatName 为数据对象名;Value 为新的报警值,数值型;Flag 为数值型,标识要操作何种报警限值。

Flag 的具体意义如下:

=1 下下限报警值;

=2 下限报警值;

=3 上限报警值；

=4 上上限报警值；

=5 下偏差报警限值；

=6 上偏差报警限值；

=7 偏差报警基准值；

实例：! SetAlmValue(电机温度,200,3)，把数据对象“电机温度”的上限报警值设为 200。

5. 报警动画的设置

在实际运行过程中，当有报警产生时，通常有指示灯显示不同的输出工作状态，具体操作步骤如下：

在“用户窗口”选项卡中选中“报警”窗口，双击进入动画组态界面，单击“工具箱”对话框中的“插入元件”按钮，进入“对象元件库管理”对话框，从“指示灯”中选取“指示灯 3”，调整大小后放在适当位置，作为“液位 1”的报警指示灯，具体设置如图 7-63 所示。

图 7-63 “液位 1”报警指示灯的设置

同样可为“液位 2”也插入一个报警指示灯，设置同上。

当“报警”窗口的以上设置全部完成后，回到“用户窗口”选项卡，右键单击“报警”窗口，设定此窗口为启动窗口，下载，进入模拟环境。报警信息、报警指示灯、报警限值就会按照设定的那样进行动作。

任务 4 数据报表

【任务导入】

在实际工程中，多数控制系统都需要对数据进行采集并对设备采集来的数据进行存盘和统计分析，根据实际情况打印出数据报表。当然，报表一般有实时报表和历史报表。

【任务分析】

通过工具箱中的自由表格构件、历史表格构件和存盘浏览构件来完成各种数据报表。

【相关知识】

一、报表的概念和作用

在实际工程应用中,大多数监控系统需要对数据采集设备采集的数据进行存盘、统计分析,并根据实际情况打印出数据报表,所谓数据报表就是根据实际需要以一定格式将统计分析后的数据记录显示并打印出来,以便对系统监控对象的状态进行综合记录和规律总结。

数据报表在工控系统中是必不可少的一部分,是整个工控系统的最终结果输出。实际中常用的报表形式有实时数据报表和历史数据报表(班报表、日报表、月报表)等。

二、报表的常用分类和报表实现机制

在大多数应用系统中,数据报表一般分成两种类型,即实时数据报表和历史数据报表。

实时数据报表是实时地将当前数据对象的值按一定的报表格式(用户组态)显示和打印出来,它是对瞬时量的反映。实时数据报表可以通过 MCGS 嵌入版系统的自由表格构件来组态显示实时数据报表并将它打印输出。

历史数据报表是从历史数据库中提取存盘数据记录,把历史数据以一定的格式显示和打印出来。为了能够快速方便地组态工程数据报表,MCGS 嵌入版系统提供了灵活方便的报表组态功能。系统提供了“历史表格”动画构件,可以用于报表组态。

【任务实施】

1. 实时数据报表的设计

实时数据报表是将当前时间的数据变量按一定格式显示和打印。实时数据报表可通过实时表格构件来组态,显示实时数据。

1) 报表窗口的建立和设置

(1) 单击“用户窗口”,在“用户窗口”选项卡中,单击“新建窗口”按钮,产生一个新窗口,单击“窗口属性”按钮,弹出“用户窗口属性设置”对话框,进行图 7-64 所示的属性设置。

(2) 进入“动画组态数据显示”对话框,单击工具箱中的“标签”按钮 A,然后做注释:“实时数据”“历史数据”“存盘数据浏览报表”。

2) 建立实时报表

(1) 在工具箱中单击“自由表格”按钮,在界面中拖放到适当大小并调整位置(放到“实时数据”文本框下面),如图 7-65(a)所示。双击表格,进入自由表格的属性设置状态,如图 7-65(b)所示,改变单元格大小的方法与 Excel 中调整单元格大小的方法相同。

(2) 对表格的属性进行修改,单击鼠标右键,在弹出的快捷菜单中选择相应的命令(“增加一行”命令、“删除一列”命令),设置表格为 5 行 2 列。然后双击 A 列的单元格,输入相应的文

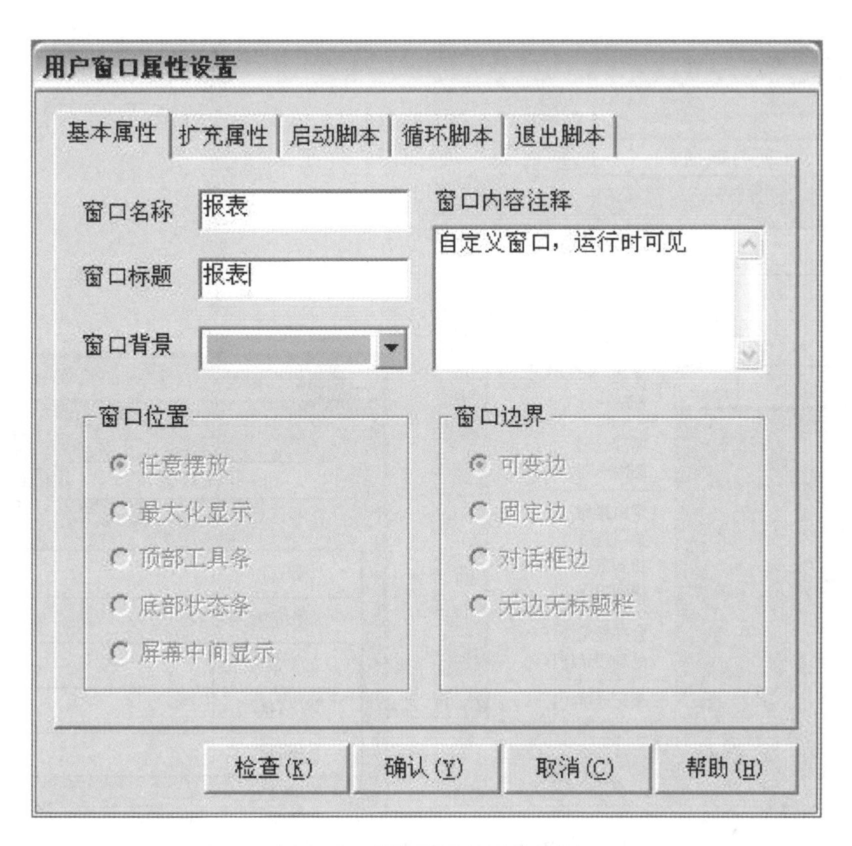

图 7-64　报表窗口的属性设置

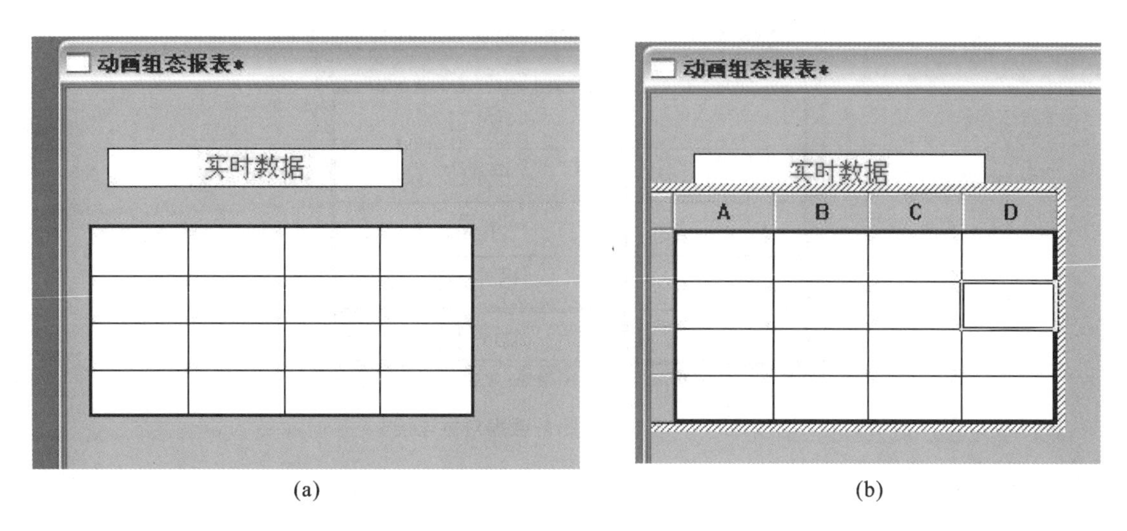

(a)　　(b)

图 7-65　自由表格的建立

字，如图 7-66 所示。

(3) 在图 7-66 中的相应单元格如 B1 中单击右键，选择“连接”命令，或直接单击 F9 键，从弹出的实时数据库中选取所要连接的对象变量“液位 1”，使用同样的方法依次“连接”按图 7-67 中对应变量。

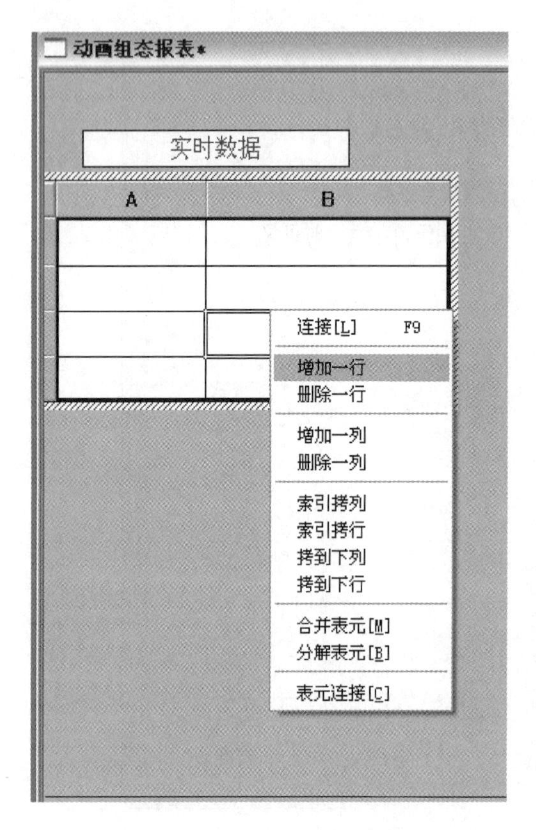

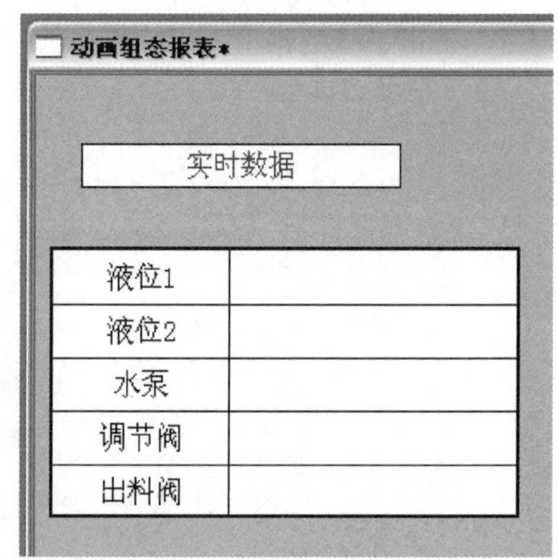

图 7-66 自由表格的设置

图 7-67 自由表格的数据对象连接

2. 历史报表

历史报表是利用历史表格构件来完成的。

(1) 打开“报表”窗口,在工具箱中单击“历史表格”按钮,绘制表格并将其放到“历史数据”文本框下面,如图 7-68 所示,设置成为 5 行 3 列表格。

(2) 把鼠标移到 C1 与 C2 之间,当鼠标发生变化时,拖动鼠标可以改变单元格大小;分别按图 7-68 所示注释文字。拖动鼠标从 R2C1 到 R5C3,表格会反黑显示,如图 7-68 所示。

(3) 在表格中单击鼠标右键,在弹出的快捷菜单中单击“连接”命令或按 F9 键,表格的行列

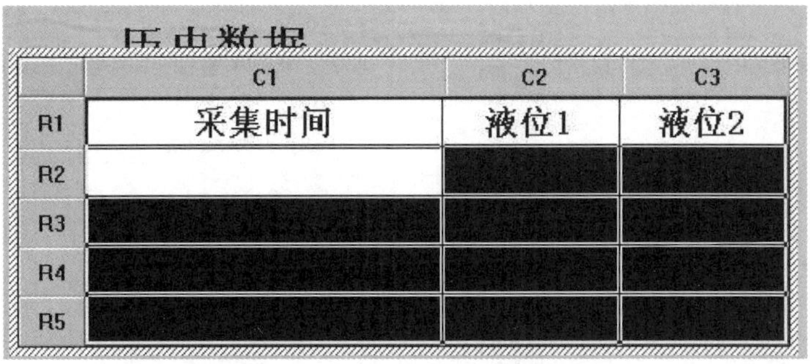

历史数据

	C1	C2	C3
R1	采集时间	液位1	液位2
R2			
R3			
R4			
R5			

图 7-68　历史表格构件的使用效果

标号变为图 7-69 所示。

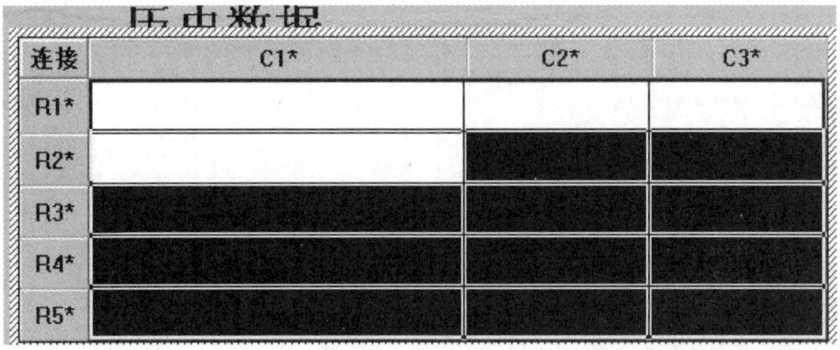

历史数据

连接	C1*	C2*	C3*
R1*			
R2*			
R3*			
R4*			
R5*			

图 7-69　历史表格构件单击“连接”命令后的窗口变化

(4) 从窗口菜单中选中“表格”菜单→“合并单元”命令或直接从编辑条中单击“合并表元”按钮，显示如图 7-70 所示，显示反斜杠。

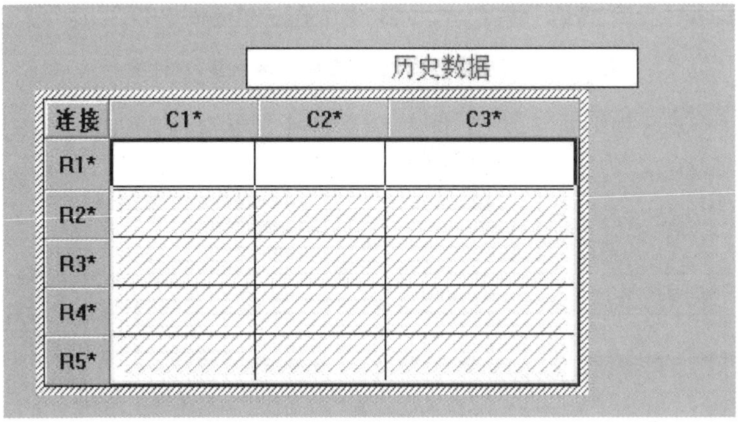

历史数据

连接	C1*	C2*	C3*
R1*			
R2*			
R3*			
R4*			
R5*			

图 7-70　“历史表格”构件“合并表元”的操作

(5) 双击图 7-70 中的反斜杠，弹出“数据库连接设置”对话框，分别进入“基本属性”选项卡、“数据来源”选项卡、“显示属性”选项卡、“时间条件”选项卡，按图 7-71 所示进行设置。

这时，下载，进入运行环境，可以看到运行环境下的历史数据构件显示的表格。

3. 存盘数据浏览报表

(1) 在“报表”窗口中，在工具箱中单击“存盘数据浏览”按钮，在窗口中拖放鼠标到适当

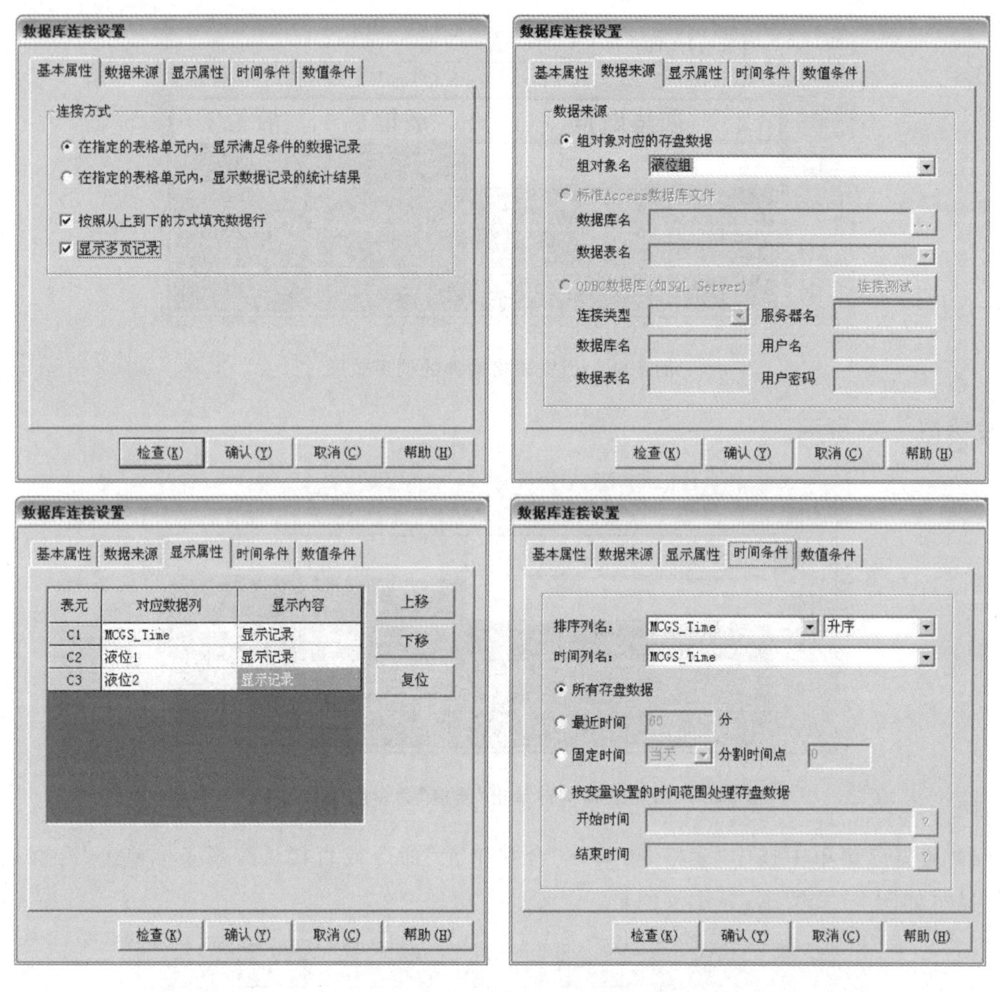

图 7-71　历史表格中的“数据库连接设置”对话框

大小且将其放到“存盘数据浏览报表”文本框下面，如图 7-72 所示。

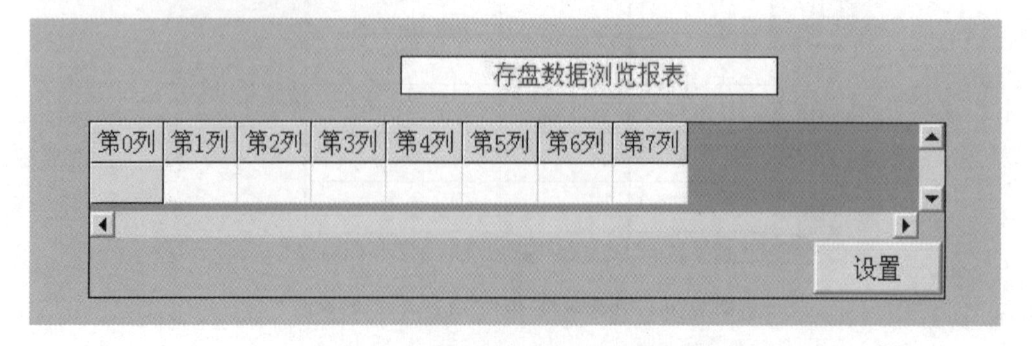

图 7-72　存盘数据浏览构件的使用效果

(2) 双击表格，进入“存盘数据浏览构件属性设置”对话框，按图 7-73 所示进行设置。

(3) 这时，下载，进入运行环境，可以看到运行环境下的存盘数据浏览构件显示的表格数据，如图 7-74 所示。

存盘数据浏览构件属性设置

基本属性 数据来源 显示属性 时间条件 数值条件 外观设置

数据来源

组对象对应的存盘数据 液位组

标准Access数据库文件

数据库名

数据表名

ODBC数据库(如SQL Server) 连接测试

连接类型 服务器名

数据库名 用户名

数据表名 用户密码

无数据源

检查(K) 确认(Y) 取消(C) 帮助(H)

存盘数据浏览构件属性设置

基本属性 数据来源 显示属性 时间条件 数值条件 外观设置

序号	数据列名	显示标题	输出变量	单位
00	MCGS序号	序号		
01	MCGS_Time	时间		
02	液位1	液位1	液位1	
03	液位2	液位2	液位2	

上移 下移 添加 删除 复位

时间显示格式

年 月 日 时 分 秒

检查(K) 确认(Y) 取消(C) 帮助(H)

存盘数据浏览构件属性设置

基本属性 数据来源 显示属性 时间条件 数值条件 外观设置

排序列名：MCGS_Time 升序

时间列名：MCGS_Time

所有存盘数据

最近时间 10 分

固定时间 当天 分割时间点 0

按变量设置的时间范围处理存盘数据

开始时间

结束时间

检查(K) 确认(Y) 取消(C) 帮助(H)

存盘数据浏览构件属性设置

基本属性 数据来源 显示属性 时间条件 数值条件 外观设置

显示表格背景

固定单元格属性

背景颜色 字体颜色

边框亮色 边框暗色

字体设置

滚动单元格属性

背景颜色 字体颜色

边框亮色 边框暗色

字体设置

检查(K) 确认(Y) 取消(C) 帮助(H)

图 7-73 “存盘数据浏览构件属性设置”对话框

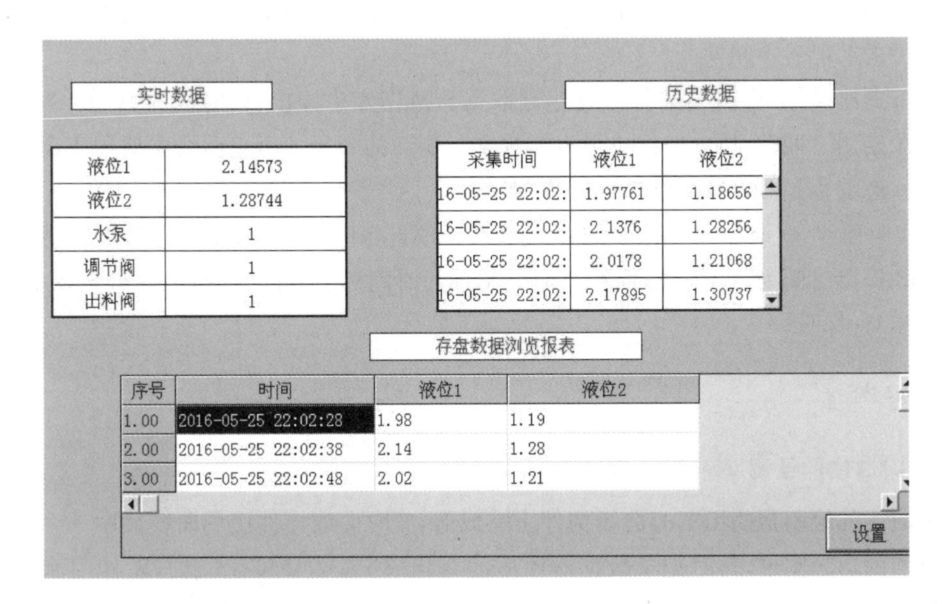

图 7-74 运行环境下的存盘数据浏览构件所显示的表格数据

任务5 曲 线

【任务导入】

在实际应用的控制系统中,对实时数据、历史数据的查看、分析、处理等工作是很烦琐的。对数据仅做定量的分析还远远不够,必须根据数据信息绘制出相应的曲线,分析曲线变化趋势并从中发现数据变化规律。曲线处理在实际应用的控制系统中起到非常重要的作用。

【任务分析】

通过工具箱中的实时曲线构件和历史曲线构件可以根据数据信息绘制出相应的曲线来分析曲线变化趋势并从中发现数据变化规律。

【相关知识】

在实际生产过程中,对实时数据、历史数据的查看、分析是不可缺少的工作,但对大量数据仅做定量的分析还远远不够,必须根据大量的数据信息,绘制出趋势曲线,从趋势曲线的变化中发现数据的变化规律。因此,趋势曲线处理在工控系统中是一个非常重要的部分。

MCGS 嵌入版组态软件为用户提供强大的趋势曲线功能。通过众多功能各异的曲线构件,包括历史曲线、实时曲线,用户能够组态出各种类型的趋势曲线,从而满足不同工程项目的各种需求。

MCGS 嵌入版共提供了两种用于趋势曲线绘制的构件,分别是:历史曲线和实时曲线。每种曲线构件的功能各不相同。

(1) 历史曲线:历史曲线是将历史存盘数据从数据库中读出,以时间为 X 轴,数据值为 Y 轴进行曲线绘制。同时,历史曲线也可以实现实时刷新的效果。历史曲线主要用于事后查看数据分布和状态变化趋势以及总结信号变化规律。

(2) 实时曲线:实时曲线是在 MCGS 嵌入版系统运行时,从 MCGS 嵌入版实时数据库中读取数据,同时,以时间为 X 轴进行曲线绘制。X 轴的时间标注,可以按照用户组态要求,显示绝对时间或相对时间。

【任务实施】

1. 实时曲线的绘制

实时曲线的绘制是使用实时曲线构件来完成的,实时曲线构件使用曲线显示一个或多个数据对象数值的动画图形,实时记录数据对象质的变化情况。在 MCGS 组态软件中制作实时曲线的具体操作如下。

(1) 单击“用户窗口”选项卡，在“用户窗口”选项卡中，新建一个窗口，窗口的名称和标题都设为“曲线”。

(2) 双击此窗口，进入“动画组态数据显示”对话框，单击工具箱中的“标签”按钮**A**，做注释：“实时曲线”“历史曲线”。

(3) 在工具箱中单击“实时曲线”按钮，当光标变成“十”字后用鼠标拖动到适当大小后松开，并将其放到“实时曲线”文本框下面，如图 7-75 所示。

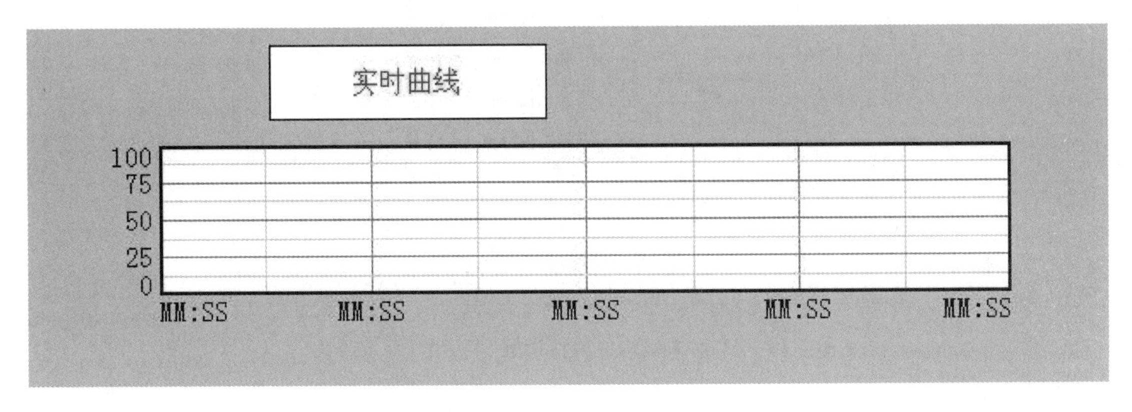

图 7-75 实时曲线构件的使用效果

(4) 双击实时曲线，弹出“实时曲线构件属性设置”对话框，按图 7-76 所示设置“基本属性”选项卡中的参数，按图 7-77 所示设置“标注属性”选项卡中的参数，例如时间单位为秒钟，按图 7-78 所示设置“画笔属性”选项卡中的参数，例如将曲线 1、曲线 2 的颜色分别设为红色和绿色。

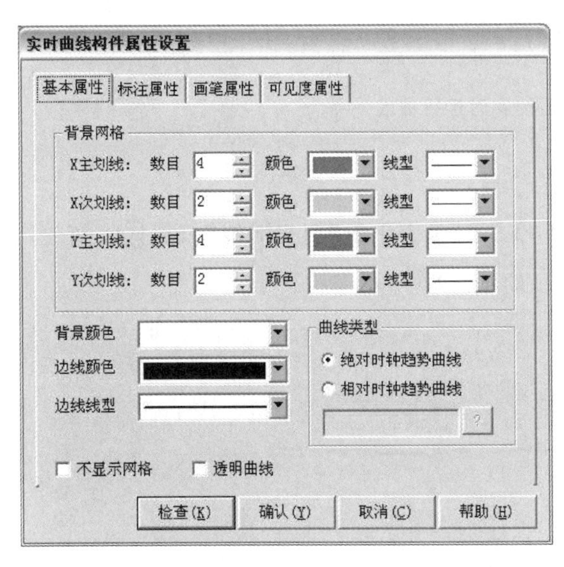

图 7-76 “实时曲线构件属性设置”对话框(基本属性)

图 7-77 “实时曲线构件属性设置”对话框(标注属性)

然后下载，进入运行环境，稍等一会，即可看到图 7-79 所示的实时运行曲线。

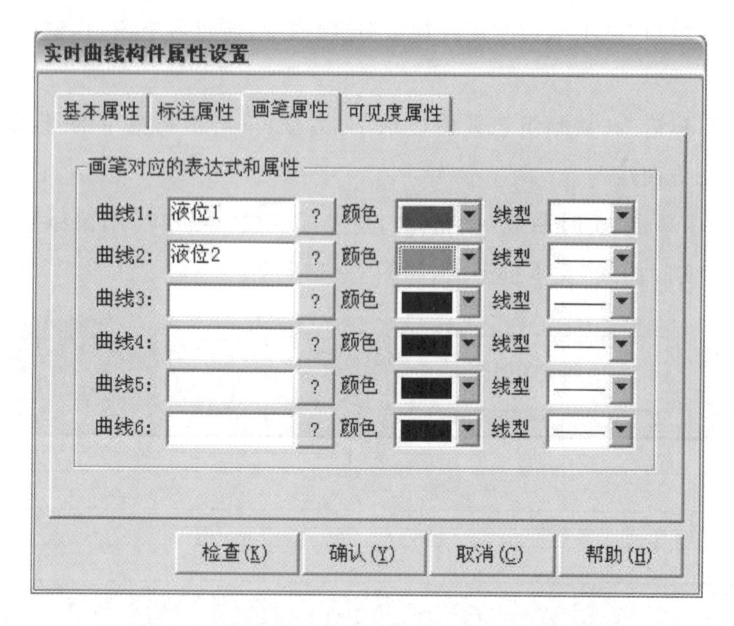

图 7-78 “实时曲线构件属性设置”对话框(画笔属性)

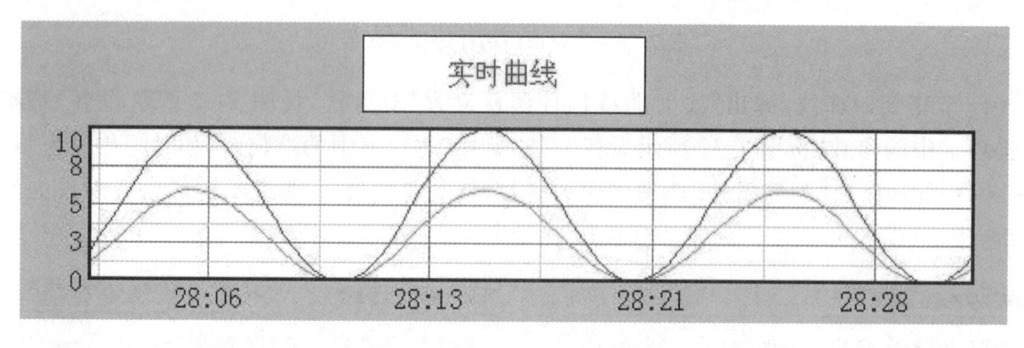

图 7-79 运行环境下的实时运行曲线

2. 历史曲线的绘制

(1) 在“用户窗口”选项卡中双击“曲线”窗口,在工具箱中单击“历史曲线”按钮,拖放鼠标到窗口适当位置(放置在“历史曲线”文本框下),如图 7-80 所示。

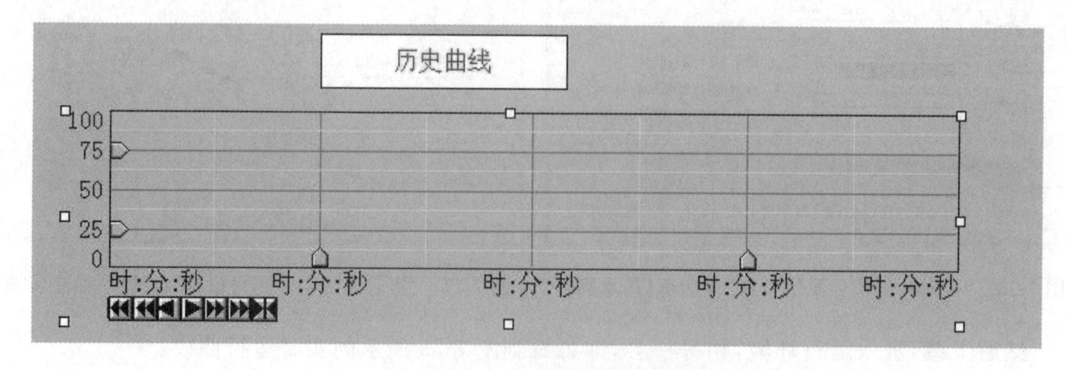

图 7-80 历史曲线构件的使用效果

(2) 双击历史曲线，弹出“历史曲线构件属性设置”对话框，按图 7-81 所示设置完成后，单击“确认”按钮。

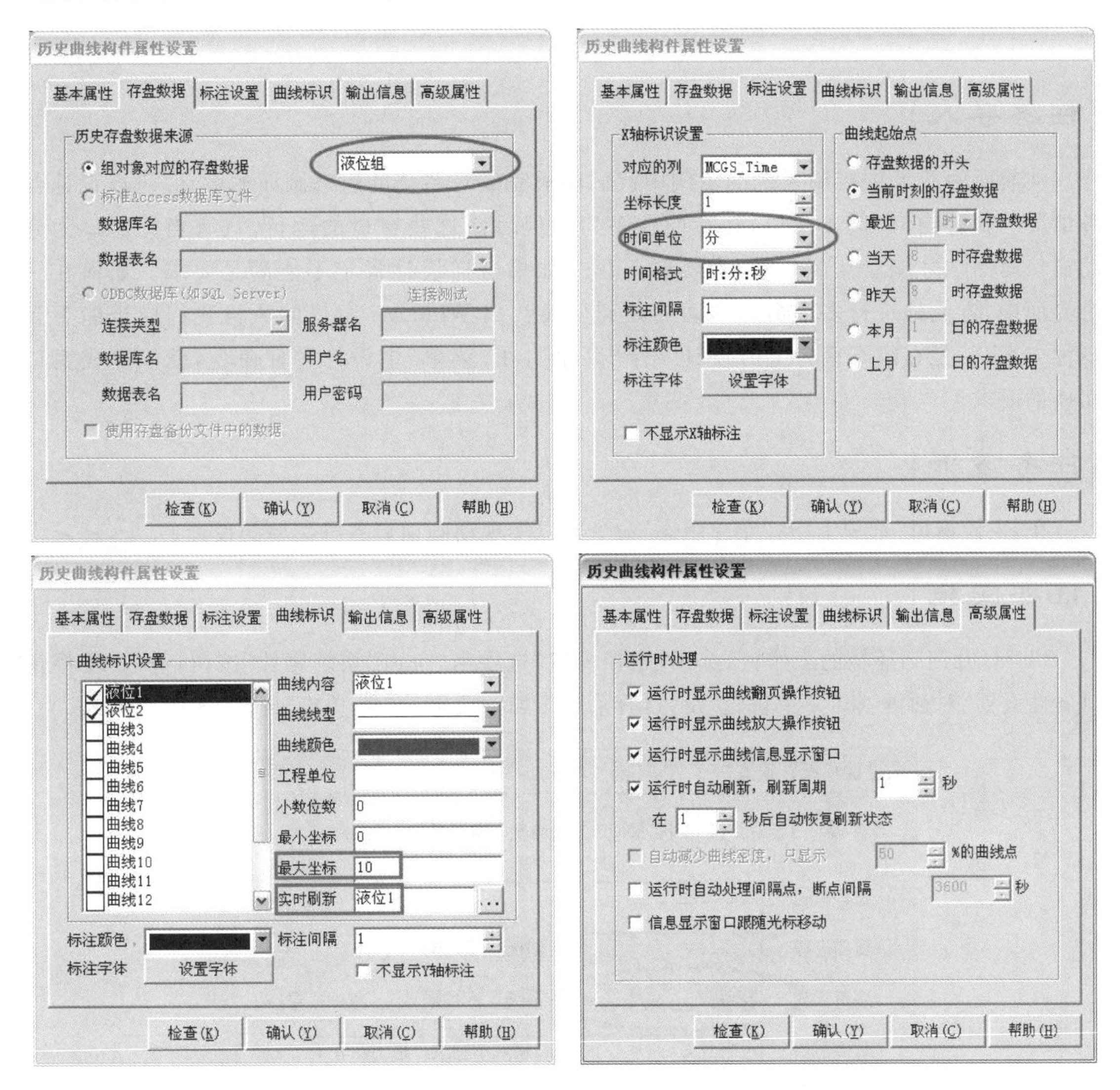

图 7-81 “历史曲线构件属性设置”对话框

(3) 下载，进入运行环境，运行画面如图 7-82 所示。

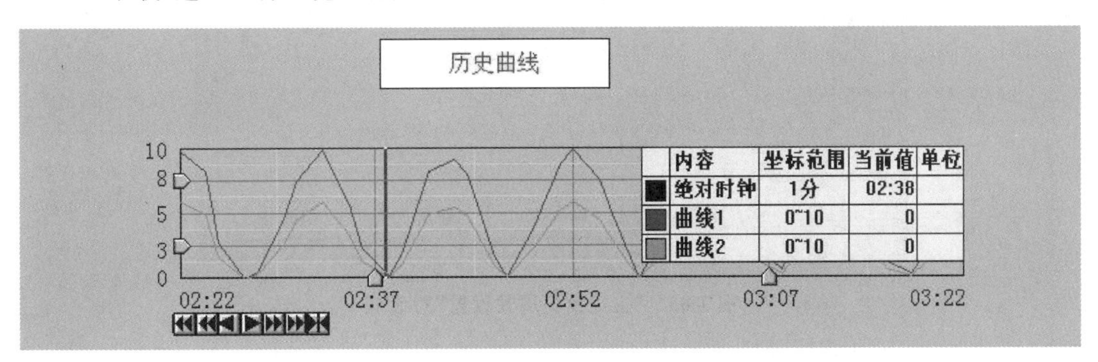

图 7-82 运行环境下的历史曲线

任务 6　设置组态的菜单

【任务导入】

从前面的双液位控制系统的示例中我们能够完成对系统的组态画面的设计，可以设计各种情况的报警窗口、报表窗口、运行曲线窗口。但目前这些窗口的运行，只有当此窗口为启动窗口时用户才能看到此信息，在实际工程中如果这样设计肯定不能满足要求。如何在一个界面中，方便地进行多个窗口之间的顺利切换？从 Windows 窗口的风格我们应当能想到一种方案，就是在组态窗口上方设计一个“菜单”，在“菜单”中设计各种命令，就能完成窗口切换的要求。

【任务分析】

在“主控窗口”选项卡中，“菜单组态”命令可以实现动画窗口各种菜单的设计。

【任务实施】

(1) 打开组态环境的工作台，选择“主控窗口”选项卡，单击“系统属性”按钮，进入“主控窗口属性设置”对话框，将“菜单设置”设为“有菜单”，如图 7-83 所示，单击“确认”按钮。

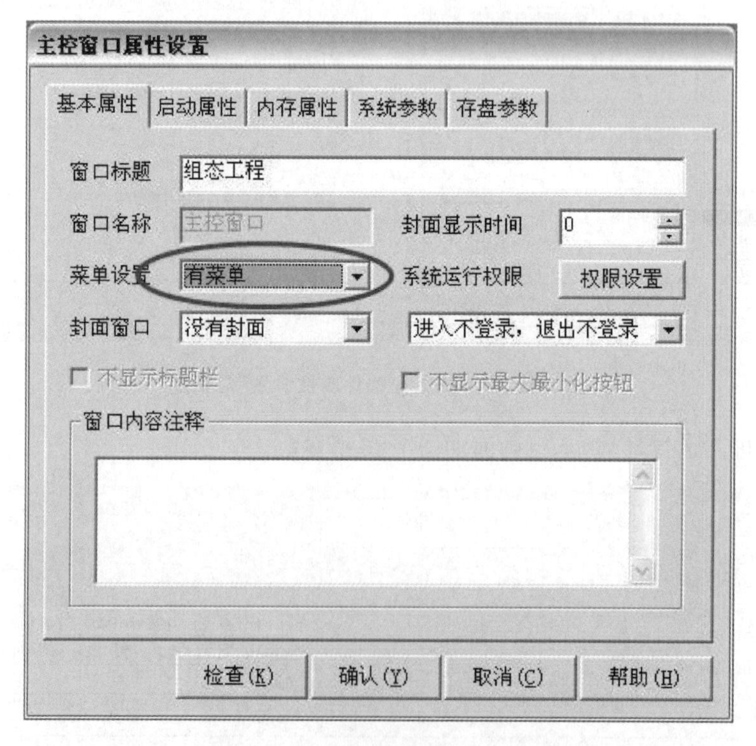

图 7-83　“主控窗口属性设置”对话框

(2) 双击“主控窗口”图标，进入“菜单组态:运行环境菜单”对话框，如图 7-84 所示。菜单管理是以树形结构的形式进行发布的，使用时主要显示当前操作项与操作菜单的位置。

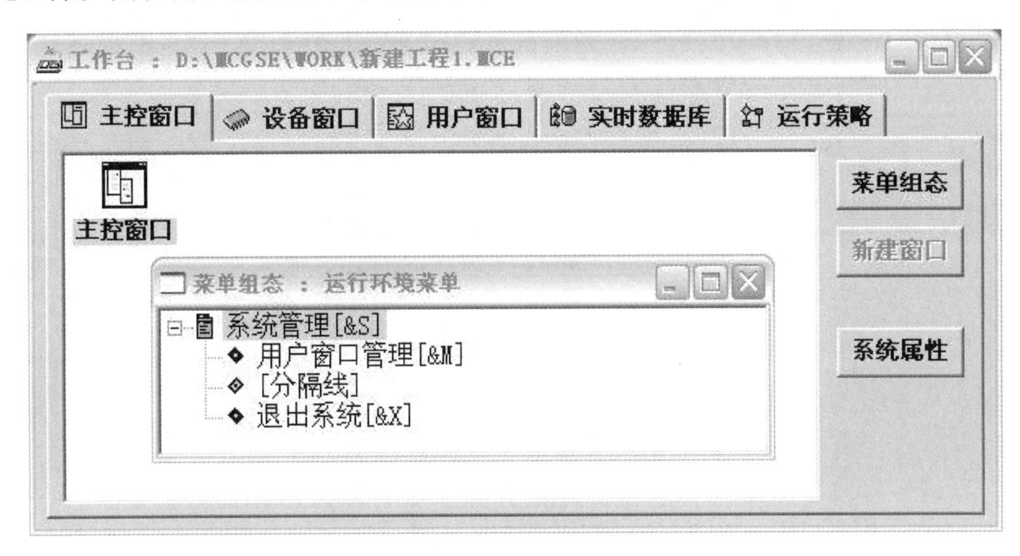

图 7-84 菜单组态环境

(3) 单击工具条中的“新增下拉菜单”图标，产生“操作集 0”的菜单，如图 7-85 所示。操作集相当于文件夹的作用。

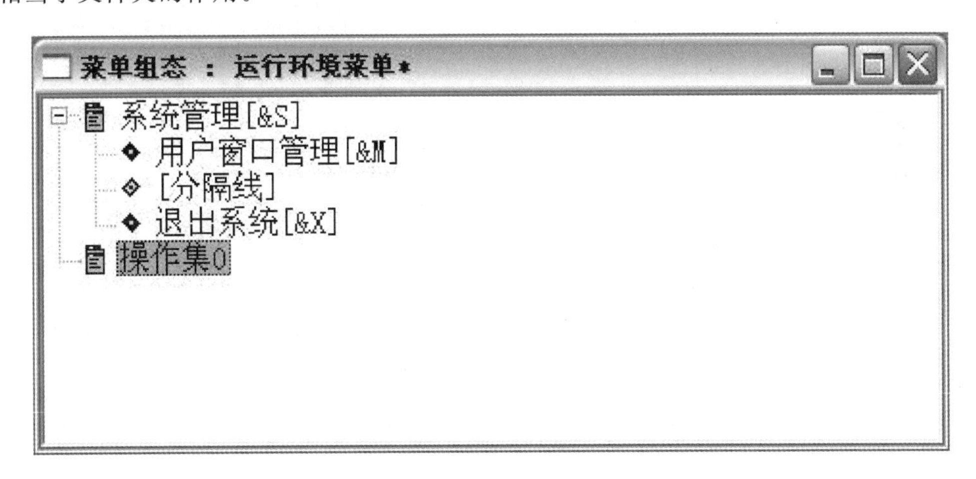

图 7-85 新增下拉菜单

(4) 双击“操作集 0”，打开“菜单属性设置”对话框，在“菜单属性”选项卡中，进行图 7-86(a) 所示的设置。在“菜单操作”选项卡中勾选“打开用户窗口”，在后面列表框中选择“双液位控制系统”，如图 7-86(b)所示。单击“确认”按钮，完成了“操作集 0”的命名和设置。

(5) 用同样的方法建立“报警”“曲线”“报表”三个菜单，当然对应的“菜单名”和“打开用户窗口”的选项要和菜单名对应。

(6) 下载，进入运行环境，如图 7-87 所示，可看到在运行画面的最上端出现一行菜单，单击任意一个菜单，画面就会做相应的切换。

菜单属性设置

菜单属性　菜单操作　脚本程序

菜单名：动画

快捷键：无

菜单类型

普通菜单项

下拉菜单项

菜单分隔线

内容注释

权限(A)　检查(K)　确认(Y)　取消(C)　帮助(H)

(a)

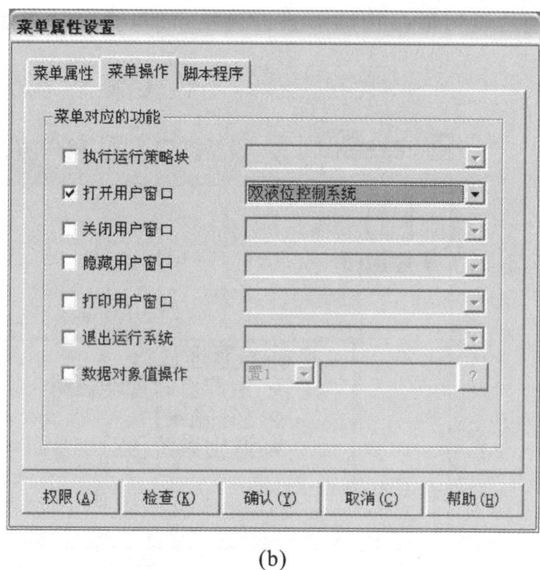

(b)

图 7-86　“菜单属性设置”对话框

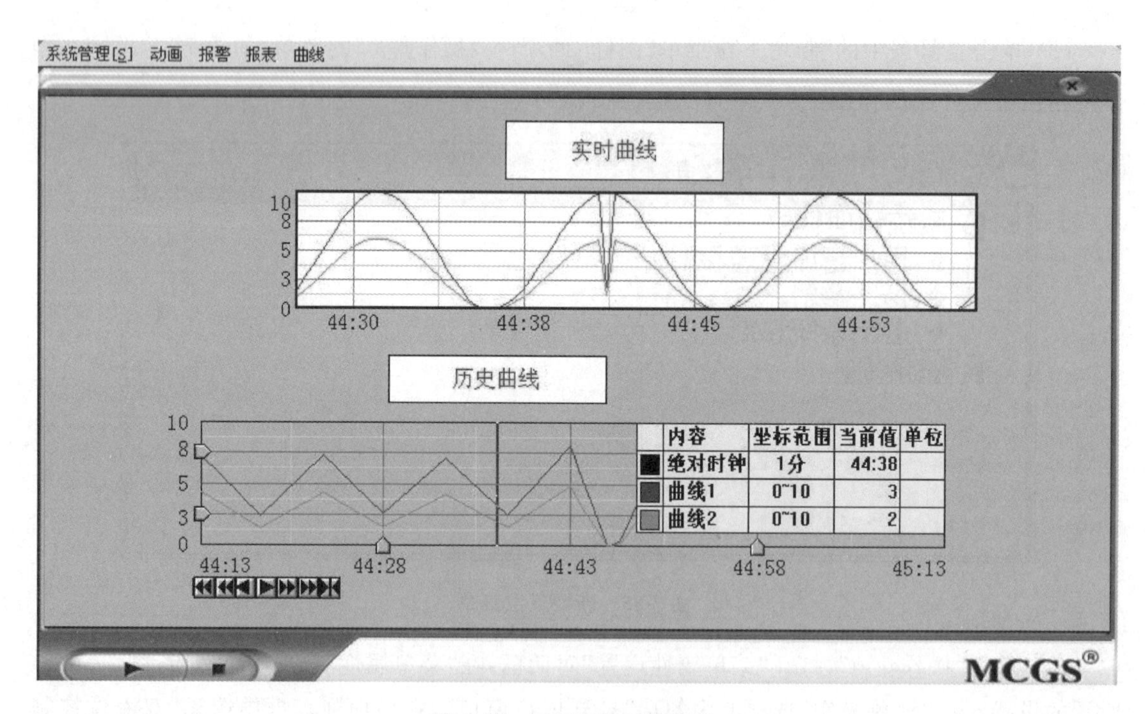

图 7-87　运行环境下的菜单

任务 7　安 全 管 理

【任务导入】

工业过程控制中，应该尽量避免由于现场人为的误操作所引发的故障或事故，而某些操作所带来的后果有可能是致命的。为了防止这类事故的发生,MCGS 嵌入版组态软件提供了一套完善的安全机制,严格限制各类操作的权限,使不具备资格的人员无法进行操作,从而避免了现场操作的任意性和无序状态,防止因误操作干扰系统的正常运行,甚至使系统瘫痪,造成不必要的损失。

【任务分析】

安全机制可通过 MCGS 组态软件“工具”菜单中的“用户权限管理”和“工程安全管理”两个命令来实现的。

【相关知识】

MCGS 组态软件提供了一套安全机制,用户能够自由组态控制按钮和退出系统的操作权限,只允许有操作权限的操作员才能对某些功能进行操作,另外软件还提供了工程密码功能,来保护使用 MCGS 组态软件开发所得的成果,开发者可利用这些功能保护自己的合法权益。

MCGS 组态软件的操作权限机制采用用户组和用户的概念来进行操作权限的控制。在 MCGS 组态软件中可以定义多个用户组,每个用户组可以包含多个用户,同一个用户可以隶属于多个用户组。操作权限的分配是以用户组为单位来进行的,而某个用户能否对这个功能进行操作取决于该用户所在的用户组是否具备对应的操作权限。

MCGS 组态软件按照用户组来分配操作权限的机制,使用户能方便地建立各种多层次的安全机制。例如,实际应用中的安全机制一般划分为:操作员组、技术员组、负责人组。操作员组的成员一般只能进行简单的日常操作;技术员组负责工艺参数等功能设置;负责人组能对重要的数据进行统计分析;各组的权限独立,但某用户可能因为工作需要,需要进行所有操作,则只须把该用户同时设为隶属于三个用户组即可。

注意:在 MCGS 嵌入版中,操作权限的分配是对用户组来进行的,某个用户具有什么样的操作权限是由该用户所隶属的用户组来确定。

【任务实施】

1. 定义用户和用户组

1)“用户管理器”对话框的介绍

在 MCGS 组态软件的组态环境中,选择“工具”菜单→“用户权限管理”命令,弹出图 7-88 所示的“用户管理器”对话框。

在 MCGS 组态软件中,固定只有一个名为“管理员组”的用户组和一个名为“负责人”的用户,它们的名称不能修改。管理员组中的用户有权力在运行时管理所有的权限分配工作,管理员组的这些特性是由 MCGS 嵌入版组态软件系统决定的,其他所有用户组都没有这些权力。

“用户管理器”对话框上半部分为已建用户的用户名列表,下半部分为已建用户组名的列表。当用鼠标激活用户名列表时,窗口底部显示的按钮是“新增用户”“复制用户”“属性”“删除用户”等对用户操作的按钮;当用鼠标激活用户组名列表时,在窗口底部显示的按钮是“新增用户组”“删除用户组”等对用户组操作的按钮。

2)新增用户组

(1)在“用户管理器”对话框中,选中“负责人”,单击“属性”按钮,按图 7-89 所示设置密码。

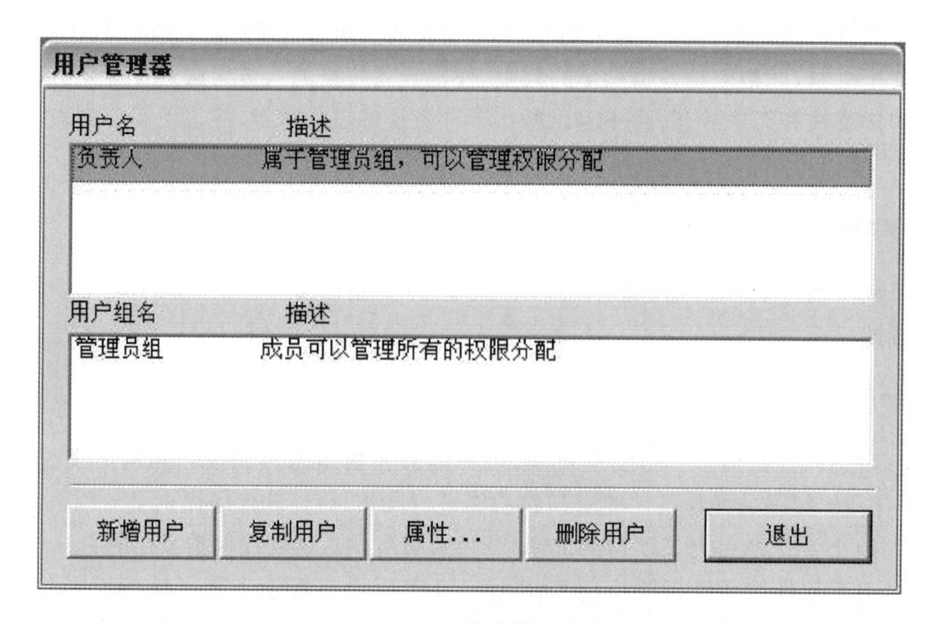

图 7-88 “用户管理器”对话框

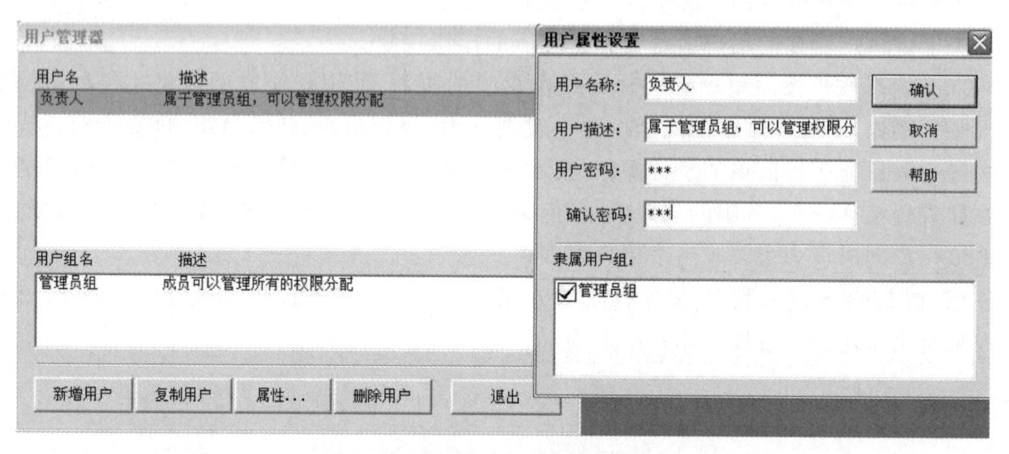

图 7-89 “用户属性设置”对话框 1

(2) 将鼠标放置在“用户管理器”对话框的下半部分，出现“新增用户组”按钮后，单击“新增用户组”按钮，弹出“用户组属性设置”对话框，输入用户组名称和用户组描述，将用户组成员中的“负责人”打钩选中，单击“确认”按钮，如图 7-90 所示。

3) 新增用户

将鼠标放置在“用户管理器”对话框的上半部分，出现“新增用户”按钮后，单击“新增用户”按钮，弹出“用户属性设置”对话框，在该对话框中输入用户名称和用户描述，用户对应的密码要输入两遍，用户所隶属的用户组在下面的列表框中选择，如图 7-91 所示。

当在“用户管理器”对话框中单击“属性”按钮时弹出同样的窗口，可以修改用户密码及其所属的用户组，但不能够修改用户名。

2. 权限设置

为保证工程安全、稳定可靠地工作，防止与工程系统无关的人员进入或退出工程系统，

图7-90 “用户组属性设置”对话框

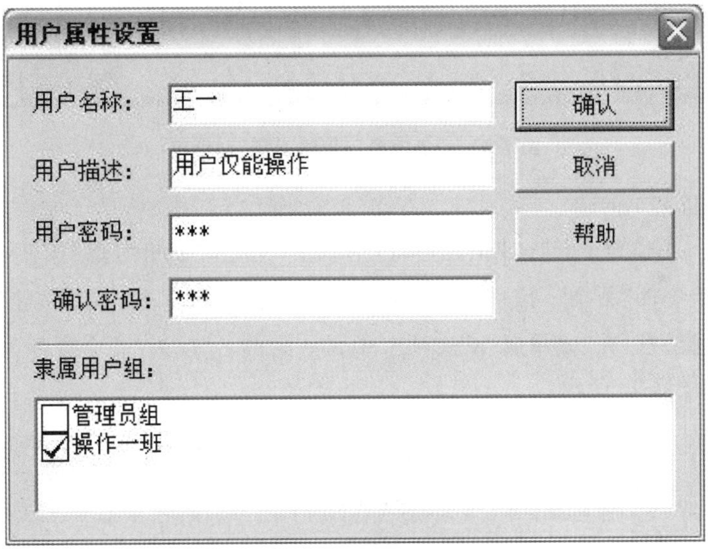

图7-91 “用户属性设置”对话框2

MCGS嵌入版组态软件提供了对工程运行时进入和退出工程的权限管理。

打开MCGS嵌入版组态软件的组态环境，在“主控窗口”选项卡中，单击“系统属性”按钮，弹出“主控窗口属性设置”对话框，如图7-92所示。选择“进入登录，退出不登录”，单击“权限设置”按钮，弹出“用户权限设置”对话框，选择“操作一班”。

系统进入和退出时是否需要用户登录，共有4种组合：“进入不登录，退出登录”，“进入登录，退出不登录”，“进入不登录，退出不登录”，“进入登录，退出登录”。

3. 运行时改变操作权限

MCGS的用户操作权限在运行时才能体现出来。某个用户在进行操作之前首先要进行登录工作，登录成功后该用户才能进行所需的操作，完成操作后退出登录，使操作权限失效。用户登录、退出登录、运行时修改用户密码和用户管理等功能都需要在组态环境中进行一定的组态动作，在脚本程序使用中MCGS提供的四个内部函数可以完成上述工作。

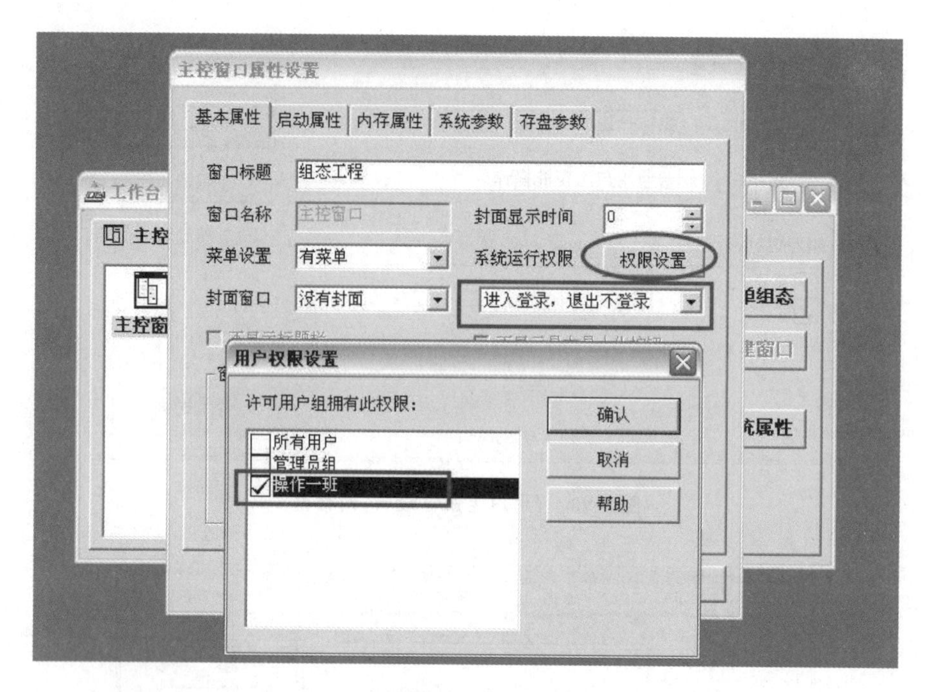

图 7-92 “主控窗口属性设置”对话框

1)“安全管理”菜单的建立

(1) 在 MCGS 工作台上,进入“主控窗口”选项卡,单击 “菜单组态”按钮,打开菜单组态对话框。单击工具条中的“新增下拉菜单”图标,产生“操作集 0”的菜单,双击“操作集 0”,打开“菜单属性设置”对话框,在“菜单属性”选项卡中,将“菜单名”改为“安全管理”,“菜单类型”选为“下拉菜单项”,如图 7-93 所示。

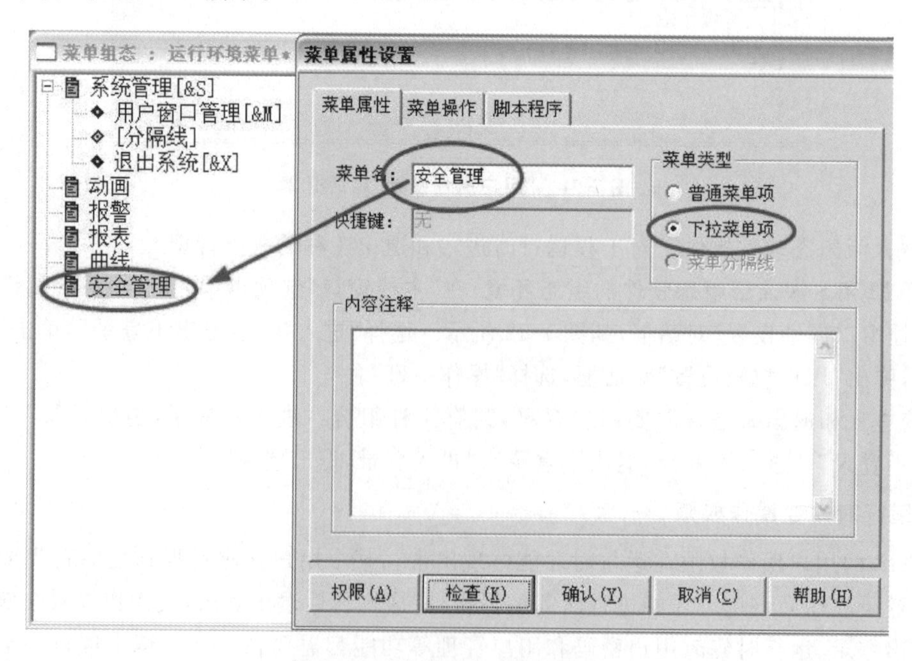

图 7-93 “菜单属性设置”对话框

（2）单击工具条中的“新增菜单项”图标，产生“操作 0”，连续单击“新增菜单项”按钮，增加三个菜单，分别为“操作 1”“操作 2”和“操作 3”，如图 7-94 所示。

（3）通过工具条中的“向右移动”按钮，可以把“操作 0”“操作 1”“操作 2”和“操作 3”放到“安全管理”中去，如图 7-95 所示。当然也可使用“向左移动”按钮，把“操作 0”放回到“操作集 0”同层。在菜单分布的时候，也可以使用“向上移动”按钮和“向下移动”按钮进行相应的位置调整。

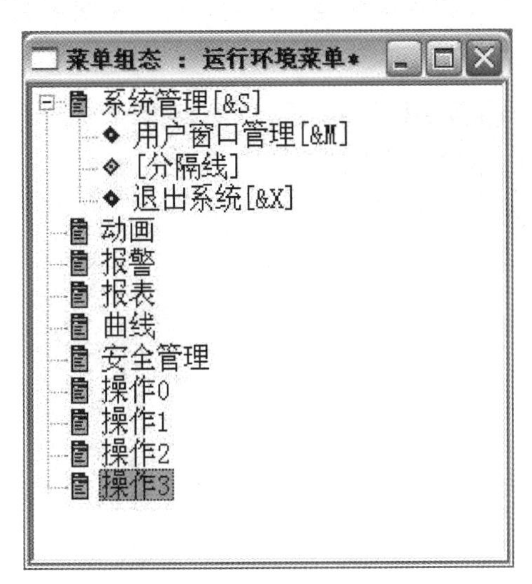

图 7-94 新增菜单项

图 7-95 向右移动操作 0、操作 1、操作 2、操作 3

（4）依次双击“操作 0”“操作 1”“操作 2”和“操作 3”，依次改名为“进入登录”“退出登录”“用户管理”“修改密码”四个菜单名，如图 7-96 所示。

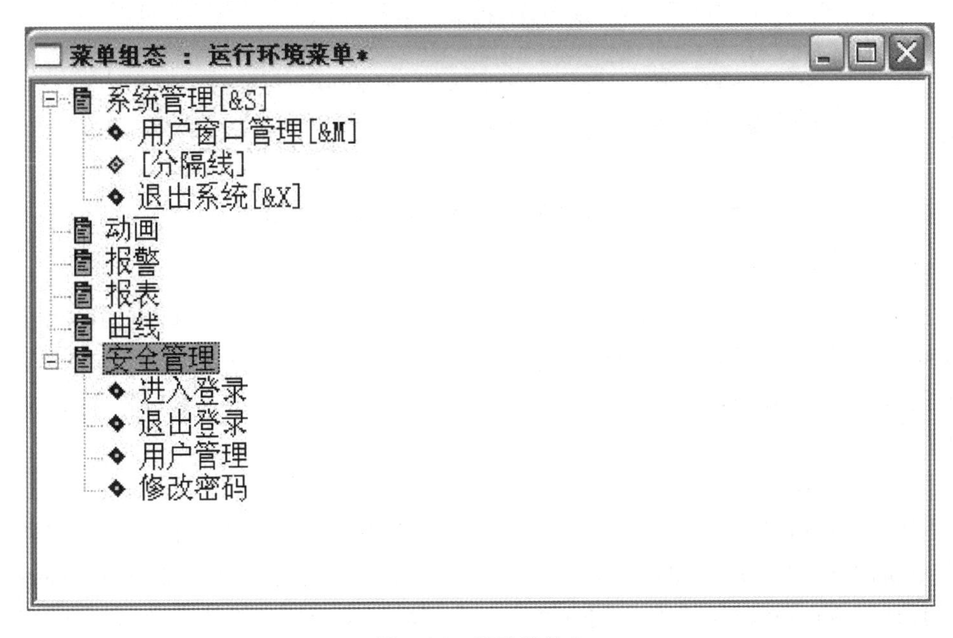

图 7-96 修改菜单名

下载，进入运行环境，可看到运行环境上多了一个菜单项“安全管理”，单击该菜单项，出现一个下拉菜单列表。但由于功能没有设置，不能产生任何的操作。下面来介绍如何依次设置这些菜单功能，完成“进入登录”“退出登录”“用户管理”“修改密码”四个菜单的功能设置。

2）用户进入登录功能设置

在上述的菜单组态对话框中，右键单击“进入登录”，在弹出的快捷菜单中选择“属性”命令，打开“菜单属性设置”对话框，单击“脚本程序”选项卡，在程序框中输入函数“!LogOn()”，如图 7-97 所示；或者单击“打开脚本程序编辑器”按钮，进入脚本程序编辑环境，单击“系统函数”，打开“用户登录操作”，双击“!LogOn”，如图 7-98 所示。

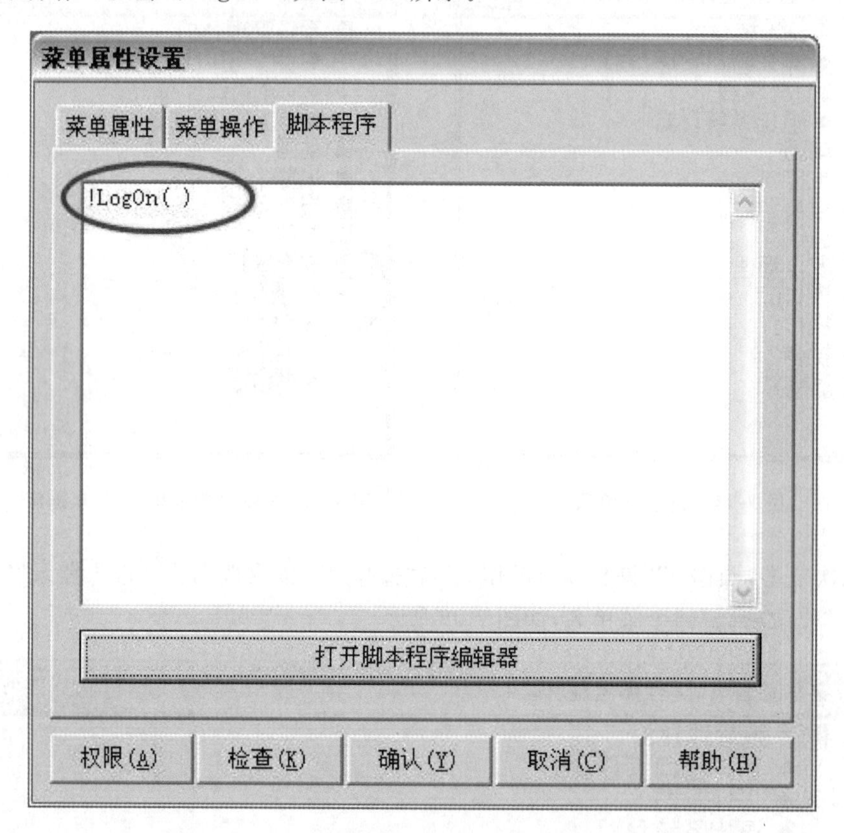

图 7-97 “菜单属性设置”对话框之“脚本程序”选项卡

3）用户退出登录功能设置

在上述的菜单组态对话框中，右键单击“退出登录”，在弹出的快捷菜单中选择“属性”命令，打开“菜单属性设置”对话框，单击“脚本程序”选项卡，在程序框中输入函数“!LogOff()”；或者单击“打开脚本程序编辑器”按钮，进入脚本程序编辑环境，单击“系统函数”，打开“用户登录操作”，双击“!LogOff”。

4）用户管理功能设置

在上述的菜单组态对话框中，右键单击“用户管理”，在弹出的快捷菜单中选择“属性”命令，打开“菜单属性设置”对话框，单击“脚本程序”选项卡，在程序框中输入函数“!Editusers()”；或者单击“打开脚本程序编辑器”按钮，进入脚本程序编辑环境，单击“系统函数”，打开“用户登录操作”，双击“!Editusers”。若不是具有管理员身份登录的用户，打开“用户管理”菜单，会弹出

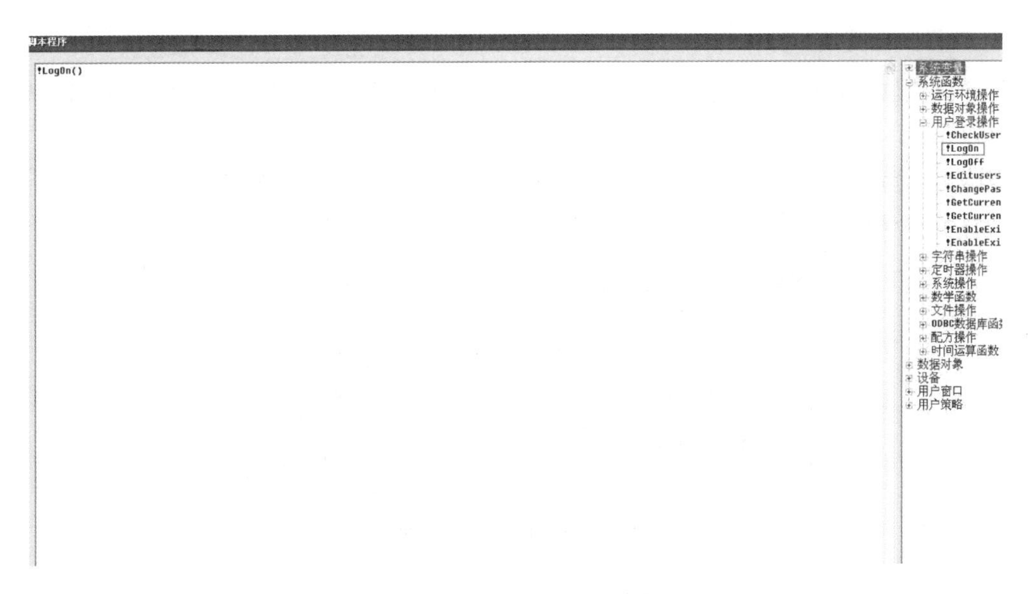

图 7-98 脚本程序编辑环境

“用户权限不足”的提示。

5）修改密码功能设置

在上述的菜单组态对话框中，右键单击“修改密码”，在弹出的快捷菜单中选择“属性”命令，打开“菜单属性设置”对话框，单击“脚本程序”选项卡，在程序框中输入函数“!ChangePassword( )”；或者单击“打开脚本程序编辑器”按钮，进入脚本程序编辑环境，单击“系统函数”，打开“用户登录操作”，双击“! ChangePassword”。

当上述功能设置完成后，下载，进入运行环境后，单击“安全管理”菜单，会出现下拉菜单，如图 7-99 所示。先以一个“负责人”身份登录，然后就可以试用设置的其他三个命令的功能。

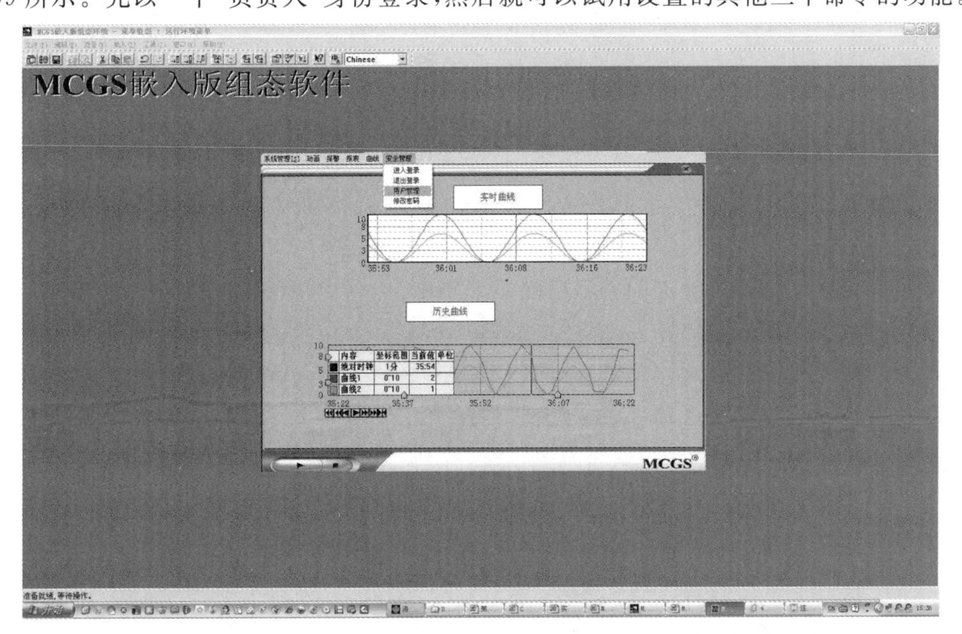

图 7-99 运行环境下“安全管理”菜单的下拉菜单

4. 工程安全管理

打开双液位控制系统,选择“工具”菜单→“工程密码设置”,弹出“修改工程密码”对话框,如图 7-100 所示。

修改工程密码完成后,单击“确认”按钮,工程加密即可完成。下次打开双液位控制系统时需要输入密码,如图 7-101 所示。

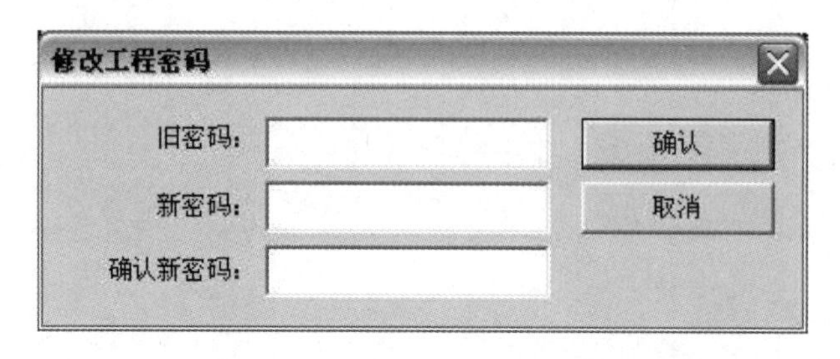

图 7-100 “修改工程密码”对话框

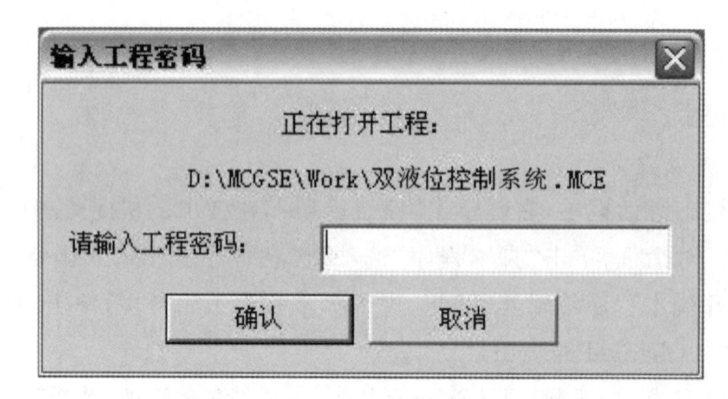

图 7-101 进入工程时密码保护对话框

项目 8
触摸屏＋PLC 通信控制

学习目标

1. 知识目标

（1）掌握 MCGSTPC 触摸屏与三菱 PLC 的通信和控制。

（2）掌握 MCGSTPC 触摸屏与西门子 PLC 的通信和控制。

（3）掌握 MCGS 设备窗口组态的方法。

2. 能力目标

（1）具备 PLC 控制系统的硬件接线、程序编写能力。

（2）初步具备 PLC 程序和 MCGS 组态程序的联调能力。

任务 1　TPC+三菱 PLC 通信控制指示灯的开关

【任务描述】

在 MCGSTPC 触摸屏上按下“开灯”按钮，则触摸屏上的指示灯亮；按下“关灯”按钮，则触摸屏上的指示灯灭。灯和按钮之间的控制通过 PLC 进行通信控制。

【任务分析】

触摸屏 TPC 与 PLC 的通信和控制，对 MCGS 的要求来说，其组态内容见项目 1，与项目 1 不同的是数据对象的建立和动画连接应当是“根据采集信息生成”来实现。

PLC 控制程序编写也比较简单，采用常规的自保停程序。触摸屏 TPC 与下位机 PLC 之间的连接也容易实现。

【相关知识】

设备窗口是 MCGS 系统的重要组成部分，在设备窗口中建立系统与外部硬件设备的连接关系，使系统能够从外部设备读取数据并控制外部设备的工作状态，实现对工业过程的实时监控。

在 MCGS 中，实现设备驱动的基本方法是：在设备窗口内配置不同类型的设备构件，并根据外部设备的类型和特征，设置相关的属性，将设备的操作方法如硬件参数配置、数据转换、设备调试等都封装在构件之中，以对象的形式与外部设备建立数据的传输通道连接。系统运行过程中，设备构件由设备窗口统一调度管理，通过通道连接，向实时数据库提供从外部设备采集到的数据，从实时数据库查询控制参数，发送给系统其他部分，进行控制运算和流程调度，实现对设备工作状态的实时检测和过程的自动控制。

在对设备窗口组态时，主要是解决三个问题，首先是实现 MCGS 和 PLC 设备的连接；其次实现对 PLC 中的数据进行读写；最后将 MCGS 实时数据库与 PLC 各通道数据建立读写连接。

【任务实施】

1. 新建工程

(1) 双击 MCGS 组态环境快捷方式图标，进入 MCGS 组态环境。单击工具条上的“新建”按钮，或执行“文件”菜单中的“新建工程”命令，打开“新建工程设置”对话框，选择触摸屏 TPC 的类型为“TPC7062K”，按“确定”按钮。

(2) 选择文件菜单中的“工程另存为”菜单项，弹出文件保存窗口；在文件名一栏内输入“触摸屏+三菱 PLC 的控制”，点击“保存”按钮，工程创建完毕。

2. 静态画面组态

进入用户窗口页面，点击“新建窗口”按钮，创建一个窗口名称为“触屏+PLC 控制灯开关”的用户窗口。双击用户窗口“触屏+PLC 控制灯开关”，进入组态环境。

1）添加标准按钮

在工具箱中单击选中“标准按钮”构件，鼠标的光标变为“十字”形，在用户窗口合适位置拖曳鼠标，拉出一个大小合适的矩形，松开鼠标，则出现一个按钮，双击之，出现“标准按钮构件属性设置”对话框，在基本属性选项卡中将“文本”修改为“开灯”，单击“确认”按钮保存；按照同样的操作再绘制一个按钮，文本修改为“关灯”。

2）添加指示灯

单击工具箱中的“插入元件”构件，弹出“对象元件库管理”对话框，在“指示灯”分类中选取“指示灯 1”，按“确认”按钮，则所选中的指示灯出现在桌面的左上角，将其调整到合适大小。

3）添加标签

单击工具箱中的“标签”构件，在用户窗口上方拉出一个大小合适的标题，输入文字：触屏+PLC 控制灯开关。

完成的窗口组态画面如图 8-1 所示。

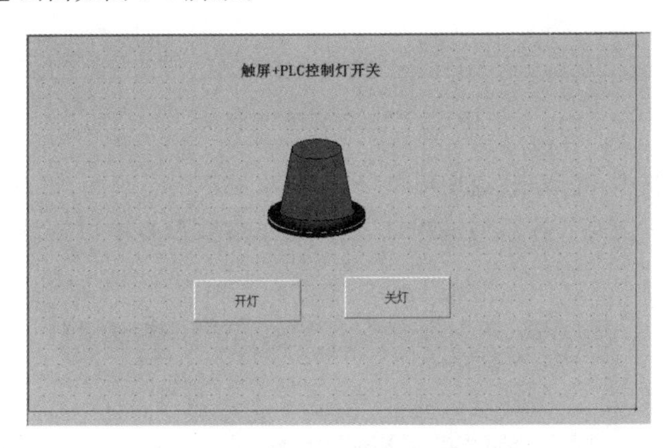

图 8-1 触屏+PLC 控制灯开关的组态画面

3. 设备组态

（1）在工作台中激活设备窗口，鼠标双击“设备窗口”图标进入设备组态画面，点击工具条中的工具箱图标，打开“设备工具箱”，如图 8-2 所示。

图 8-2 “设备工具箱”选项对话框

(2) 如果设备工具箱中没有要选择的设备选项,可先单击“设备管理”,在弹出的如图 8-3 所示的对话框中添加相应的可选设备。

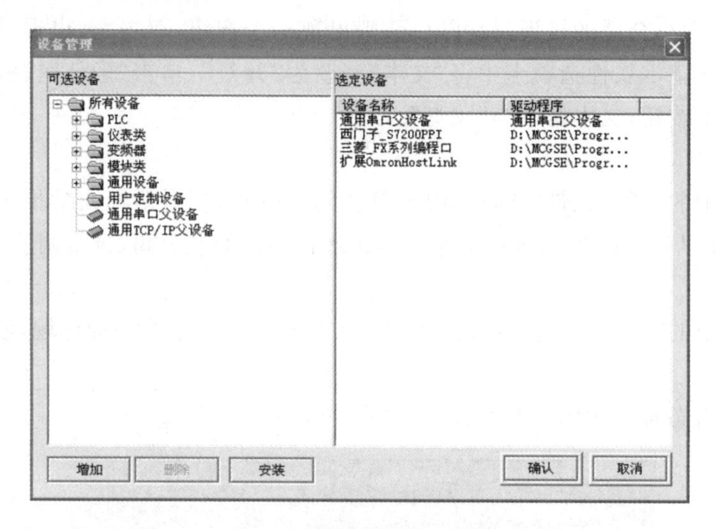

图 8-3 “设备管理”对话框

(3) 在设备工具箱中,先双击“通用串口父设备”添加至组态画面,再双击“三菱_FX 系列编程口”,提示“是否使用‘三菱 FX 系列编程口’默认通讯参数设置串口父设备参数”,如图 8-4 所示,选择“是”。

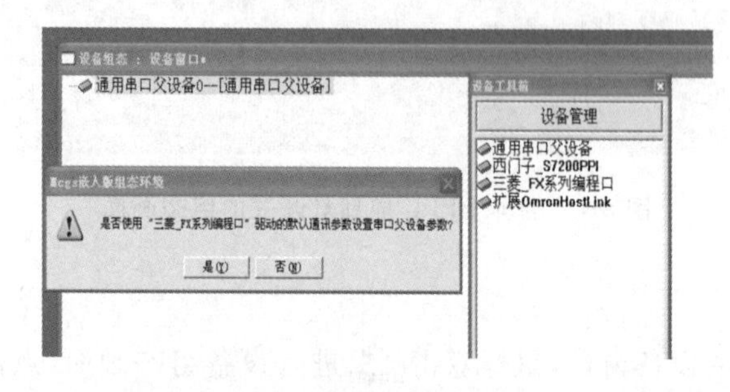

图 8-4 添加“通用串口父设备”和“三菱_FX 系列编程口”

(4) 再双击“设备 0—[三菱_FX 系列编程口]”,在弹出的“设备编辑”对话框中,如图 8-5 所示,选择 PLC 的 CPU 类型,按“确认”按钮。

(5) 所有操作完成后关闭设备窗口,弹出如图 8-6 所示窗口,选择“是”,返回工作台。

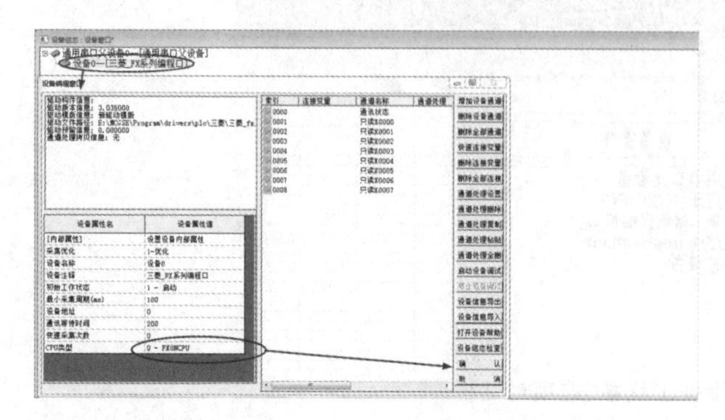

图 8-5 “通用串口设备属性编辑”对话框

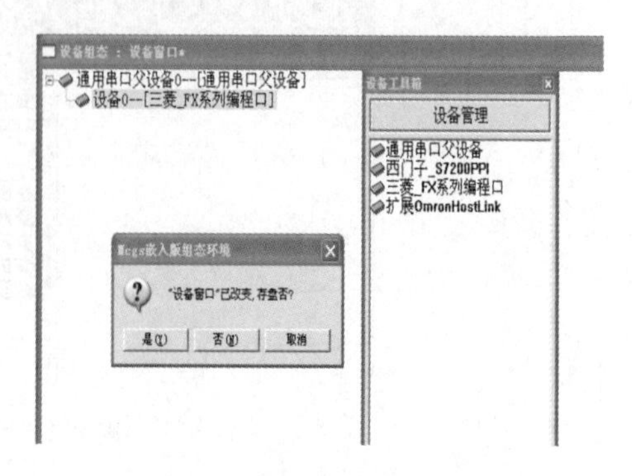

图 8-6 “设备窗口”改变确认

4. 动画连接

1）按钮

双击“开灯”按钮，弹出“标准按钮构件属性设置”对话框。在“操作属性”页面，默认“抬起功能”按钮为按下状态，勾选“数据对象值操作”，选择“清 0”操作，如图 8-7 所示。单击右侧 ? 按钮，弹出“变量选择”对话框，选择“根据采集信息生成”，通道类型选择“M 辅助寄存器”，通道地址为“0”，读写类型选择“读写”，如图 8-8 所示。设置完成后点击“确认”。即在“开灯”按钮抬起时，对三菱 FX 的 M0 地址“清 0”。

图 8-7 “开灯”按钮的数据连接

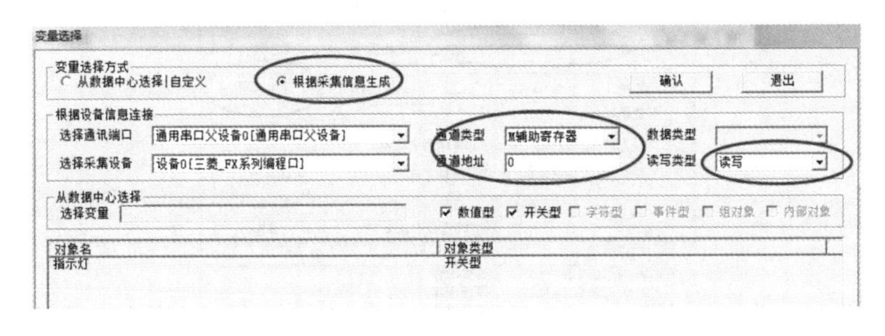

图 8-8 “开灯”按钮的“变量选择”对话框

使用同样的方法，在“操作属性”页面，点击“按下功能”按钮，进行设置，选择：数据对象值操作→置 1→设备 0_读写 M0000。如图 8-9 所示。

使用同样的方法，对“关灯”按钮进行设置。其“抬起功能”时“清 0”；“按下功能”时“置 1”→变量选择→M 辅助寄存器，通道地址为 1。

“开灯”按钮和“关灯”按钮的属性设置过程，可以理解为建立组态与三菱 FX 系列 PLC 编程口通信的过程，两个按钮分别对应实际操作地址三菱 PLC 中的 M0、M1。

2）指示灯

双击指示灯，弹出“单元属性设置”对话框，在“数据对象”选项卡中选中“填充颜色”后，单击右侧 ? 按钮，弹出“变量选择”对话框，选择“根据采集信息生成”，通道类型选择“Y 输出寄存器”，通道地址为“0”，读写类型选择“读写”，设置完成后点击“确认”按钮，返回“单元属性设置”对话框，如图 8-10 所示，再按“确认”按钮完成指示灯的动画连接。

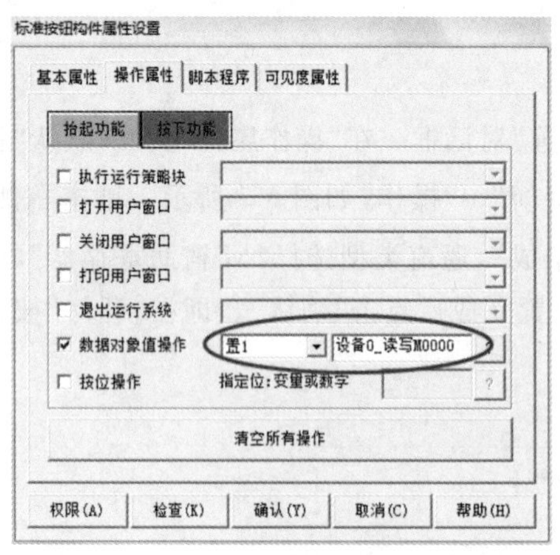

图 8-9 “标准按钮构件属性设置”对话框

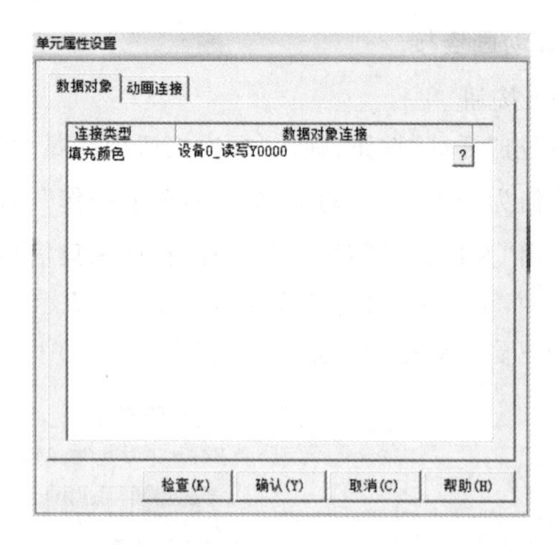

图 8-10 指示灯的“单元属性设置”对话框

5. 运行与调试

(1) 将 TPC7062K 与计算机连接。参考项目 1 中的方法,将 TPC7062K 与计算机连接。单击“下载”按钮,弹出“下载配置”对话框,如图 8-11 所示,选择“连机运行”功能,连接方式选择“USB 通讯”。通信测试正常后,单击“工程下载”,在信息框中显示下载的相关信息中,如果有红色的信息或者错误提示,将无法运行;如果显示绿色的信息,表明组态过程中没有违反组态规则的信息。

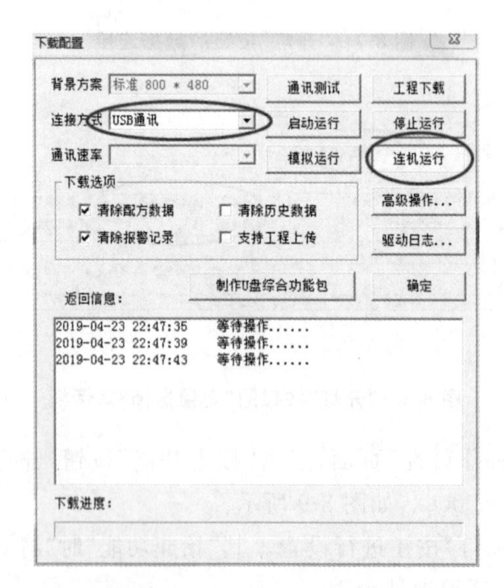

图 8-11 “下载配置”对话框

(2) 核对 TPC 与 PLC 变量的对应关系,如表 8-1 所示。

表 8-1 TPC 与 PLC 变量的对应关系

TPC 变量	开灯按钮	关灯按钮	指示灯
PLC 变量	M0	M1	Y0

(3) 编写 PLC 程序,如图 8-12 所示。

```
    M0        M1
0 ──┤ ├──┬───┤/├──────────────────────────(Y000    )
         │
   Y000  │
  ──┤ ├──┘

4 ─────────────────────────────────────────[END     ]
```

图 8-12　PLC 程序

（4）将 PLC 与计算机连接，将 PLC 程序下载到 PLC 中。

（5）将 TPC 与 PLC 连接。

TPC7062K 与三菱 PLC 的接线如图 8-13 所示。

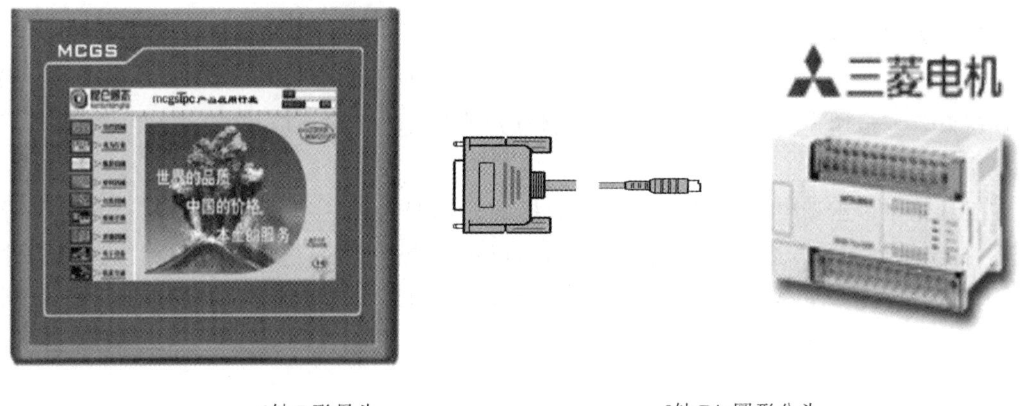

9针 D形母头	连接	8针 Din圆形公头
SG屏蔽	——	SG屏蔽
2 RX	2~5kΩ 电阻（推荐3.3kΩ）	4 TXD+
3 TX	2~5kΩ 电阻（推荐3.3kΩ）	1 RXD+
5 GND	——	2 RXD−
	（与 5 GND 相连）	7 TXD−

图 8-13　TPC7062K 与三菱 PLC 的接线

如上述步骤没有错误，则 TPC 在上电的情况下，即可完成任务描述的操作。

任务 2　TPC＋西门子 PLC S7-200 通信控制指示灯的开关

【任务导入】

在 MCGSTPC 触摸屏上按下“开灯”按钮，则触摸屏上的指示灯亮；按下“关灯”按钮，则触摸屏上的指示灯灭。灯和按钮之间的控制通过西门子 PLC S7-200 进行通信控制。

【任务分析】

触摸屏 TPC 与 PLC 的通信和控制，对 MCGS 的要求来说，其组态内容见项目 1，与项目 1 不同的是数据对象的建立和动画连接应当是“根据采集信息生成”来实现。

PLC 控制程序编写也比较简单,采用常规的自保停程序。触摸屏 TPC 与下位机 PLC 之间的连接也容易实现。

【任务实施】

1. 新建工程

(1) 双击 MCGS 组态环境快捷方式图标,进入 MCGS 组态环境。单击工具条上的“新建”按钮,或执行“文件”菜单中的“新建工程”命令,打开“新建工程设置”对话框,选择触摸屏 TPC 的类型为“TPC7062K”,按“确定”按钮。

(2) 选择文件菜单中的“工程另存为”菜单项,弹出文件保存窗口;在文件名一栏内输入“触摸屏+西门子 PLC 的控制”,点击“保存”按钮,工程创建完毕。

2. 静态画面组态

进入用户窗口页面,点击“新建窗口”按钮,创建一个窗口名称为“触屏+PLC 控制灯开关”的用户窗口。双击用户窗口“触屏+PLC 控制灯开关”,进入组态环境。

1) 添加标准按钮

在工具箱中单击选中“标准按钮”构件,鼠标的光标变为“十字”形,在用户窗口合适位置拖曳鼠标,拉出一个大小合适的矩形,松开鼠标,则出现一个按钮,双击之,出现“标准按钮构件属性设置”对话框,在基本属性选项卡中将“文本”修改为“开灯”,单击“确认”按钮保存;按照同样的操作再绘制一个按钮,文本修改为“关灯”。

2) 添加指示灯

单击工具箱中的“插入元件”构件,弹出“对象元件库管理”对话框,在“指示灯”分类中选取“指示灯 1”,按“确认”按钮,则所选中的指示灯出现在桌面的左上角,将其调整到合适大小。

3) 添加标签

单击工具箱中的“标签”构件,在用户窗口上方拉出一个大小合适的标题,输入文字:触屏+PLC 控制灯开关。

完成的窗口组态画面如图 8-14 所示。

图 8-14 触屏+PLC 控制灯开关的组态画面

3. 设备组态

(1) 在工作台中激活设备窗口，鼠标双击设备窗口进入设备组态画面，点击工具条中的，打开“设备工具箱”，如图 8-15 所示。

图 8-15 “设备工具箱”选项对话框

(2) 如果设备工具箱中没有要选择的设备选项，可先单击“设备管理”，在弹出的如图 8-16 所示的对话框中添加相应的可选设备。

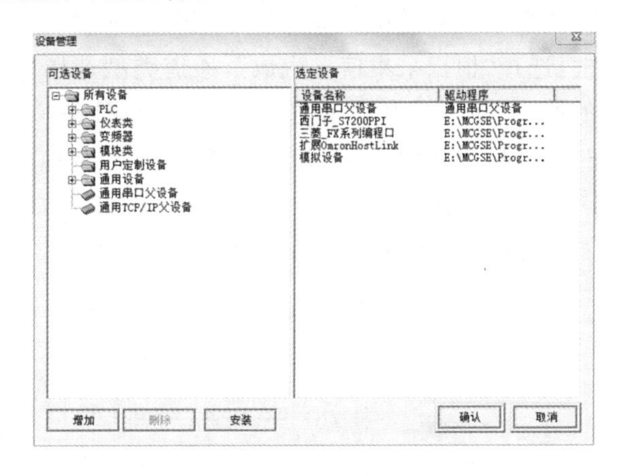

图 8-16 “设备管理”对话框

(3) 在设备工具箱中，先双击“通用串口父设备”添加至组态画面，再双击“西门子_S7200PPI”，提示“是否使用‘西门子_S7200PPI’驱动的默认通讯参数设置串口父设备参数”，如图 8-17 所示，选择“是”。

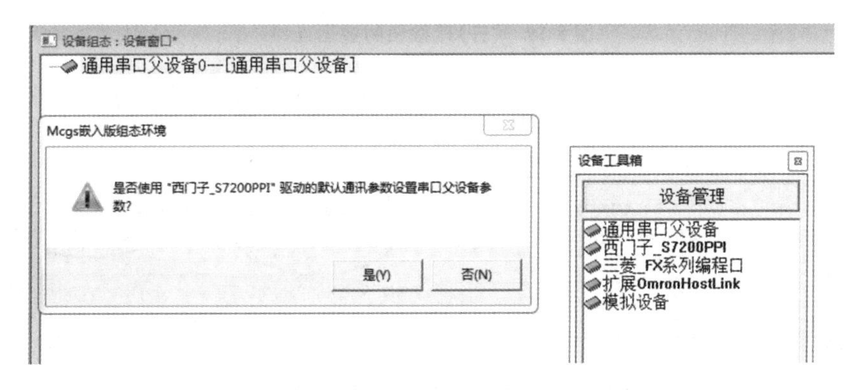

图 8-17 添加“通用串口父设备”和“西门子_S7200PPI”

(4) 所有操作完成后关闭设备窗口，弹出如图 8-18 所示窗口，选择“是”，返回工作台。

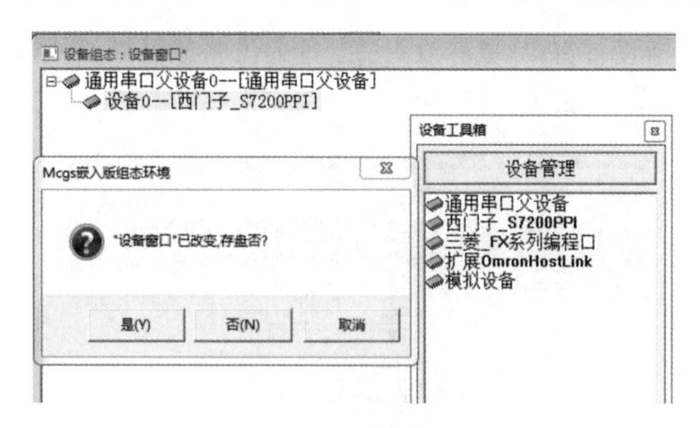

图 8-18 “设备窗口”改变确认

4. 动画连接

1) 按钮

双击“开灯”按钮，弹出“标准按钮构件属性设置”对话框。在“操作属性”页面，默认“抬起功能”按钮为按下状态，勾选“数据对象值操作”，选择“清 0”操作，如图 8-19 所示。单击右侧 ? 按钮，弹出“变量选择”对话框，选择“根据采集信息生成”，通道类型选择“M 寄存器”，通道地址为“0”，数据类型选择“通道的第 00 位”，读写类型选择“读写”，如图 8-20 所示。设置完成后点击“确认”。即在“开灯”按钮抬起时，对西门子 S7-200 的 M0.0 地址“清 0”。

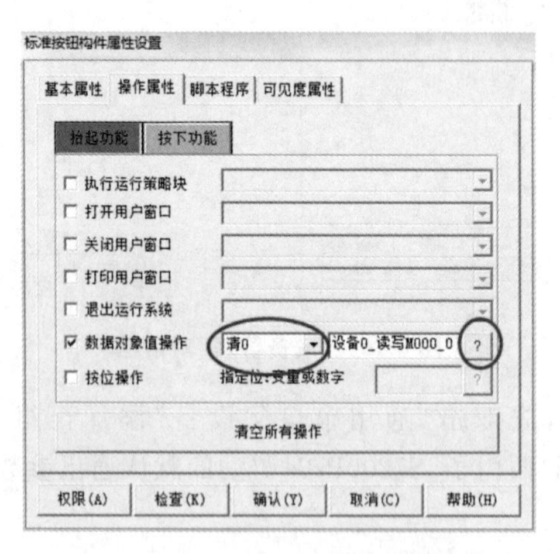

图 8-19 “开灯”按钮的数据连接

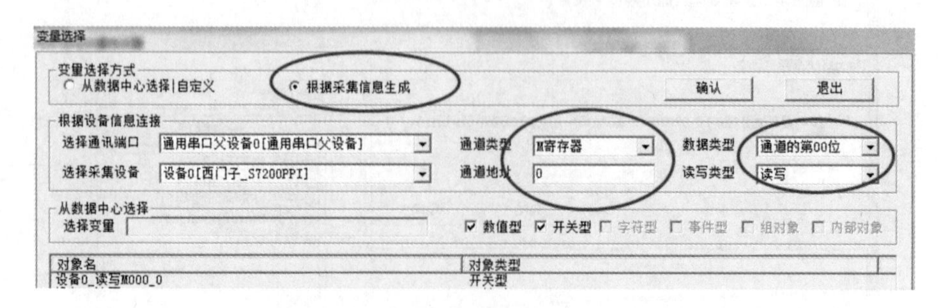

图 8-20 “开灯”按钮的“变量选择”对话框

使用同样的方法，在“操作属性”页面，点击“按下功能”按钮，进行设置，选择：数据对象值操作→置1→设备0_读写M000_0。如图8-21所示。

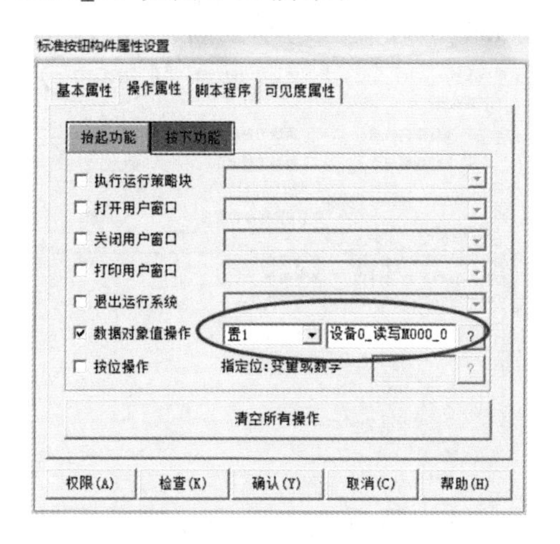

图8-21 “标准按钮构件属性设置”对话框

使用同样的方法，对“关灯”按钮进行设置。其“抬起功能”时“清0”；“按下功能”时“置1”→变量选择→M寄存器，通道地址为0，数据类型为通道的第01位。

“开灯”按钮和“关灯”按钮的属性设置过程，可以理解为建立组态与西门子S7-200 PLC编程口通信的过程，两个按钮分别对应实际操作地址西门子S7-20PLC中的M0.0、M0.1。

2）指示灯

双击指示灯，弹出“单元属性设置”对话框，在“数据对象”选项卡中的“填充颜色”后，单击右侧 ? 按钮，弹出“变量选择”对话框，选择“根据采集信息生成”，通道类型选择“Q寄存器”，通道地址为“0”，数据类型为“通道的第00位”，读写类型选择“读写”，如图8-22所示。设置完成后点击“确认”。

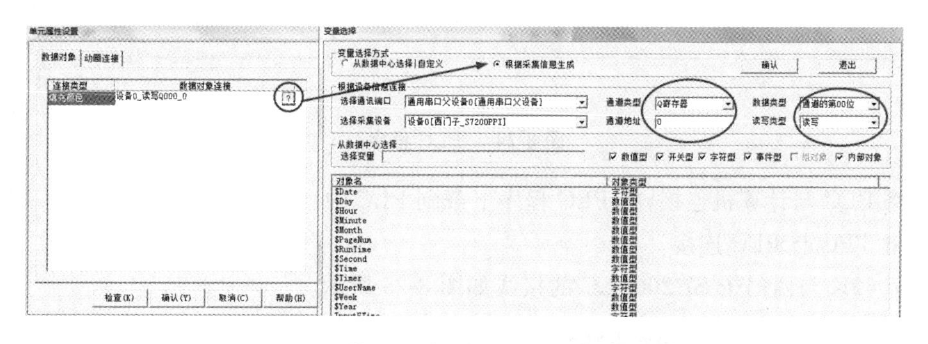

图8-22 指示灯的“单元属性设置”对话框

5. 运行与调试

（1）将TPC7062K与计算机连接。参考项目1中的方法，将TPC7062K与计算机连接。单击“下载”按钮，弹出“下载配置”对话框，如图8-23所示，选择“连机运行”功能，连接方式选择“USB通讯”。通信测试正常后，单击“工程下载”，在信息框中显示下载的相关信息中，如果有红色的信息或者错误提示，将无法运行；如果显示绿色的信息，表明组态过程中没有违反组态规则的信息。

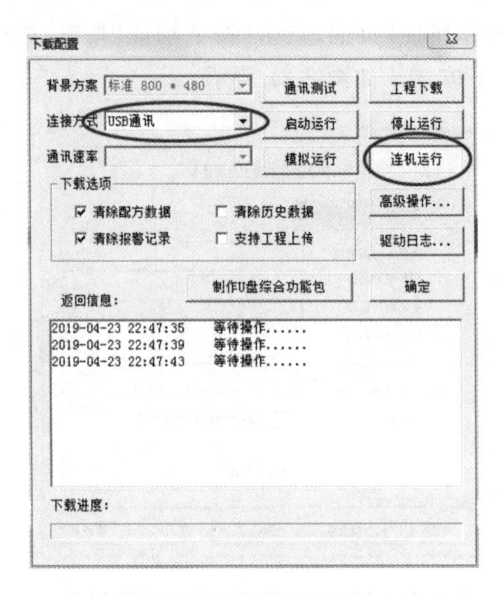

图 8-23 “下载配置”对话框

(2) 核对 TPC 与 PLC 变量的对应关系,如表 8-2 所示。

表 8-2 TPC 与 PLC 变量的对应关系

TPC 变量	开灯按钮	关灯按钮	指示灯
PLC 变量	M0.0	M0.1	Q0.0

(3) 编写 PLC 程序,如图 8-24 所示。

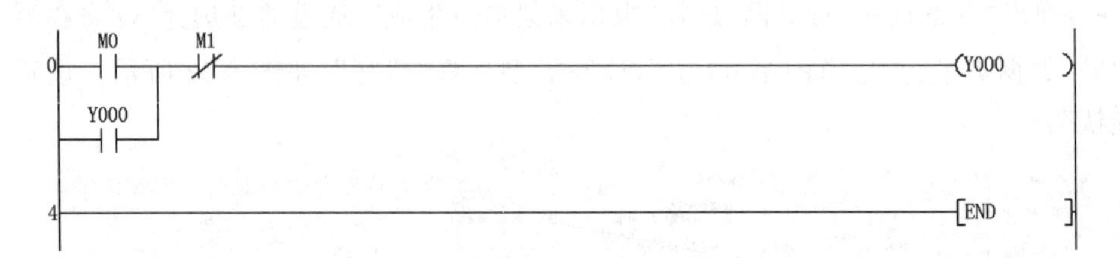

图 8-24 PLC 程序

(4) 将 PLC 与计算机连接,将 PLC 程序下载到 PLC 中。

(5) 将 TPC 与 PLC 连接。

TPC7062K 与西门子 S7-200PLC 的接线如图 8-25 所示。

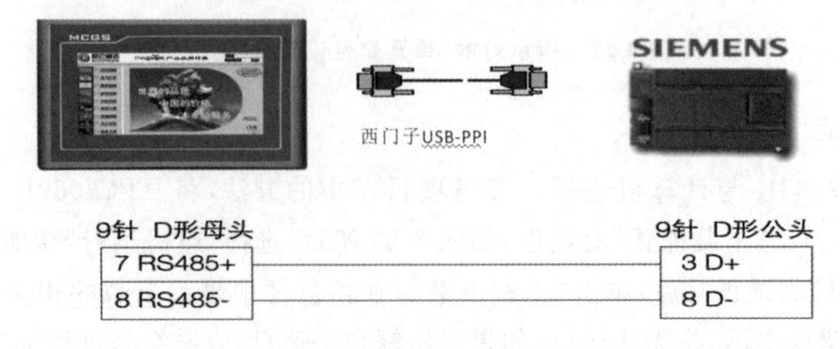

图 8-25 TPC7062K 与西门子 S7-200PLC 的接线

如上述步骤没有错误，则TPC在上电的情况下，即可完成任务描述的操作。

任务3 TPC+三菱PLC通信控制延时开灯

【任务导入】

在MCGSTPC触摸屏上先设置一个灯延时的时间值（*T*秒），然后按下"开灯"按钮，则延时*T*秒，触摸屏上的指示灯亮；按下"关灯"按钮，则触摸屏上的指示灯灭。灯和按钮之间通过PLC进行通信控制。

【任务分析】

就任务的要求来说，相比任务1，组态中应多一个输入框，其他元件应当相同。

PLC控制程序的编写要考虑输入框的定时值存储问题，应当采用三菱PLC的D数据寄存器。

【任务实施】

1. 新建工程

参照本项目任务1的步骤新建一个"TPC+三菱PLC控制延时开灯"的工程。

2. 静态画面组态

进入用户窗口页面，点击"新建窗口"按钮，创建一个窗口名称为"触屏+PLC控制延时开灯"的用户窗口。双击此用户窗口，进入组态环境。

1）添加标签

单击工具箱中的"标签"构件，在用户窗口上方拉出一个大小合适的标题，输入文字"触屏+PLC控制延时开灯"，再设定相应的文字格式。按同样的方法再建一个标签，输入文字"设置定时时间"。

2）添加输入框

单击工具箱中的"输入框"构件，在用户窗口上一步建立的"设置定时时间"标签的右侧位置拖曳鼠标，拉出一个大小合适的矩形，松开鼠标，则出现一个输入框，用于设置定时开灯时间。

3）添加标准按钮

在工具箱中单击选中"标准按钮"构件，鼠标的光标变为"十"字，在用户窗口合适位置拖曳鼠标，拉出一个大小合适的矩形，松开鼠标，则出现一个按钮，双击之，出现"标准按钮构件属性设置"对话框，在基本属性选项卡中将"文本"修改为"开灯"，单击"确认"按钮保存；按照同样的操作再绘制一个按钮，文本修改为"关灯"。

4）添加指示灯

单击工具箱中的"插入元件"构件，弹出"对象元件库管理"对话框，在"指示灯"分类中选取"指示灯1"，按"确认"按钮，则所选中的指示灯出现在桌面的左上角，将其调整到合适大小。使用同样的方法再添加"指示灯6"，放置到"开灯"按钮右侧，用于"开灯"按钮的触感反应。

完成的窗口组态画面如图 8-26 所示。

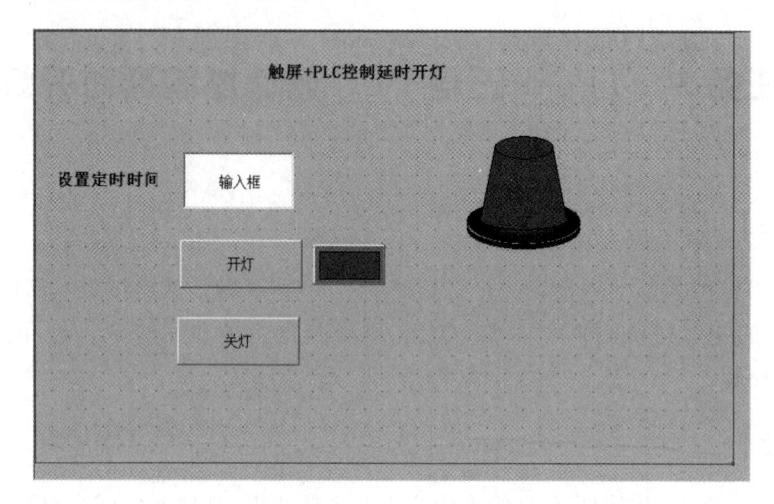

图 8-26 触屏+PLC 控制延时开灯的组态画面

3. 设备组态的方法和步骤

见本项目之任务 1。

4. 动画连接

与本项目任务 1 相同。

1）按钮

“开灯”按钮 → 设备 0_读写 M0000；“关灯”按钮→设备 0_读写 M0001。

2）指示灯

指示灯 6 → 设备 0_读写 Y0000；指示灯 1→设备 0_读写 Y0001。

3）输入框

双击“输入框”，弹出“输入框构件属性设置”对话框，如图 8-27 所示，在“操作属性”选项卡中，单击 ? 按钮，弹出“变量选择”对话框，选择“根据采集信息生成”，通道类型选择“D 数据寄存器”，通道地址为“0”，数据类型为“16 位-无符号二进制”，读写类型选择“读写”。如图 8-28 所示。

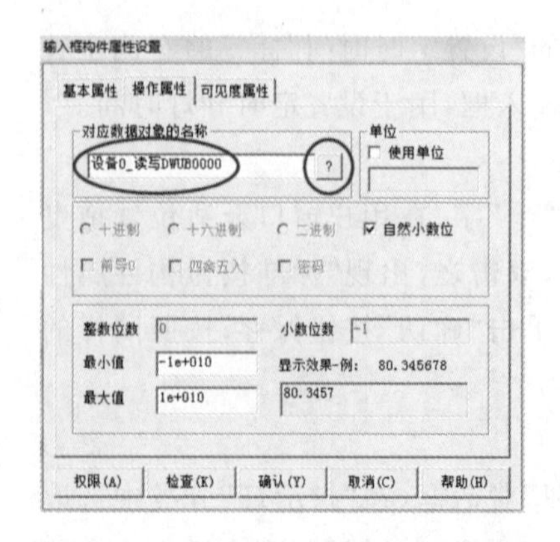

图 8-27 “输入框构件属性设置”对话框

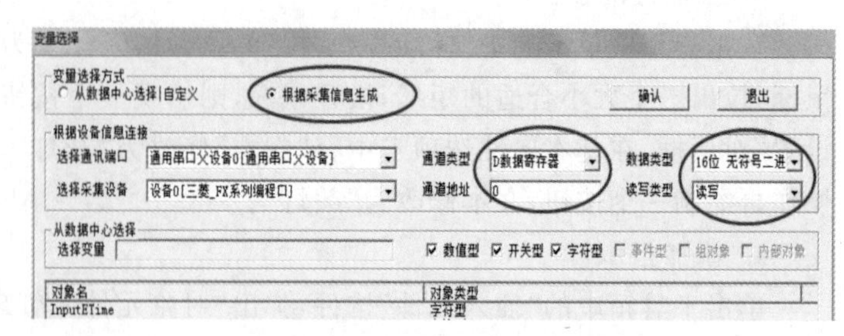

图 8-28 输入框“变量选择”对话框

5. 运行与调试

(1) 将 TPC7062K 与计算机连接，下载工程到触屏中。

(2) 核对 TPC 与 PLC 变量的对应关系，如表 8-3 所示。

表 8-3 TPC 与 PLC 变量的对应关系

TPC 变量	开灯按钮	关灯按钮	指示灯 6	指示灯 1	定时器
PLC 变量	M0	M1	Y0	Y1	D0

(3) 编写 PLC 程序，如图 8-29 所示。

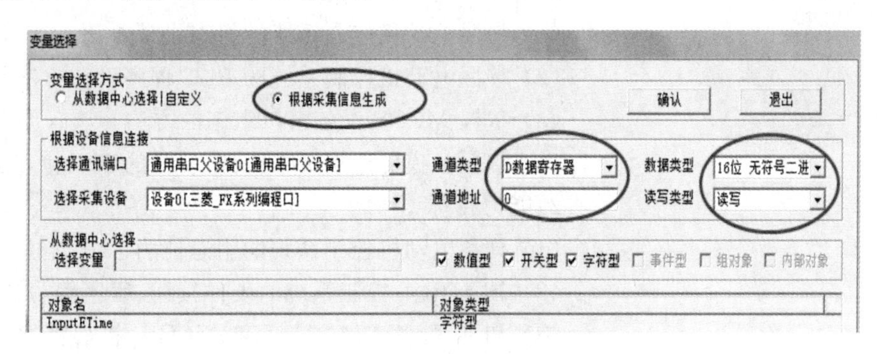

图 8-29 PLC 程序

(4) 将 PLC 与计算机连接，将 PLC 程序下载到 PLC 中。

(5) 将 TPC 与 PLC 连接。

【思考与实践】

参考任务 3，设计一个项目：当对"开灯"按钮按压次数计数达到设置值时，指示灯亮，计数值可在触屏上设置；按"关灯"按钮，灯灭，同时计数器复位。

项目 9
触摸屏+PLC 控制三相交流异步电动机

学习目标

1. 知识目标

(1) 掌握电动机控制系统的组态设计方法。

(2) 掌握电动机控制系统的 PLC 程序设计方法。

(3) 掌握 MCGS 设备窗口组态的方法。

(4) 掌握触摸屏连接 PLC 及电动机的知识和方法。

2. 能力目标

(1) 具备电动机控制系统的组态能力。

(2) 具备 PLC 控制系统的硬件接线、程序编写能力。

(3) 初步具备 PLC 程序和 MCGS 组态程序的联调能力。

项目描述

在触摸屏点击启动按钮,PLC 输出电动机正转指令,电动机开始正转;点击停止命令,电动机停止正转;点击反转按钮,PLC 输出电动机反转指令,电动机反转。为了避免 PLC 同时输出正、反转指令,需要采用互锁功能。

任务1　TPC＋三菱 PLC 控制异步电动机长动

【任务导入】

在实际的工控工程中，三相交流电动机是一个常见的控制对象。如何通过 TPC＋三菱 PLC 来对三相交流电动机进行各种控制是电动机控制系统里必须要掌握的基本要求。三相交流电动机单向长动运行的启停控制是最基本的控制方式。

【任务分析】

三相交流电动机的单向长动运行主电路采用交流接触器控制是不会变的，如图 9-1 所示。而三菱 PLC 的 FX 系列的输出常见有两种：继电器和晶体管。如果是晶体管输出，将不能直接带交流接触器的线圈。因此控制电路必须分晶体管和继电器输出两种情况，如图 9-2 所示。

触摸屏 TPC 的组态内容比较简单，只需要两个按钮即可，也可加一个电机元件动画与 PLC 输出 Y0 连接，代表电机的工作状态。

PLC 控制程序编写也比较简单。

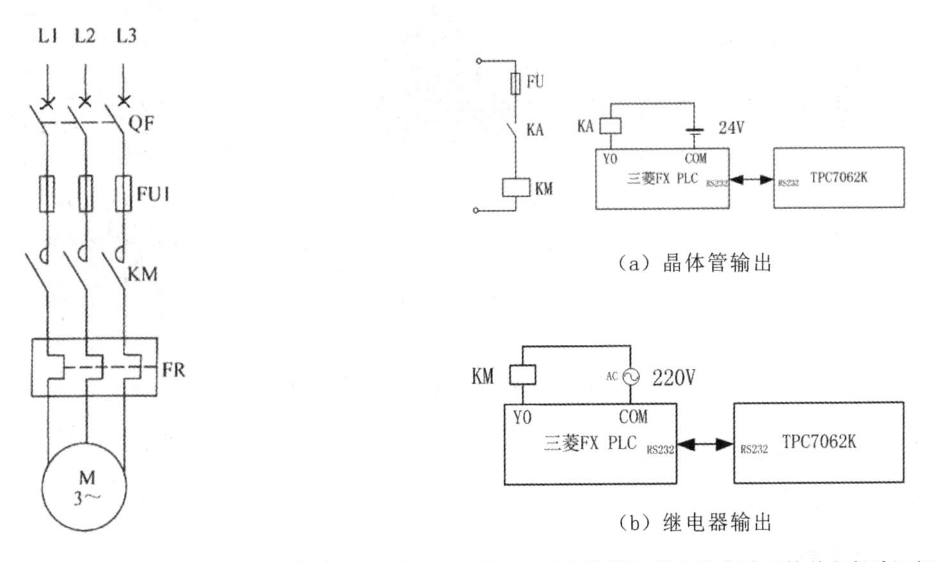

图 9-1　三相交流电动机的单向长动运行主电路

图 9-2　TPC＋PLC 控制三相交流电动机的单向长动运行电路

【任务实施】

1. 新建工程

参照项目 8 之任务 1 的步骤新建一个“TPC＋三菱 PLC 控制”的工程。

2. 静态画面组态

进入用户窗口页面，点击“新建窗口”按钮，创建一个窗口名称为“交流电机长动控制”的用户窗口。双击此用户窗口,进入组态环境。

1）添加标签

单击工具箱中的“标签”构件,在用户窗口上方拉出一个大小合适的标题,输入文字:TPC+三菱 PLC 控制交流电机单向长动运行;再设定相应的文字格式。

2）添加标准按钮

在工具箱中单击选中“标准按钮”构件,鼠标的光标变为“十”字,在用户窗口合适位置拖曳鼠标,拉出一个大小合适的矩形,松开鼠标,则出现一个按钮,双击之,出现“标准按钮构件属性设置”对话框,在基本属性选项卡中将“文本”修改为“启动”,单击“确认”按钮保存;按照同样的操作再绘制一个按钮,文本修改为“停止”。

3）添加指示灯

单击工具箱中的“插入元件”构件,弹出“对象元件库管理”对话框,在“指示灯”分类中选取“指示灯 1”,按“确认”按钮,则所选中的指示灯出现在桌面的左上角,将其调整到合适大小和位置。

完成的窗口组态画面如图 9-3 所示。

图 9-3 电机长动控制的组态画面

3. 设备组态的方法和步骤

见项目 8 之任务 1。

4. 动画连接

1）按钮

双击“启动”按钮,弹出“标准按钮构件属性设置”对话框。在“操作属性”页面,默认“抬起功能”按钮为按下状态,勾选“数据对象值操作”,选择“按 1 松 0”操作,如图 9-4 所示。单击右侧 ? 按钮,弹出“变量选择”对话框,选择“根据采集信息生成”,通道类型选择“M 辅助寄存器”,通道地址为“1”,读写类型选择“读写”,设置完成后点击“确认”。同样,“停止”按钮→“按 1 松 0”→设备 0_读写 M0002,如图 9-5 所示。

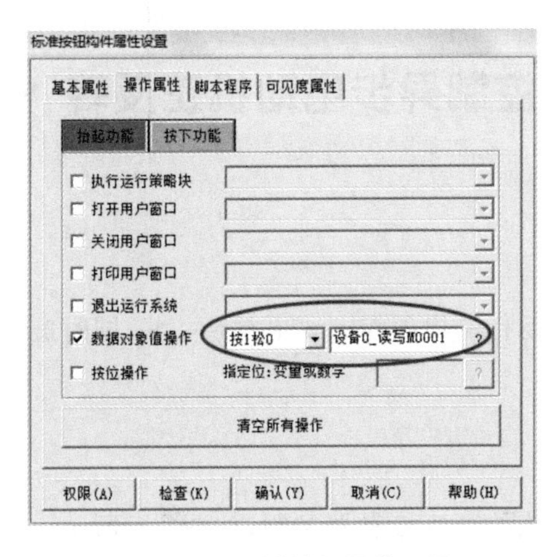

图9-4 “启动”按钮属性设置

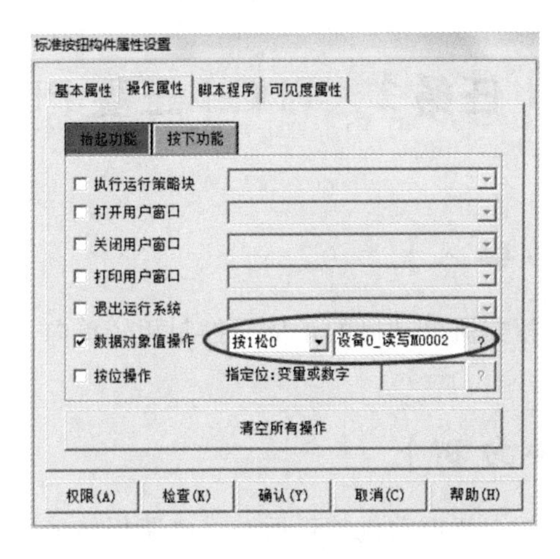

图9-5 “停止”按钮属性设置

2）指示灯

指示灯1→设备0_读写Y0000。

5. 运行与调试

(1) 将TPC7062K与计算机连接，下载工程到触屏中。

(2) 核对TPC与PLC变量的对应关系，如表9-1所示。

表9-1 TPC与PLC变量的对应关系

TPC变量	启动按钮	停止按钮	指示灯1
PLC变量	M1	M2	Y0

(3) 编写PLC程序，如图9-6所示。

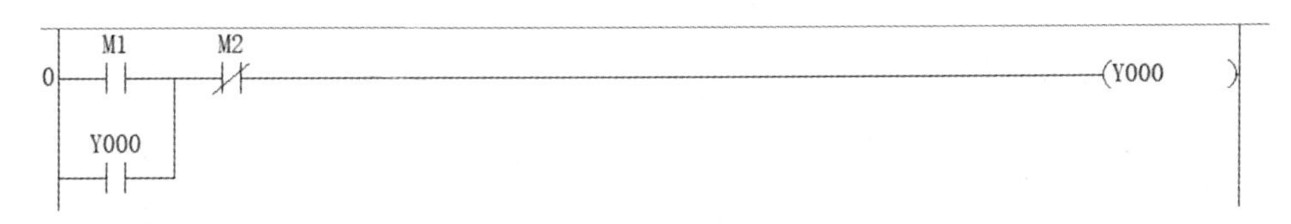

图9-6 电机单向长动运行的PLC程序

(4) 将PLC与计算机连接，将PLC程序下载到PLC中。

(5) 将TPC与PLC连接，系统按图9-1、图9-2所示接好线，在触屏中按“启动”按钮，则触屏中指示灯亮，同时电动机开始运行。按“停止”按钮，则触屏中指示灯灭，同时电动机停止运行。

【思考与实践】

参考任务1，在此任务上增加一个“点动”按钮，实现电动机的点动+长动控制，则硬件、组态和PLC程序又该如何实现？

任务2　TPC＋三菱 PLC 控制异步电动机正反转

【任务导入】

三相交流电动机的正反转控制相较单向长动运行的启停控制要更复杂一些,同时应用场合也更多。

【任务分析】

三相交流电动机的正反转主电路仍然采用经典的交流接触器控制,如图 9-7 所示。而三菱 PLC 的 FX 系列的输出常见有两种:继电器和晶体管。如果是晶体管输出,则不能直接带交流接触器的线圈。因此控制电路必须分晶体管和继电器输出两种情况,如图 9-8 所示。

触摸屏 TPC 的组态内容比较简单,只需要两个按钮即可,也可加一个电机元件动画与 PLC 输出 Y0 连接,代表电机的工作状态。

PLC 控制程序编写也比较简单。

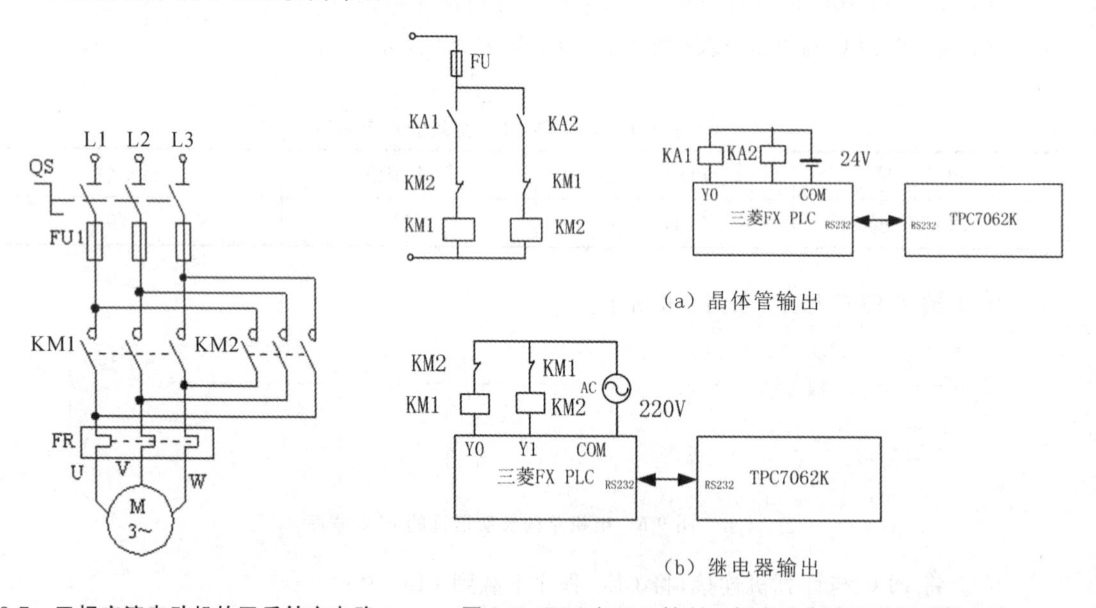

图 9-7　三相交流电动机的正反转主电路

图 9-8　TPC＋PLC 控制三相交流电动机的正反转电路

【任务实施】

1. 新建工程

参照项目 8 之任务 1 的步骤,新建一个“TPC＋PLC 控制电机正反转”的工程。

2. 静态画面组态

进入用户窗口页面,点击“新建窗口”按钮,创建一个窗口名称为“交流电机正反转控制”的用户窗口。双击此用户窗口,进入组态环境。

1）添加标签

单击工具箱中的“标签”构件，在用户窗口上方拉出一个大小合适的标题，输入文字“TPC+三菱 PLC 控制交流电机正反转”，再设定相应的文字格式。

2）添加 3 个标准按钮

在“工具箱”中单击选中“标准按钮”构件，鼠标的光标变为“十”字，在用户窗口合适位置拖曳鼠标，拉出一个大小合适的矩形，松开鼠标，则出现一个按钮，双击之，出现“标准按钮构件属性设置”对话框，在基本属性选项卡中将“文本”修改为“正转”，单击“确认”按钮保存；按照同样的操作再绘制 2 个按钮，文本分别修改为“反转”“停止”。

3）添加指示灯

单击工具箱中的“插入元件”构件，弹出“对象元件库管理”对话框，在“指示灯”分类中选取“指示灯 1”，按“确认”按钮，则所选中的指示灯出现在桌面的左上角，将其调整到合适大小并放置到“正转”按钮上方，按同样方法再添加另一个指示灯放置到“反转”按钮上方，用这两个灯的灭和亮代表电机的正反转和停止。

完成的窗口组态画面如图 9-9 所示。

3. 设备组态的方法和步骤

见项目 8 之任务 1。

4. 动画连接

1）按钮

双击“启动”按钮，弹出“标准按钮构件属性设置”对话框。在“操作属性”页面，默认“抬起功能”按钮为按下状态，勾选“数据对象值操作”，选择“按 1 松 0”操作，如图 9-10 所示。单击右侧 ? 按钮，弹出“变量选择”对话框，选择“根据采集信息生成”，通道类型选择“M 辅助寄存器”，通道地址为“2”，读写类型选择“读写”，设置完成后点击“确认”。同样，“反转”按钮 → “按 1 松 0” → 设备 0_读写 M0003；“停止”按钮 →“按 1 松 0” → 设备 0_读写 M0004。

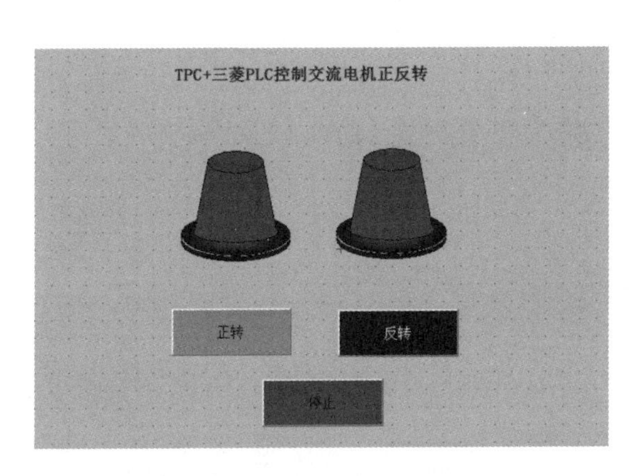

图 9-9 电机正反转控制的组态画面

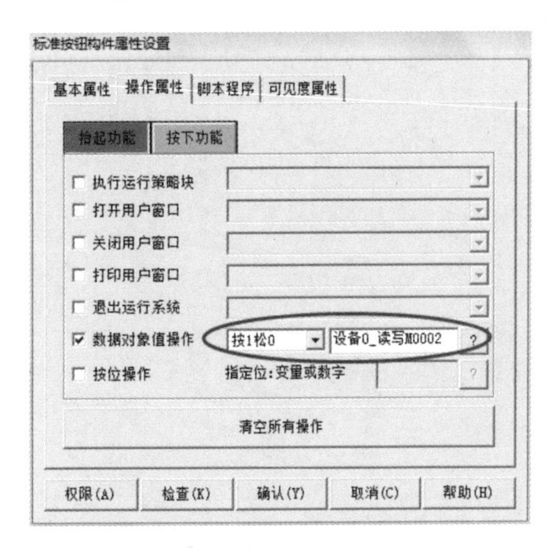

图 9-10 “启动”按钮属性设置

2）指示灯

正转指示灯 →设备 0_读写 Y0000；反转指示灯 → 设备 0_读写 Y0000。

5. 运行与调试

(1) 将 TPC7062K 与计算机连接,下载工程到触屏中。

(2) 核对 TPC 与 PLC 变量的对应关系,如表 9-2 所示。

表 9-2 TPC 与 PLC 变量的对应关系

TPC 变量	启动按钮	反转按钮	停止按钮	指示灯 1
PLC 变量	M2	M3	M4	Y0

(3) 编写 PLC 程序,如图 9-11 所示。

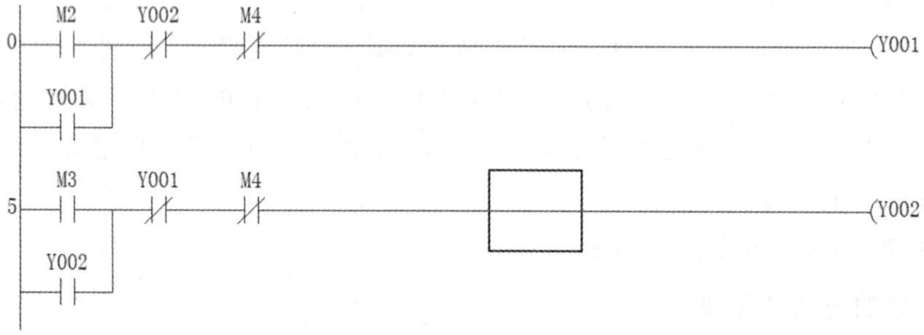

图 9-11 电机正反转的 PLC 程序

(4) 将 PLC 与计算机连接,将 PLC 程序下载到 PLC 中。

(5) 将 TPC 与 PLC 连接,系统按图 9-7、图 9-8 所示接好线,在触屏中按"正转"按钮,则触屏中正转指示灯亮,同时电动机开始正转运行。按"停止"按钮,则触屏中正转指示灯灭,同时电动机停止。在触屏中按"反转"按钮,则触屏中反转指示灯亮,同时电动机开始反转运行;按"停止"按钮,则触屏中反转指示灯灭,同时电动机停止。

项目 10
综合实训

学习目标

1. 知识目标

(1) 掌握 MCGS 软件的多种功能综合灵活组态的方法。

(2) 掌握触摸屏＋PLC 和传感器及执行器组成复杂控制系统的知识和方法。

2. 能力目标

(1) 具备 MCGS 软件的多种功能综合灵活组态的能力。

(2) 具备触摸屏＋PLC＋传感器＋执行器组成复杂控制系统的硬件接线、程序编写能力。

(3) 初步具备触摸屏＋PLC＋传感器＋执行器组成复杂控制系统的软硬件的联调能力。

任务 1　小球的椭圆运动

【任务描述】

利用 MCGS 软件的水平移动和垂直移动位置动画功能设计一个小球围绕一个椭圆循环运动的组态动画。

(提示:小球围绕椭圆运动也就是小球的横纵坐标的变化,椭圆的参数公式是:$x=a\cos\theta$,$y=b\sin\theta$;可将 θ 作为变化量,计算 x、y;元件按 x、y 的变化作水平、垂直的移动。)

任务 2　密码车库门

【任务描述】

利用 MCGS 组态软件设计一个自动车库门。此门输入密码时自动打开。自动门能够接受开门、关门、停止等命令,同时完成相应的动画设计:车停人出现→下车→人行走→门开→人消失→门关→车开走。

任务 3　TPC+PLC 实现模拟电压的采集和监视

【任务描述】

工业控制现场的模拟量,如温度、压力、物位、流量等参数都可通过相应的变送器转换为1~5 V 的电压信号。故对于模拟电压的输入检测非常重要。

利用 PLC 的模拟量输入模块(A/D)实现一个模拟电压的检测,并将检测到的电压值送到 MCGSTPC 触摸屏上,转换成十进制形式,通过数字和曲线的形式显示,如图 10-1 所示。系统图如图 10-2 所示。

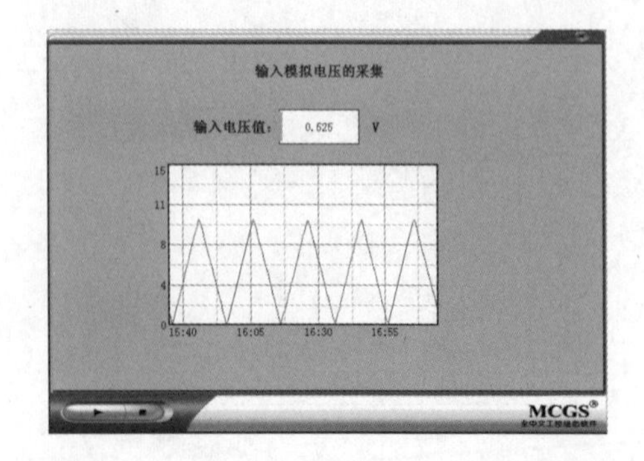

图 10-1　TPC 模拟电压的采集和监视组态画面

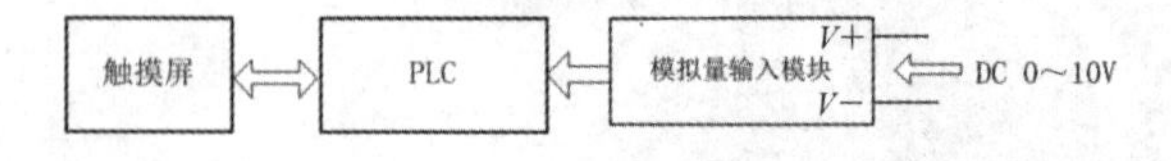

图 10-2　TPC+PLC 组成的模拟电压采集系统框图

任务 4 TPC+PLC 实现模拟电压输出

【任务描述】

通过 MCGSTPC 触摸屏的输入元件发出一个给定的电压值的指令送至 PLC 中，PLC 再通过模拟量输出模块(D/A)实现一个模拟电压的输出，可由万用表来测量。触摸屏的组态画面如图 10-3 所示，使用滑动输入器构件进行输入电压给定。系统图如图 10-4 所示。

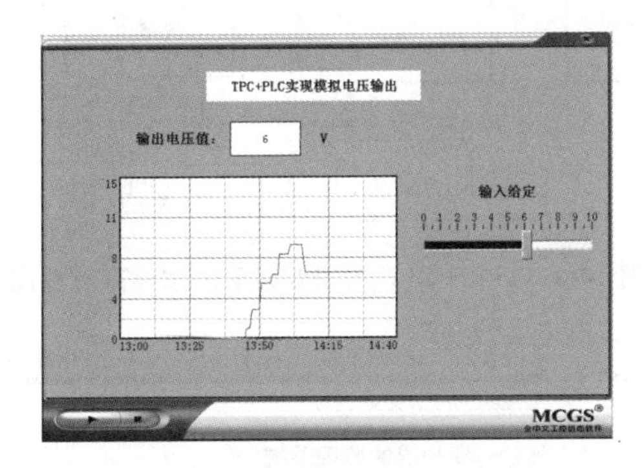

图 10-3 TPC+PLC 实现模拟电压输出组态画面

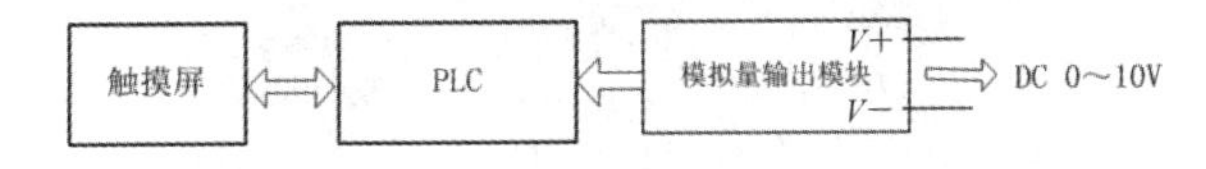

图 10-4 TPC+PLC 实现模拟电压输出系统框图

任务 5 TPC+PLC+变频器实现三相电机正反转

【任务描述】

通过 MCGSTPC 触摸屏向 PLC 发送“正转”“反转”“停止”的命令，PLC 完成对应程序的互锁和“正转”“反转”“停止”信号的输出，变频器预先设置好控制模式和转速等参数后接收 PLC 输出的信号，然后使连接其上的电机按命令工作。系统框图如图 10-5 所示。

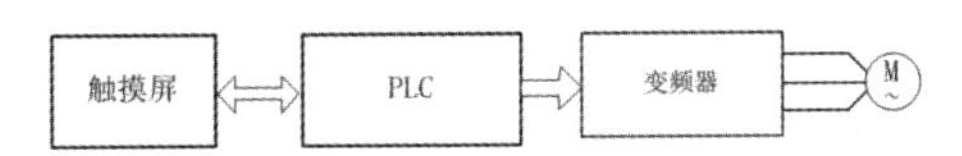

图 10-5 PC+PLC+变频器实现三相电机正反转控制系统框图

在 MCGSTPC+三菱 PLC +三菱变频器正反转控制实训已经完成的基础上，增加变频器的“高、中、低”速控制环节，实现电机的三段速控制。

任务 6　TPC+PLC 实现变频器的监控

【任务描述】

在任务 5 的基础上，利用 PLC 的模拟量输出模块设置变频器的运行频率，通过模拟量输入模块读取变频器的运行频率。系统框图如图 10-6 所示；参考监控组态画面如图 10-7 所示。

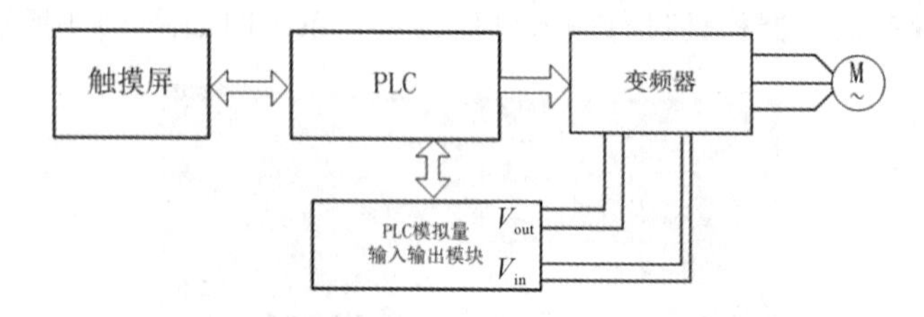

图 10-6　TPC+PLC 实现变频器的监控系统框图

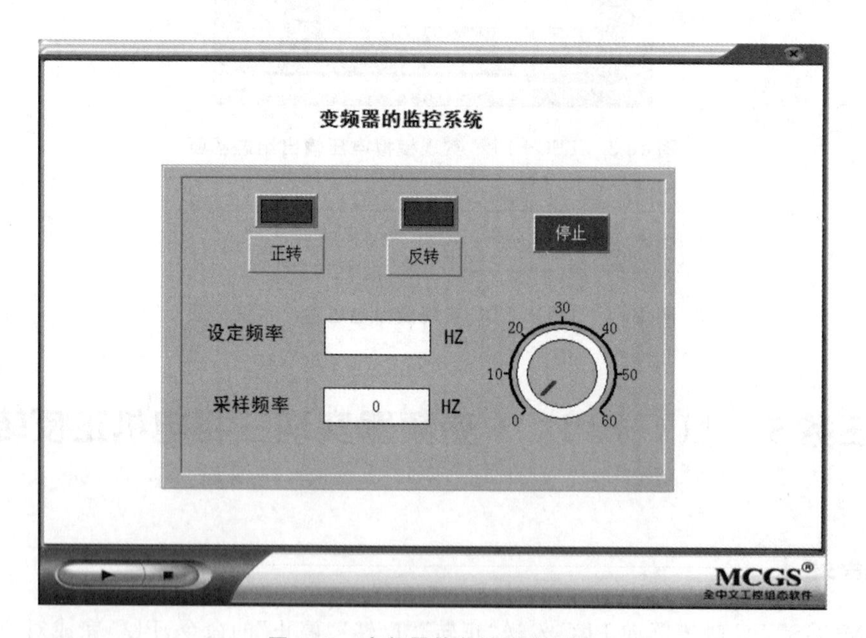

图 10-7　变频器的监控组态画面

参考文献 CANKAOWENXIAN

[1] 廖常初.西门子人机界面(触摸屏)组态与应用技术[M].北京:机械工业出版社,2008.

[2] 北京昆仑通态有限公司:MCGS 嵌入版用户指南.

[3] 北京昆仑通态有限公司:MCGS 组态软件高级培训教材.

[4] 肖威,李庆海.PLC 及触摸屏组态控制技术[M].北京:电子工业出版社,2010.

[5] 张文明,华祖银.嵌入式组态控制技术[M].北京:中国铁道出版社,2011.

[6] 李红萍.工控组态技术及应用—MCGS[M].西安:西安电子科技大学出版社,2015.

[7] 李江全.组态软件 MCGS 从入门到监控应用[M].北京:电子工业出版社,2015.

[8] 刘长国,黄俊强.嵌入版组态应用技术[M].北京:机械工业出版社,2017.